沃爾瑪有錯嗎？

每日低價的高代價

作者—安東尼·畢昂哥
譯者—陳正芬

The Bully of Bentonville

by Anthony Bianco

A Big Book / December 2006

This translation published by arrangement with
Currency / The Doubleday Broadway Publishing Group, a division of Random House
Through Bardon-Chinese Media Agency

For information address : China Times Publishing Company

ISBN-10 957-13-4591-1
ISBN-13 978-957-13-4591-8
Chinese Language Edition

Big Books are published by China Times Publishing Company, an affiliate of China Times Daily.
China Times Publishing Company, 5th Fl., 240, Hoping West Road Sec., 3 Taipei, Taiwan.

PRINTED IN TAIWAN

The Bully of Bentonville

How the High Cost of Wal-Mart's Everyday Low Prices Is Hurting America

Anthony Bianco

business

idea

growth

BIG (Business, Idea & Growth) 系列希望與讀者共享的是：
●商業社會的動感●工作與生活的創意與突破●成長與成熟的借鏡

沃爾瑪有錯嗎？

目錄

第一章　控訴沃爾瑪

李·史考特（H. Lee Scott Jr.）昂首闊步，穿過洛杉磯歐姆尼旅館（Omni Los Angeles Hotel）大廳，前往發表職業生涯中最重要的演說，他全身散發出一股美國規模最大、實力最強企業老總的氣息。剪裁合身的昂貴西裝套在史考特的精壯體格上，頭髮絲絲不苟，臉上流露生意人的老謀深算，完全看不出他對公開演說有著與生俱來的恐懼。相反地，這位五十四歲的高階主管，看似急著向等在歐姆尼旅館大廳的五百位企業領袖和社團領導人，為他的公司沃爾瑪平反。

歐姆尼是棟豪華的高聳建築，位在一個一向親工會、政治理念自由的城市。對這家出了名的小氣、極度保守、打從骨子裡散發一股南方味兒的阿肯色公司來說，它的老總可不喜歡這種場地。沃爾瑪在加州已經開了一百八十間分店，但是野心勃勃的擴張計畫要把這數字變成四倍，同時從洛杉磯的郊區，朝向都心和加州其他大城市推進；沃爾瑪在黃金州（Golden State，譯註：加州別名）多處據點提出所需的區域規畫和空地都遭到拒絕，於是史考特在二〇〇五年的二月便御駕親征，在一場由洛杉磯市政論壇（Town Hall Los Angeles）贊助的午宴中，為自己也為公司說幾句「公道話」。洛杉磯市政論壇是個無黨無派的團體，自詡是「專為地球上最重要的思想家與領導者」所設置，語氣雖然不小，卻無庸置疑。

史考特在禮貌性的鼓掌聲中登台，以低調謙遜的美麗詞藻開場，讓人想起已故的山姆．沃爾頓（Sam Walton）——這位樸實到讓人卸下防備的「山姆先生」，於一九六二年在班頓維爾（Bentonville）的偏僻山城奧沙克（Ozarks）創辦沃爾瑪。「據我所知，洛杉磯市政論壇因為舉辦重要議題的對談，而在國內享有盛名。換言之，它是以政府、企業、非營利部門和藝文界傑出人士為主的談話，」史考特說，「對一個來自阿肯色的商店老闆而言，追隨這些人的腳步，來到市政論壇的尊貴講台，令人有些自慚形穢。」

但史考特隨即拋掉偽裝的謙遜，為這家擺好戰鬥架式的公司，提出鏗鏘有力的辯護，而這也是他服務了二十六年的公司。他認為，由於沃爾瑪大量銷售以「每日低價」為號召的商品，隻手提高了美國的生活水準，每年替消費者節省約一千億美元。「這些省下的錢，對於上百萬靠薪水度日的中低收入戶來說，可說是命脈，」他說。「事實上，他們每回向我們買東西，相當於獲得加薪。」依照史考特的講法，沃爾瑪也同樣當之無愧地為數十萬員工提供良好就業機會，慷慨給予兼職工作人員健保等福利，並貢獻鉅額稅金給全美上千個城鎮。「我相信，只要敞開心胸觀看事實，」他說，「你們會同意，沃爾瑪對美國是好的。」

史考特指控貪婪的工會組織、無效率的超市連鎖和競爭對手，說它們為達目的而扭曲「事實」，不僅從根破壞沃爾瑪，也傷害國家利益；他甚至乾脆聲稱沃爾瑪就是美國，而人們反對沃爾瑪前進加州和其他成長市場，這件事本身就是反進步。「當某人製造出更好的捕鼠器，不給老百姓使用以改善生活，不是美國式的作風，」他說。「馬匹和馬車的運輸業者，無法消滅汽車；蠟燭業者的遊說，也不可能阻止電燈的發展。不讓美國人民享受沃爾瑪企業效率帶來的更高水準生活，就是以追求美國理想為名，實際上卻使美國理想成為笑柄的作法。」

先在此打住。當美國最大企業把自己的利益，跟生活、自由和幸福追求等混為一談，美國這塊土地上的每個市政府、州議會大廈和工會廳，應該響起警鐘才對。衝著沃爾瑪而來的強烈抗議，源自於該公司驕傲自大地認為，販賣薄利多銷的商品就有權以「美國人民最大利益的代表」自居。史考特動輒說沃爾瑪是消費者的代言人，但是對具備如此規模和勢力、為沽名釣譽而假裝熱心的企業來說，這種描述似乎顯得不痛不癢。批評者會辯稱，用「威脅者」、「施力者」、「脅迫者」、「專制君主」還比較恰當些。沃爾瑪假借購物者的名義，有計畫地欺壓員工、供應商，以及那些不願順從這家公司以每一．四五天開一家分店的速度來開疆闢土的城鎮居民。

誰不貪小便宜？但是美國大眾——包括被沃爾瑪當「自己人」的經濟拮据者在內——並不是以在超級中心（Supercenter）省下多少錢而被定義，我們是勞動者優先、購物者居次的國家，俗話說：「自食其力。」我們也是公民有自由選舉權的國家。也就是說，我們不同意由沃爾瑪來界定我們自己的經濟利益。

＊

如今，沃爾瑪在各方面遭批判者圍剿，但最大威脅或許來自內部，亦即一群士氣低落的不快樂員工，每年以數十萬人之譜離職，還有數十件針對公司的集體訴訟案即將登場。正當史考特在歐姆尼對沃爾瑪大肆歌功頌德的當天，一群底層員工等烏合之眾聚集在旅館以東八百五十哩處，要把幾乎餵不飽他們的手咬下來。在數十名支持者的參與下，他們駐紮在科羅拉多州羅夫蘭（Loveland，丹佛市成長快速的郊區外圍）的超級中心對街，爲輪胎與潤滑油部組成工會的訴求大聲宣示。二十一歲的約書亞．諾布（Joshua Noble）領導眾人，反抗充滿仇恨的反工會雇主。患有癲癇症的諾布被迫搬回家跟父母住，原因是沃爾瑪的薪水負擔不起獨自生活的費用。「永遠低價，就是永遠少付錢給員工，」諾布大聲疾呼。

沃爾瑪計時工作者的平均收入，遠低於美國零售業從業人員的平均工資十二．二八美元，雖然確切金額有待商榷，但根據沃爾瑪自行提供的最高數據，每小時僅區區九．六八美元，起薪又只有幾塊美元。二〇〇四年，史考特的薪水、紅利、股票等薪酬共一千二百五十九萬三千四百九十三美元入袋，這會兒他竟把每小時平均薪資四捨五入到十美元，以此爲沃爾瑪的工資水準辯護，還強調幾乎等於聯邦最低工資五．一五美元的兩倍。即使如此，沃爾瑪的一般全職員工年薪只有一萬七千六百美元，遠低於四口之家的貧窮線——一萬九千一百五十七美元。

沃爾瑪規模之大，以致壓低全國各地的工資。加州柏克萊大學的經濟學者發現，沃爾瑪在九〇年代的擴張，導致美國零售業從業人員的收入下降達一．三％。換種說法是，光是二〇〇〇年就減少四十七億美元。更有甚者，沃爾瑪的擴張對員工薪資造成令人憂心的效應，還波及零售業以外。二〇〇五年，加州公共政策研究院（Public Policy Institute of California）的經濟學家分析，在沃爾瑪進入某個郡以後，每人拿回家的工資全面減少五％，跡象「強烈暗示沃爾瑪的分店導致工資下滑、移轉到較低收入的工作者（或技術層次較低的工作者），或提高兼職工作人員的利用，」幾位作者如是結論，並表示對地方勞動市場的影響，在南方尤爲顯著，因爲南方的分店數最多，成立時間也最久。

史考特在演說中標榜的健康保險呢？在沃爾瑪的一百三十萬名美國工作人員中，只有四四%加入公司提供的最低醫療福利，許多人甚至出不起一千美元的最低自負額，和個人每月三十五美元、家庭每月一百四十一美元的保費。結果呢？爲使收支平衡，許多員工只得靠救濟金度日。沃爾瑪工作人員的子女有高達四六%沒有投保，要不就是靠政府醫療保險（Medicaid）的保障度日。諾布控訴：「沃爾瑪身爲如此龐大的企業，福利計畫卻乏善可陳。」他每月得付將近二百美元的健保費，外加一百美元的處方用藥費以預防癲癇症發作。

除了薪資過低，悶悶不樂的員工也抱怨工作過量。沃爾瑪的各分店刻意短雇員工以壓低工資成本，然而對支付加班費給計時工作人員，又彷彿會少塊肉似的，逼得分店經理只好想辦法讓馬兒跑，又不讓馬兒吃草，否則就要承受職業生涯的後果。最明顯但通常違法的解決之道，就是迫使員工「加白班」，方法是取消用餐和休息時間，或強迫員工打卡簽退，在不計時的情況下繼續工作。在某種無法量化的程度上，沃爾瑪的勞工成本優勢是犧牲員工、玩弄自己白紙黑字政策的產物。

二○○○年，沃爾瑪針對一百二十八家分店雇用的二萬五千名計時人員，在一個禮拜內的出勤紀錄進行內部稽核，他們的發現令人瞠目結舌：每位員工有三次明顯的違規紀錄，包括六萬零七百六十七次的休息時間沒有用來休息，一萬五千七百零五次放棄用餐時間，以及一千三百七十一次未成年員工工作超時，或在不恰當的時間工作（例如上課時間）。公司對此完全置之不理，當這項資料於二○○四年外洩到《紐約時報》後，它並未否認自己的稽核結果，而是宣稱公司無從得知工作人員在下班時是否根本忘了簽退。「依我們看，」某發言人表示，「稽核結果不具任何意義。」但別人可不這麼想，聯邦和州政府當局不斷以違反勞工法爲由，傳訊沃爾瑪並處以罰款（也包括雇用非法外勞的包商在內）。

沃爾瑪堅稱自己是「親同仁，而非反工會」，但是對於各分店爲組織工會而串連的行爲，卻試圖施以無情鎮壓。該公司給分店主管的標準版手冊之一是《保持無工會的管理者工具箱》（*Manager's Toolbox to Remaining Union Free*），敦促管理者隨時留意剛萌芽的工會主義訊息，例如「經常在同仁家裡聚會」，或「從不被看到在一起的同事……彼此交談或來往。」據聞，沃爾瑪總部對員工的電話和電子郵件進行祕密監控，只要在某家分店確實偵測到親工會的觀點，總公司就用私人噴射機派遣「勞工關係團隊」前來，對異議者恩威並施，使他們遵照公司絕對反工會的路線。

魁北克省的容基耶爾（Jonquière）是北美洲最忠貞的工會主義堡壘，此地某分店的工作人員於二〇〇四年秋投票加入沃爾瑪的頭號眼中釘——食品及商業工人聯合工會（United Food and Commercial Workers，簡稱UFCW）。在明顯的報復行動中，沃爾瑪在魁北克人民的群情激憤下關閉這家分店。根據該分店二十年的租約，還有十六年可以經營，沃爾瑪卻硬生生地讓一百九十名工作人員成了無業遊民，而且是在加拿大失業率最高的區域之一。

失去工會保護後，忿忿不平的沃爾瑪員工回到法庭。二〇〇五年，該公司在三十州面臨四十多個集體訴訟案，被控強迫員工在不支薪的情況下超時工作，包括在德州由二十萬名工作人員提起的訴訟，宣稱沃爾瑪在四年間，逼迫他們在十五分鐘的休息時間繼續工作，因此積欠他們一億五千萬美元。在麻州，代表五萬五千名員工的律師，宣稱有文件證實七千筆不同案例，顯示管理者將大部分的時間從薪資紀錄中消除。二〇〇一年，沃爾瑪在科羅拉多州的類似案例達成和解，將五千萬尚未支付的工資，發放給六萬九千名員工。一年後，奧勒岡州的陪審團，針對眾多所謂「工資與時數」受審理案例的第一件，裁定該公司有罪。

眾多其他的訴訟案指控，沃爾瑪在拒絕給予女性、黑人和拉丁裔工作人員加薪與升遷方面，照例違反歧視法。二〇〇四年中，加州聯邦法官證明成立的性別歧視案例，是史上最大的公民權集體訴訟案，該案件「杜克斯vs.沃爾瑪」（Dukes vs. Wal-Mart），牽涉自一九九八年末以來，在沃爾瑪工作共一百六十萬名女性的索賠請求。

沃爾瑪企圖防止此案擴大到六個原始原告之外，於是宣稱每家分店的情況不同，頂多只能說有幾個分店經理是「壞蘋果」。不過，它自己的紀錄又是另一回事：一九九七年以來，全國各地的女性員工，其薪資較從事相同工作的男性低五％到一五％，儘管她們的考績較好，平均年資也比較久。女性占所有計時工作人員的三分之二，但僅占晉升至管理職人數的三分之一。據一份由原告委託進行的研究顯示，沃爾瑪的管理者只有三三％是女性；相較之下，該公司前二十大競爭對手則是五六％。至於支持本案的數百位女性員工的證詞，則更是添加不少乖孩子做壞事的故事：總公司的高階主管照例對著一群男女員工說，應該盡最大努力使顧客覺得能「把老婆跟荷包」託付給他們；中西部的區經理喜歡在呼特斯餐廳（Hooters）舉行業務會議；為了替經理慶生，威斯康辛某家分店的「活力委員會」（Spirit Committee）找來脫衣舞孃，在員工會議上大跳豔舞。

沃爾瑪的離職員工人數遠高於他們提出的訴訟案件數，或者簽下的工會授權卡（union representation cards）數量。沃爾瑪計時員工的流動率每年近五〇％，約為好市多（Costco）的兩倍。好市多老早取代這家規模大很多的對手，成爲美國勞方心目中大型量販業者的首選。爲了取代那些用腳投票的離職者，光在美國一地，沃爾瑪每年就被迫雇用約六十萬名新進員工，在企業界可謂空前。此外，該公司在二〇〇五年就塡補了十二萬五千個新職位，隨著它繼續以每年開設二百八十到三百家新分店的速度看來，這個數字將只增不減。

從班頓維爾的奧林匹亞高地（Olympian heights）觀之，沃爾瑪各分店的高流動率倒不全是壞事。人員不斷流失，大幅減少符合加薪和升遷條件的員工人數，一來壓低平均工資，同時確保絕大多數工作人員的在職期間夠短，短到還來不及參與工會選舉或提出歧視告訴。但是，爲了讓沃爾瑪的銷售機器繼續運轉，它需要爲數龐大的「活人」。究竟這家公司還可以持續瘋狂雇用新人多久，直到把美國藍領階級的總人口循環過一遍？還有，以什麼爲代價？雇用和訓練每位遞補的工作人員，平均花費沃爾瑪二千五百美元，每年約二十億美元。

*

沃爾瑪對員工、對營業所在地的社群，以及對供應商的行爲之所以重要，是因爲它讓美國經濟蒙上巨大的陰影，而企業界所謂的「大」，非沃爾瑪的分店莫屬。二〇〇五年，史考特經營的「商店」將帶進三千多億美元營收，高過史上任何一家企業；沃爾瑪的營業額，高於在它之後的美國五大零售業者加總，沃爾瑪本身就是中國第五大貿易夥伴，超越德國和英國。「如果我們是個國家，」史考特說，「我們會是全世界第二十大。如果我們是城市，我們會是美國第五大。」每個禮拜，美國有一億三千八百萬人次，光顧沃爾瑪在美國的三千七百五十家分店和海外九國的二千四百間賣場。沃爾瑪雇用一百六十萬人，爲麥當勞的四倍之多，也是全世界第二大民營雇主。如今，身穿沃爾瑪制服的美國人，比目前在陸軍、海軍、空軍和海軍陸戰隊服役的美國人總數多了三十萬。

沃爾瑪大於過去任何一家公司，但它對經濟的貢獻卻與規模不成比例。由於產品種類五花八門，因此沃爾瑪在美國經濟體內的核心地位，到了史上任何零售業者都難以匹敵的地步。舉凡牙膏、狗飼料、洗衣粉，乃至DVD、珠寶和玩具等，沃爾瑪挾其二五％至三五％的市場占有率，雄踞消費商品的完整光譜，只要是供貨給沃爾瑪的製造商，哪怕規模最大、產品最多樣化，也讓沃爾瑪掌握生殺大權。

沃爾瑪的藍、灰和赤褐色組合，在全國各地隨處可見，然而它稱霸的基礎，在於它大到這種鬼地步的原因逃過了眾人視線。沃爾瑪的價格照例低於其他折扣業者，而且還能賺大錢，因爲它以近乎狂躁的熱情追求成本效益。這一部分是因爲沃爾瑪的管銷費用（以工資爲主），比其他量販連鎖業者整整低了二五％；同樣攸關存活的，就是沃爾瑪精通以技術爲導向的後勤支援準則，以無人能及的速度和精確度，將商品從工廠的裝卸埠送到收銀機前，兩者使沃爾瑪成爲資本主義史上最令人畏懼的消費事業機器。

一九六〇和七〇年代，量販折扣的概念還在萌芽階段，沃爾瑪所到之處無不受到歡迎。在南方各地的市鎮邊陲，嶄新的沃爾瑪折扣店成了經濟進步的象徵，市鎮紛紛派遣代表，帶著租稅補貼等誘因來到沃爾瑪總部，吸引它去開設分店。許多算是值回票價，因爲沃爾瑪將前幾百家分店開在偏遠的小社區，而當時獨霸一方的零售連鎖業者不是根本不在那裡開店，就是以高價剝削消費者。儘管沃爾瑪的新分店不像新工廠那般成爲強有力的經濟火車頭，但的確滿足了亟需就業機會和稅收的社區，也讓購物者的每一塊辛苦錢能夠買到更多東西。我們要為沃爾瑪說句公道話，並且承認對錙銖必較的美國消費者來說，它確實是最誠心投入的企業好朋友。

如今，美國各地仍有不少社區巴不得沃爾瑪來開分店，並且願意補貼這家目前年獲利一百億美元的巨人。不過，這陣子沃爾瑪往往得克服萬難才進得了市鎮。無論在大小城市，它的揮軍進城激起了「地點保衛戰」，結果經常升高成一個城市的「內戰」。「我在這裡四十年了，還從沒看過雙方人馬如此對立、激情，」亞利桑納州旗桿市（Flagstaff，人口五萬人）的市民領袖凱伊．麥克凱（Kay McKay）說。二〇〇五年，沃爾瑪在超過一萬七千一百票的總票數中，以區區三百六十五票之差贏得本次公民投票。

這些日益高漲的抗拒聲浪，深植在不斷改變的美國樣貌之下。早在沃爾頓的極盛期，由於商人間缺乏真正的競爭，因而犧牲了消費者的權益；另一方面，城市正開始從長久既定的邊界向外衝，以新的道路、住宅區的再細分和購物中心，將周邊景觀淹沒。然而到了九〇年代，美國從缺乏各類零售店的狀況，轉變成多數零售店皆過剩的情形。沃爾瑪的新分店依然為美國城鎮帶來較低廉的價格，卻無法再對經濟成長造成些微刺激，以至於公司一找到機會就強索補貼，反成了當地納稅人的虧本生意。多年來，沃爾瑪的擴張本質上是場零和遊戲。換言之，它的成長是從大小零售業者搶來的生意。在上百城鎮中，沃爾瑪的進入將交通要道上原本奄奄一息的購物區送進加護病房，之後再拔掉呼吸器。

在人們對沃爾瑪擴張的草根激烈抗爭日益高漲時，環保團體也以引人注目的方式表達反對意見。隨著「到量販店撿便宜」的新奇誘惑力逐漸褪色，上百萬富裕的美國人民認為，居住環境的外觀和感受，其重要性勝過在住家附近就有機會買到廉價內衣。美國各地有一個尤其使人激憤的議題，就是諸如沃爾瑪這種薄利多銷的經營方式，肯定會引來大量車潮。「沃爾瑪要了解一件事，就是低價再也不是重點，重點是人們想住在怎樣的鄰里，」房地產開發業者大衛．伯德索（David Birdsall）表示。他曾遭遇反對沃爾瑪在俄亥俄、印第安那和密西根等州設立新分店的激烈抗爭。「撿到便宜是不錯啦，但是老實說，我願意為了一加侖牛奶節省五毛錢，而摧毀這些嗎？」

對新分店地點進行抗爭的最後，各派反沃爾瑪的人馬通常有個共同感覺，就是這家公司蠻橫介入地方政府事務，凡拒絕沃爾瑪興建計畫的社區只能自求多福。這家美國最大的企業，連最小的鎮也毫不遲疑地加以欺壓，以遂行其目的，即使這意謂略過民選官員，以大手筆刊登廣告發動公投運動。

二〇〇四年，沃爾瑪想在英格爾伍德（Inglewood）一塊六十英畝的上選土地建造超級中心，因而企圖尋求支持。英格爾伍德位於洛杉磯中心，是黑人與拉丁裔的社區，沃爾瑪成功地促成公民投票，目的是「拋開一切地方規畫的法規，把自己變成一座小型的沃爾瑪城市，」某位評論者如是說。姑且不論沃爾瑪的開支比對手多了十倍，得票率卻不怎麼漂亮，反對與贊成約為六比四，該公司還是自班頓維爾發表一份不服輸的聲明：「關於英格爾伍德的少數領導人物，連同外部特殊利益團體，竟有能力說服英格爾伍德絕大多數選民，相信自己不配擁有洛杉磯其他地區人民享有的工作機會與購物選擇，本公司深表失望。」這些話的意思是：「我們說人民想要什麼，他們就要什麼。」此外，這個以阿肯色起家、為賺錢不擇手段的企業，把洛杉磯政治戰爭的任一方貶低成「外部特殊利益團體」，又該用什麼方式開脫呢？

一如政客或四星上將，沃爾瑪的老闆是死鴨子嘴硬。不過，執行長史考特稍後幾乎承認，英格爾伍德事件是個錯誤。「我認爲我們當時給人恃強凌弱的印象，好像不管怎樣都要照自己的意思做似的，」史考特在洛城演說前幾天表示。「當我們因爲愚蠢做了不適宜的事，我們的規模會使別人以爲我們是出於傲慢，而一般人通常無法忍受傲慢。」

三個月後，沃爾瑪在旗桿市的公投大戰中又爲「愚蠢」立下全新標準。在某個風和日麗的五月早晨，旗桿市的居民打開報紙，竟發現一則沃爾瑪刊登的全版廣告，主題是一張一九三三年拍攝的照片，顯示柏林有群支持納粹的暴民，正把書籍堆放到熊熊烈火之中。「人民該不該讓政府告訴我們，哪些書是可以讀的？當然不該，」廣告上說，「人民能閱讀自己選擇的書，因爲憲法對政府限制人民自由的能力予以節制。所以，我們又爲什麼要容許地方政府，限制人民可以在哪裡購物？或者一家商店的樓地板面積有多大可以用來販賣雜貨？」

很難說哪個比較具冒犯性——究竟是沃爾瑪把旗桿市的民選官員比喻成納粹？還是將言論自由跟購物自由畫上等號？

*

二〇〇四年，加州大學聖塔芭芭拉分校召開學術研討會，會中提出極具說服力的論據。籌辦本次會議的勞工歷史學家尼爾森·李希頓斯坦（Nelson Lichtenstein）表示，沃爾瑪激進採行的低成本、低工資商業模式，使它成爲「世界資本主義的樣板企業」。沃爾瑪對其他巨型企業的深遠影響，部分根植於它精通如此多的商業基本原理（勞工和社區關係除外）。二〇〇五年，在《財星雜誌》的「最受其他美國企業推崇的美國企業」年度調查中，沃爾瑪名列第五，主要是因爲沃爾瑪脅迫其他企業與之競爭，讓它在全球最富有的美國消費品交易中位居絕對的統治地位，使許多競爭者和供應商在別無選擇的情形下，只好調整業務模式來配合沃爾瑪。

所謂美國經濟的「沃爾瑪化」（Wal-Martization），當然也有可取之處。沃爾瑪對六萬一千家廠商無情施壓，使它們在製造和經銷幾乎每種消費品時更合乎成本效益，從此處觀之，沃爾瑪在拉抬美國生產力（國家經濟活力的關鍵指標）方面，比其他企業更賣力。麥肯錫管理顧問公司（McKinsey & Co.）一份經常被引述的研究發現，美國於一九九五年到一九九九年間生產力驟增，其中八分之一的生產力可以歸因於沃爾瑪。相似地，零售同業在壓低售價以求和的競爭中，將「每日低價」的經濟利益擴散到美國經濟體底層，淨效應是抑制通貨膨脹，使得在美國所花的每一塊錢比以前更値錢。

根據沃爾瑪委託知名經濟預測公司環球透視（Global Insight）所做的研究，顯示從一九八五年到二〇〇四年，該公司的擴張使美國整體的消費者物價指數下滑三・一%；光是二〇〇四年，沃爾瑪就替美國購物者省下二千六百三十億美元，相當於每人節省約八百九十五美元，即使調整過沃爾瑪擴大後造成的工作者收入減少，美國人民還是淨多出一千一百八十億美元，遠高於史考特在洛城演說中所說可支配所得大幅提升一千億美元的數字。而這一次演說，比環球透視的發現——二〇〇五年末，在某次沃爾瑪贊助的經濟會議中揭露——還早了將近兩年。

不過，沃爾瑪付出多少，就拿走多少。用經濟學家的語言，這聽起來像冷冰冰的全國性自我改善計畫，但事實上是達爾文主義的野蠻搏鬥，上千家企業在每個大型購物商城和工廠灑血，因爲達不到沃爾瑪的嚴苛效率標準而重傷，它們不光是街角的柑仔店和家庭五金店，也包括數十億美元的凱瑪特（Kmart）、玩具反斗城（Toys'Я'Us）和戴茜超市（Winn-Dixie）在內。華爾街頂尖零售專家之一的彼得．所羅門（Peter J. Solomon）觀察：「美國每家零售和消費品製造業者，在策略方面的主要疑問是：『我跟沃爾瑪是怎樣的關係？』」

逼得供應商關門大吉，對沃爾瑪固然沒好處，然而獲得沃爾瑪的青睞，同樣能導致一家公司窒息而死。醃黃瓜業者法拉席克食品（Vlasic Foods）就是典型案例，這家倒大楣的公司同意沃爾瑪的要求，以二．九七美元出售一加侖的罐裝醃黃瓜末，比多數雜貨業者的四分之一加侖還便宜。沒多久，沃爾瑪每星期就賣出二十四萬罐，獨占法拉席克的產量。但問題不僅是法拉席克每罐只賺一、兩美分，也使得醃黃瓜條和醃黃瓜片的需求暴跌，而這兩者卻是該公司利潤最豐厚的產品。沃爾瑪賣得愈多，法拉席克賺得愈少。當法拉席克拜託沃爾瑪讓它漲價時，沃爾瑪頑強拒絕，還威脅法拉席克，如果不繼續生產經濟罐的話，就停止販賣它所有產品。最後，沃爾瑪態度軟化，容許法拉席克改成半加侖售價二．七九美元。「沃爾瑪的回應眞經典，」法拉席克前高階主管史帝夫．楊格（Steve Young）回憶，「他說，『我們對醃黃瓜的作法，比照柳橙汁。我們殺了它。我們可以退出。』」沃爾瑪對法拉席克施以遲來的緩刑，二〇〇一年，這家公司便聲請破產保護。

被沃爾瑪效應壓抑的最大宗業務成本，是藍領工人的工資和福利，而他們也正是沃爾瑪的最佳顧客。這個具諷刺性的衝擊，在沃爾瑪所處的零售業中自是最爲明顯。經過通貨膨脹調整，沃爾瑪支付的工資從一九七〇年以來降低約三五％，和這段期間最低工資的眞實價値下降大致符合。整體而言，目前美國零售業的工資僅約爲製造業工會勞工工資的三分之一，爲一九六〇年的二分之一，也就是在沃爾瑪開始展現經濟實力之前的水準。

沃爾瑪對廠商施加的極端定價壓力，也傷害了各地的工業從業人員，原因是美國每年有上萬個製造業的工作機會轉到中國等低工資國家，因而使自由貿易的滑動速度加快。美國與中國之間的鉅額工資差距，當然不是沃爾瑪的錯，中國的勞工每小時平均賺〇．四美元，且規範不嚴謹的血汗工廠依舊大量存在。但是中國的最大貿易夥伴沃爾瑪，在建立以「中國價」（China Price）作爲美國供應商必須擊敗的價格時，卻比世界上任何一家公司著墨更深，凡是無法提供中國價給沃爾瑪的消費品製造業者（在許多產品線，只有少數有能力），將面臨三種選擇：萎縮、關門，或是在中國設廠，以充分利用所有的廉價勞工。

根據某些估計，目前沃爾瑪供應商資料庫中的六千家工廠，有八成以上都在中國；它銷售的非雜貨類商品，有七成是在中國製造。二〇〇四年，在美國對中國的一千六百二十億美元貿易赤字中，單單沃爾瑪一家公司就占了一三%以上。「中國以製造業巨擘之姿崛起，與沃爾瑪成長爲一股經濟力量密不可分，」《中國企業無限公司》（*China Inc.*）的作者泰德．費雪曼（Ted C. Fishman）如是結論，「世界上沒有一家公司，比沃爾瑪更積極掌握中國的潛力，也沒有一家公司在迫使美國、歐洲和日本製造業者前進中國時，比沃爾瑪更能產生催化作用。」

巨大如沃爾瑪，但它還想更大——而且要快。以目前的成長速度看來，未來五年的規模將會加倍，到二〇一〇年成爲第一家規模〇．五兆美元的企業。如果沃爾瑪進行大規模海外併購，或經過長期遊說後，終於被核准在美國國內大舉進軍消費金融市場，那麼沃爾瑪將更早達到這個里程碑。它的主要成長工具「超級中心」，將全尺寸的超級市場和一般大小的折扣店，合併在占地二十萬平方呎的同一個屋簷下，面積約當於十七個足球場。過去十年來，沃爾瑪成立一千七百五十間這樣龐大的合併商店，光是美國一地，該公司就看到至少還能再容納四千家，也使美國各主要城市被郊區外圍的超級中心團團圍住，各分店間隔僅數哩。

沃爾瑪不承認它的成長受任何理論的限制，除了或許是人類可支配所得的加總。在二〇〇五年致股東的年度書信中，執行長史考特估計沃爾瑪在全球零售市場的占有率僅三%。「換句話說，」他煞有介事地補充，「目前全世界大約九七%的零售業務，並不是由沃爾瑪做成的。」那明天呢？「我們可能大兩倍嗎？當然，」史考特在二〇〇三年表示，「我們可能大三倍嗎？我覺得會。」

在美國資本主義的現代史中，不時會有一家企業巨擘因爲權勢之大及其發揮力量的方式，激起同時代人們的希望和恐懼，因而達到超凡出眾的地位，標準石油公司（Standard Oil Co.）、賓夕法尼亞鐵路公司（Pennsylvania Railroad）、大西洋與太平洋茶葉公司（The Great Atlantic & Pacific Tea Co.，簡稱A&P）、通用汽車（General Motors）、IBM和微軟等，都曾充當過領頭者的角色。如今，這項重責大任由班頓維爾的惡霸「沃爾瑪」接下，這件事有好有壞，但是以壞的成分居多。

第二章　他們叫我山姆先生

山姆．沃爾頓過世十四年後，他在不斷向外蔓生的班頓維爾總部，依舊繼續存在著。數十張已故創辦人的照片，懸掛在大廳、接待室和走廊。沃爾瑪的採購人員在七十七間會客室裡跟廠商交涉時，每間房的牆面都懸掛沃爾頓的相片和標語牌，列出「山姆的商道法則」（共十項，就像一套戒律。）；鑰匙依舊吊在沃爾頓最後那輛小貨車的發動裝置上，這輛車在距總公司路程不遠處的沃爾瑪訪客中心展示，當地並複製他最後一次上班的辦公室。打從毛澤東去世以來，還沒有哪位領導者像沃爾頓董事長那樣，在死後依舊「音容宛在」。

史考特在公司內外皆言必稱沃爾頓，不僅因爲他在「山姆先生」的膝下受教，而且因爲沃爾頓的繼承人仍握有沃爾瑪四成股份，他們也對此頗爲堅持。「老爸過世後，我們下定決心，要讓他的名字和理念長留在公司每個人心中……，」二〇〇三年，山姆的大兒子，亦即董事長羅伯．沃爾頓（Rob Walton），在一次罕見的公開聲明中宣稱，「有意思的是，這些年來公司愈來愈壯大。」沃爾頓的魂魄不僅在沃爾瑪總部出沒，事實上，他仍在經營這家公司。

上述的話並非意指：自從沃爾頓於一九九二年被骨癌打倒後，沃爾瑪就不曾有過重大演變；應該說，就是在他死後，公司才大舉進軍美國國內的雜貨業，並以相同陣仗向海外擴張。然而，如今所有界定沃爾瑪經商之道與企業性格的元素——它的美德和愈來愈明顯的過失——他從一開始就沒有缺席。沃爾瑪就是沃爾頓做成的樣子，而且他多半是以自己的形象來塑造這家公司。雖然山姆先生的個性比他裝出來的樣子更複雜，但他從頭到腳都是奧沙克人，如果不同時對奧沙克解碼，便無法理解這個人，或是他造就的這家舉世無雙之公司。地理位置不盡然永遠是定數，但以沃爾瑪的情況來說，地理位置絕對是天命。

在企業界，很少人能在不離家的情況下，到得了比山繆．摩爾．沃爾頓（Samuel Moore Walton，編註：山姆為山繆的暱稱）所至之處還遠的地方。沃爾頓在阿肯色州西北部、奧沙克偏僻山谷的沉睡小鎮班頓維爾，成立了一家省錢折扣連鎖店，該店後來成為美國最大的企業，並大量積聚家族財富，目前已經超過八百億美元。不過，沃爾頓從沒認真考慮搬離或拋棄鳥不生蛋的奧沙克山丘，前往光鮮亮麗的小岩城（Little Rock）、聖路易或達拉斯，更別說是芝加哥、洛杉磯或紐約了。沃爾頓在資本主義制度下的豐功偉業深耕在奧沙克，這看在幾乎每個人眼裡都是矛盾的，除了他本人以外。「我們做過最棒的事，就是隱身在山丘並成立一家公司，讓大家想把我們找出來，」沃爾頓在晚年如是觀察，「外人時而抱著驚恐和許多疑問前來，但我們對自己的所在位置很滿意。」

一九七〇年，當沃爾瑪首度公開上市時，三十二間分店中有二十九家在奧沙克，而且都是在那些太不起眼、太難到達的小鎮，以致吸引不到更大的連鎖店，如席爾斯（Sears）、凱瑪特或伍爾柯（Woolco）等。股票上市讓沃爾瑪邁向大舉成長之途，卻沒有立即炸掉沃爾頓的腹地掩護。當時的沃爾瑪還沒有大到躋身全美前七十大連鎖折扣店，華爾街上極少數已經注意到這間公司的人，往往將它輕描淡寫地描述成「替鄉巴佬設計、剪裁女裝的男裁縫師」。這樣的評價雖不中、亦不遠矣，卻嚴重低估沃爾頓的雄心和能耐，以及他歷經試誤後設計出以奧沙克爲中心的業務模式，當中所具備的潛在力量。

奧沙克山區是由五萬平方哩的高原和群山構成，於是形成阿帕拉契山脈和落磯山脈間唯一幅員廣闊的崎嶇地形。奧沙克山區環繞整個南密蘇里和北阿肯色，以及一小部分的奧克拉荷馬和伊利諾，面積約略等於佛羅里達。過去三十年來，儘管該地區的人口成長率令人印象深刻，如今卻僅剩約八十萬，相當於陽光州（編註：佛州別名）的二十分之一，至於全體十五萬居民則集中在密蘇里的春田市（Springfield），該市也是本區最大的城市。此外，打從印地安人讓出奧沙克以來，當地人民一直維持原樣。換言之，就是人種最白、種族最單純的美國國土。遲至一九三〇年，阿肯色州奧沙克的黑人總人口數還不到一千人，十五個郡有過半找不到一位黑人居民；在班頓維爾的大本營班頓郡（Benton County），打從南北戰爭之後黑人就占不到人口的一%。

一百多年以來，奧沙克是教科書上歷史學家所謂的「半保護區居留地」；一八〇〇年代，英格蘭與蘇格蘭—愛爾蘭裔新教徒將維吉尼亞和南北卡羅萊納開拓爲殖民地，於是一波接著一波到此定居。山丘上養得起奴隸的農民少得可憐，奧沙克的貧瘠土壤和故步自封的社會秩序，幾乎吸引不到解放後恢復自由之身的黑人，這地區就像多數南方鄉村的內地，幾乎沒有受到十九世紀末、二十世紀初來自南歐與東歐勢力龐大的天主教與猶太教移民染指。奧沙克自外於不斷進化的美國經驗——那種複雜、瞬息萬變的核心趨勢——成了一個貧窮、無知、缺乏包容、疑神疑鬼且個人主義強烈的閉塞之地。「典型的奧沙克山民……可說是瘋狂地守護自己的獨立性和人身自由，願意爲了他認爲是自己權利的任何事，捍衛至死，」知名的奧沙克民俗研究學者凡斯．藍道夫（Vance Randolph）在他一九三一年的著作中寫道。

好幾世代以來，奧沙克的公眾形象明顯兩極化。每隔一段時間，它就會被過度美化成純淨無汙染的鄉村，是「完整的美國生活方式」即將消失前的最後淨土。一九三四年，壁畫家湯瑪斯．哈特．班頓（Thomas Hart Benton，美國參議員的侄孫，班頓維爾和班頓郡就是以此爲名）在某本旅遊雜誌上撰文，封這個區域爲「美國的昨日」。然而，奧沙克大抵被嘲弄爲美國的「狗補丁」（Dogpatch，編註：漫畫中的虛構城鎮，象徵封閉、保守及貧窮），是個「獵犬沿著泥巴路徐行、雞隻在院子裡撿蟲吃、有錢人家在前門門廊炫耀席爾斯牌洗衣機的地方。」一九三〇年代的連環漫畫〈阿伯納〉（*Li'l Abner*，編註：以「狗補丁」小鎮爲背景的漫畫）和六〇年代紅極一時的電視情境劇《比佛利鄉巴佬》（*The Beverly Hillbillies*）謔而不虐，但奧沙克卻在不堪的實況報導中成爲笑柄。在這個被外地人——尤其「城市佬」——自動以狐疑眼光看待的地方，光是沃爾頓身爲土生土長奧沙克人的事實，就足以代表一切。在每個象徵富裕和成就的全國性評量標準上，沃爾頓這群窮鄉僻壤的教友或許排名遠低於平均，但這個由山丘構成的地區在特有作風上，跟美國任一個由精英在城市組成的小團體，同樣具排他性。奧沙克一如中世紀歐洲，不輕易授與代表本地人身分的天賦權利，即使是沃爾頓那一代的人，如果父親或祖父不在奧沙克出生，就算一輩子待在山裡，仍然可能被當地人當成「老外」。

沃爾頓家族的父系那一輩，早在一八三八年就在當地生根，所以他是個不折不扣的「山區貴族」，熟知奧沙克的地貌。他駕駛飛機從空中研究複雜多樣的地形；他花了二十幾年，開著一輛雙引擎小飛機，載著弟弟——也是副駕駛詹姆士·「老弟」·沃爾頓（James "Bud" Walton）——到處尋找新分店的地點。「我會低空飛過，把飛機的一邊翹起，就這麼從某鎮上方掠過，」山姆回想。「有回我們相中一個地點，於是降落去看看地主究竟是誰，想當場搞定這筆交易。」山姆又獨自飛了數不清的距離，目的是密切監控被他鎖定的店面。他經常一天跑四、五個地點，多次被迫降落在人煙稀少的叢林區跑道才倖免於難。他的飛行里程之多，使他在摸黑飛回家的途中，光憑燈光閃爍的形式就能分辨出各個小鎮來。

沃爾頓徒步仔細審視奧沙克時也毫不含糊。他在終生孜孜不倦的搜尋過程中，踏遍此地許多山丘和溪壑，（「他狩獵，」沃爾頓三個兒子之一曾這麼評論，「就像薛爾曼〔William Sherman，編註：北軍名將〕走遍喬治亞州那樣。」）在狩獵季，沃爾頓多半在下午三、四點下班，把捕鳥獵犬放進小貨車或兩人座飛機上，前往窮鄉僻壤尋找新的狩獵區。沃爾頓總是小心請求地主允許，經常用一盒淋上巧克力的櫻桃把整件事敲定，不僅因爲這是敦親睦鄰的合宜作法，也有助於幫商店爭取客人，「當這些農民到鎮上購物時，自然會跟曾在他們土地上狩獵、又給他們糖果吃的人打交道，」沃爾頓在九〇年代初回憶。「如今我還會遇到一些人，跟我說他們的父親想起我當年在他們土地上狩獵的情形。」

在奧沙克各地取得許多長期不動產租約就是個成就，因爲在山區做生意大不易，即使是像沃爾頓這樣土生土長的人。「跟老奧沙克人簽訂最簡單的生意合約，而且不需經過一長串辯論、假設性問題和起跑犯規，是幾乎不可能的，」藍道夫寫道。「想跟其中一人買東西，只有使盡最大努力，才能請他給個明確的價格。一接受他開的價碼，他就漫天亂扯，說原本可以輕易拿到兩倍價，而且有點受侮辱的感覺！」

沃爾頓就像許多土生土長的奧沙克人，對外地人的藐視相當敏感。「多數媒體人，還有一些華爾街調調的人，要不就認爲我們只是在卡車後頭賣庫存商品的土包子，或者是某種賺錢不費力的能手或股市作手，」他在自傳中抱怨。但是，沃爾頓多半用聳肩和微笑來隱藏感情，並且利用城市人低估他和他公司的傾向，在商業上牟取最大利益。在沃爾瑪羽翼未豐的那幾年，他在美國各地到處走，吵著要零售業的老大哥乖乖交出祕訣。「他來到我在紐約的辦公室，跟我說他是從阿肯色州班頓維爾來的鄉下小子，」折扣業者的先驅賀伯．費雪（Herbert Fisher）回憶，「他問我能不能幫他，然後記下我每個點子。」

沃爾瑪內部人盡皆知的「雞報告」故事，是沃爾頓「以退爲進」慣例的嘲諷性版本。那是以沃爾瑪一位名叫朗．羅夫烈斯（Ron Loveless）的高階主管簡報爲本，他在沃爾頓的鼓勵下，在該公司年度股東大會中向不疑有他的華爾街分析師做簡報。「很多人經常問我們，究竟如何預測市場對折扣商品的需求，」羅夫烈斯說。「如今大家聽過很多數字，但其實不只這樣。我們在北阿肯色養了很多雞，因此我們用這些雞編寫出所謂的『羅夫烈斯經濟指標報告』（Loveless Economic Indicator Report）。請您瞧瞧，經濟好的時候，會看到很多雞從卡車上被丟下來摔死在路邊；可是當經濟愈來愈差，人們會停下來撿死雞，帶回家當晚餐。所以說，除了傳統方法之外，我們試著從預先囤積存貨與路旁死雞數之間找出相關性。」

貝珍妮．莫瑞頓（Bethany Moreton）在短文〈它來自班頓維爾〉（*It Came from Bentonville*）中描述，羅夫烈斯當時帶著蒙提派森式（Monty Pythonesque，編註：意即帶有喜感）的自信，展示一連串精心製作的圖表，他把某條趨勢線中不尋常的突起，解釋成兩輛運雞卡車在密西西比州科西歐斯科

（Koziusko）附近的對撞，並且一本正經地出示幾張幻燈片，顯示身著制服的「雞隻巡警」在兩線道鄉間小路上檢視雞屍。沒有人笑，於是開心的羅夫烈斯對莫瑞頓說：「聽眾不斷點頭、皺眉，把每句話都記了下來！」

在沃爾頓絲毫不帶個人情感到令人惱火的自傳《Wal-Mart創始人山姆．沃爾頓自傳》（*Sam Walton, Made in America*）中，除了他的父母外，他對列祖列宗幾乎隻字未提。從人口統計紀錄和其他公開文獻中，能夠取得有關沃爾頓前兩代來到奧沙克定居的資訊，多半強調他們的平凡、勇氣與毅力。沃爾頓一家是個勤奮的家族，他們很快就把指甲裡的塵土洗淨，搬離農村，到鎮上擔任郵政局長、店老闆和銀行家。不過，在沃爾頓發跡前，這個家族並沒有出過眞正出色的公民，沒有市長、軍官、法官、醫師，或是企業大亨。

沃爾頓以祖父山繆．沃爾頓（Samuel W. Walton）之名命名，後者於一八四八年生於拉邁（Lamine），這是密蘇里州一個繁榮的小農村，位在奧沙克山區北緣。山繆是農民之子，爲整個家族設想了一個樸實的未來，於一八六九年在拉邁開了一間小雜貨店。十一年後，當山繆的妻子生第七個孩子時，她以三十二歲的年紀去世，他的生命也出現悲劇性的變化。山繆收掉這間店，把孩子和家當打點好，往南走到奧沙克人煙稀少的高原內地。事業心旺盛的山繆，在韋伯斯特郡（Webster County）創造新市鎭的核心，也是目前所知的迪金斯（Diggins）。於是，山繆就在奧沙克這處雞不生蛋、鳥不拉屎之處，開了第二家雜貨店，擔任當地的郵政局長，也建立起有聲有色的木材批發生意。

山繆在迪金斯再婚，又生下三個孩子，最小的兒子湯瑪斯．吉伯遜．沃爾頓（Thomas Gibson

Walton），後來成了美國首富的父親。然而，他的發跡絕非因緣巧合。一八九四年，四十八歲的山繆跟他的年輕妻子在幾個月內相繼去世，死因顯然是流行性感冒的大流行。當時年僅兩歲的湯瑪斯，被送去和祖母一起住在愛朵拉多泉（El Dorado Springs）的奧沙克小村子裡。幾年後，他搬到奧克拉荷馬州的金費雪（Kingfisher），兩位哥哥就在那裡，由沃爾頓家族的一位叔伯輩帶大。一九一七年，湯瑪斯在金費雪迎娶富農之女娜妮亞・李・勞倫斯（Nannia Lee Lawrence），並在岳父的幫助下買了一塊地產，自己當起農夫來。

一九一八年三月二十九日，娜妮亞就是在那個農場產下沃爾頓（童年時期大家都叫他「山米」〔Sammy〕）。不到四歲，母親就又生下另一個男孩詹姆斯，叫「老弟」比較多人曉得。雖然他跟老弟是在奧克拉荷馬出生，但他們只是名義上的奧克拉荷馬人，看在密蘇里親戚的眼裡，他們是在短暫出走時出生的奧沙克人。奧沙克文化有個奇特之處，就是「本地父母的孩子也是本地人，不管他們究竟在哪兒出生。」

湯瑪斯身高僅五呎五吋，是個精瘦、英俊的矮腳公雞，他很努力，對自己討價還價的本領很是得意。「他喜歡做買賣，什麼都要跟人交涉，像是馬匹、騾子、牛、房子、農田、車子，什麼都不放過，」沃爾頓回想。「有一回，他把我們在金費雪的農田賣掉，買了一塊在奧克拉荷馬州奧美加（Omega）附近的田地；又有一回他用手錶換了一頭豬……他是我見過最厲害的談判專家。」即使如此，湯瑪斯想做成好生意的企圖心，充其量也只是想讓自己跟家人過著中低階級的生活。「老爸從沒有野心或信心，想靠自己的力量建立起偉大事業，他也不贊成舉債，」沃爾頓在《Wal-Mart創始人山姆・沃爾頓自傳》中寫道。

儘管如此，湯瑪斯成功地把窮凶惡極的工作態度，灌輸到沃爾頓和老弟身上。「祕訣就是，工作、工作、工作，」湯瑪斯有回驕傲地告訴記者，「我教我兒子怎麼辦到。」他也養成兒子近乎病態的節儉習慣，一位舊識這麼說：「他就是有本事把林肯總統壓榨到哭泣。我賭他賺進的第一塊錢當中，有九毛五分進了他口袋。」

一九二三年，湯瑪斯和娜妮亞幾乎賣掉所有家當，帶著兩名幼子返回奧沙克。官方說法是，這一家子離開，是因爲他們想確保幼子會在密蘇里的春田市上學，那裡不但比金費雪大，教育也比較先進。當初娜妮亞爲了結婚而中輟大學學業，因此極度強調「教育」是兩個兒子出人頭地的途徑。根據沃爾頓本人的看法，他那種大於一般人的野心，主要是母親的傑作。「母親對孩子的期望極高，」他回想，「她打從一開始就規定我一定要上大學，自己闖出一片天。」

湯瑪斯等不及到大伯父威廉．沃爾頓（William E. Walton）於一八八〇年代成立的銀行上班（位在奧沙克西緣的小鎮巴特勒〔Butler〕）；已婚但膝下空虛的威廉，挑選湯瑪斯的同父異母兄弟傑西．沃爾頓（Jesse B. Walton）爲繼承人，擔任沃爾頓信託公司（Walton Trust Company）及其附屬機構沃爾頓抵押貸款公司（Walton Mortgage Company）的總裁。傑西雇用湯瑪斯在春田市開設一間貸款事務所，後來衍生爲沃爾頓家族的各種事業。成年後的沃爾頓，最早期的記憶是春田市，因爲他不僅在那裡上學，也毅然進入家族的勢力範圍。

沃爾頓家族在春田市才住了幾年，湯瑪斯就轉到馬歇爾鎮（Marshall）——位於沃爾頓家族在拉邁的家宅以北。這個家族繼續往密蘇里中部搬遷，直到一九三三年在奧沙克山麓丘陵地、人口三萬且充滿生氣的大學城——哥倫比亞市（Columbia）落腳。這次是娜妮亞堅持要搬家的，她說哥倫比亞的戶籍有助於兩個兒子取得密蘇里大學的入學許可。

在整個三〇年代，湯瑪斯經常四處奔走，向農家催收滯納的抵押貸款，如果有必要，還會將抵押品查封。沃爾頓偶爾會跟在父親身旁，近距離目睹密蘇里鄉村在大蕭條的無情打擊下，財產被奪走的深切悲哀。沃爾頓家無恆產，因此沒有損失可言，但他們也在辛苦中度日。「我們從不認爲自己窮，儘管我們沒有多少外界所謂的可支配所得，我們也盡一切所能到處籌點錢，」沃爾頓回憶。打從七歲以來，他就以推銷雜誌、送報，以及養鴿子、兔子等供銷售以貼補家用。沃爾頓這一家子並非無憂無慮，而錢的問題只是部分原因。「事實很簡單，在同一個屋簷下，老爸和老媽是最會吵架的兩個人，」沃爾頓在自傳中回憶。

在整個求學生涯中，沃爾頓是美國頭號的拚命三郎。他不多話、英俊、舉止得宜，老實說有點像個長不大的孩子，咒罵的言語會使他退縮，頭髮以老派的方式向後梳。當別的小學男生穿著連身工作褲，他卻穿著長袖上衣配燈芯絨褲上學。不過，沃爾頓也是個脾氣好、性情平和的青年，在運動方面表現優異，而且不費吹灰之力就大受歡迎。「即使在他小時候，大家就會湧向他，」薛爾畢納（Shelbina）的同學埃佛略特·歐爾（Everett Orr）回想當年。「這麼一個害羞的小子到底怎麼成爲領袖，我實在想不通。」沃爾頓曾潛入湍急的河流救出溺水同學，因此以十三歲的小小年紀，就獲得密蘇里州史上最年輕的鷹級童子軍（Eagle Scout）殊榮。高三時當選班長，並兩度率領足球隊參與州冠軍賽，他是人小（五呎九吋）膽大的四分衛。「我從沒想過會輸，」沃爾頓回想。事實上，他這輩子從不曾在足球賽中爲輸的一方打過球，「對我而言，彷彿像是我有贏的權利似的。」

一九三七年，沃爾頓在密蘇里大學註冊，主修經濟。他的運動生涯就此結束，但他依然使自己成了密大校園的風雲人物。他甩掉男孩期間最後一絲絲矜持，開始不斷爲競選大四班代表拜票，而且順利當選。「我蠻早就了解，身爲校園領袖的祕訣之一其實再簡單不過，就是在對方開口前，先跟他們說話……，」沃爾頓回憶，「沒多久，我大概是全大學認識最多同學的人。」沃爾頓在擔任餐廳服務生、救生員等兼差工作時，還參與包括儲備軍官訓練團（Reserve Officer Training Corps）在內的一堆社團活動，而且大多扮演領導者。一九四〇年，他以商學學位畢業，在他所屬兄弟會所辦的報紙上，有人玩笑地將他側寫成「交際男沃爾頓」，說他是「少數叫得出每位清潔工名字的人」。

沃爾頓在大學時，就夢想進入賓州大學的華頓商學院財務系，但他終究沒有申請。一來他沒錢，再說也沒興趣遠赴東岸的精英研究所重新證明自己。雖然他在學時硬是拚出了好成績，但他既不特別有聰明才智，也不怎麼有求知慾。沃爾頓生來就是推銷員的料，他也以此爲榮，拿到畢業證書才三天，他就到彭尼百貨（J. C. Penney）位於愛荷華州第蒙（Des Moines）的分店擔任儲備經理實習生。有一天詹姆斯・凱許・彭尼（James Cash Penney）親臨這家店，指導這位未來的企業鉅子，如何用最少的紙張和棉繩來包裝物品。「我從一開始就愛上零售業了，」沃爾頓回憶。

一如許多無法永誌不渝的愛情，這段感情也被戰爭中斷。一九四一年末，就在日本攻擊珍珠港並將美國捲入第二次世界大戰後，身爲儲備軍官訓練團畢業生的沃爾頓，早料到自己會在戰事不可開交之際加入。但是，由於心臟神經有個相當輕微的畸形，讓他不符參戰的資格，因而被分到「受限任務」那一類，沃爾頓對此看得相當嚴重。在一切安排妥當的人生中，他做出第一次也是最後一次的脫軌演出。一九四二年四月，他驟然離開彭尼百貨，往南來到奧克拉荷馬州。他之後表示，就在等著被陸軍徵召擔任全國性的任務時，「心裡隱約地想對石油業一探究竟。」

沃爾頓對這奇怪的插曲，從沒給過足以服人的解釋，只表示沒通過陸軍體檢使他感到消沉。然而後來才發現，原來他一直在跟同一家店的出納交往，她叫貝絲·漢葵斯特（Beth Hamquist），此舉違反彭尼嚴禁員工發展私人友誼的政策（沃爾瑪也採取這個政策）。沃爾頓堅稱是自願離開彭尼，但有可能是因爲老闆發現他的違規行爲，才強迫他離開。據聞沃爾頓曾向漢葵斯特求婚，但是等她一點頭，他卻改變心意，匆促轉往奧克拉荷馬，顯然不僅是棄心碎的漢葵斯特而落跑，也開始追求他最後眞正娶的老婆——海倫·羅布森（Helen Robson）。

海倫也在哥倫比亞市念大學，她來自小鎮克雷摩爾（Claremore），該鎮距普萊爾（Pryor）十八哩。沃爾頓在普萊爾一家大型火藥工廠找到工作，不到幾個月，兩人就訂婚了。「我們全家都愛上他了，」羅布森回想，「我總是說，他愛我家人，就跟他愛我一樣多。」在家族中，沃爾頓是第一個看在錢的分上結婚的人。海倫的父親利蘭·羅布森（Leland S. Robson）多金且人面廣，靠自己的努力成爲律師、農場主人、銀行家。利蘭以販售鍋碗瓢盆起家，他讓海倫跟她三個哥哥成爲他占地一萬八千五百英畝養牛場的相同持份合夥人。沃爾頓深受未來丈人的影響，他自己一事無成的老爸根本望塵莫及。

一九四二年七月，等到沃爾頓被徵召到軍情局（Army Intelligence Corps）擔任軍官，他已經搞定兩件事，「我知道我想娶誰，還有我知道我想以什麼爲生，就是零售業。」一九四三年，他趁著情人節休假期間，在克雷摩爾跟海倫完婚。三年來，沃爾頓在戰犯營、飛機製造廠等協助安全監督，多半待在加州；沃爾頓及其新婚妻子在戰爭期間待過的十六個地方，都有機會從事零售業而使他棄甲從商。戰後的加州欣欣向榮，也是最適合創業的地方，名列全球第七大經濟體。但是，當沃爾頓於一九四五年以上尉的官階退伍，他卻回到奧沙克老家。

在沃爾頓自謀發展之下，他原本可以與大學時代的一位弟兄合作，向巴特勒兄弟公司（Butler Brothers）買下位在聖路易的聯邦百貨公司（Federated department store）。巴特勒兄弟是地區性的大型零售商，擁有班．富蘭克林（Ben Franklin）的廉價物品連鎖店，不過這筆交易必須藉助丈人的財力，而老婆卻不願促成。「只要別叫我住在大城市，你想到哪裡，我都願意跟著去，」海倫對他說，「人口一萬對我來說就足夠了。」於是沃爾頓回去見巴特勒兄弟，詢問有沒有任何開在小鎮上的百貨公司。他穿著陸軍制服，搭火車到阿肯色州的新港（Newport），這是個約七千人的棉花鎮，位在奧沙克的東南緣。一九四五年夏天，沃爾頓用二萬五千美元收購當地正搖搖欲墜的班．富蘭克林分店，他們夫妻倆投資五千美元，餘款則向老丈人利蘭借。

班．富蘭克林規定加盟業者必須遵守各種政策和程序，這不成問題，因爲沃爾頓對經營雜貨店毫無概念。不過，他倒學得挺快，並且進了一間研究所就讀，爲的是勘查正對面的對手史特令商店（Sterling Store），在沃爾頓買下班．富蘭克林時，這家店的銷售量是它的兩倍。沃爾頓在新港的五年當中，絕大部分是每週工作七天，禮拜六晚上十點收工，禮拜天一大早又回來，任由哀怨的妻子自行照料好四名幼子去上主日學。「開了沃爾瑪後，我們跟他在一起的時間確實變少了，」海倫說，「不過，別以爲在那之前他就比較閒。」「老弟」在太平洋戰役中擔任海軍的轟炸機飛行員，光榮退伍返鄉，沒多久就來到新港投入店務，擔任沃爾頓的副理。

兩年內，沃爾頓的店營業額加倍，還清了岳丈的貸款。當他從小道消息得知史特令商店正計畫拿下相鄰雜貨店的租約，沃爾頓就在一時衝動下，說服雜貨店的房東改租給他，因而阻斷對手的擴張行動。「對於如何處理那件事，我完全沒概念，」之後他坦承，「但我確實知道，我不希望史特令擁有它。」於是，沃爾頓開了一家百貨店，取名叫老鷹商店（Eagle Store），結果不僅和史特令搶生意，也跟他自己的班．富蘭克林打對台。打烊後，他奔波於兩家店之間，推著一輛輛載滿商品的大推車，希望這家店賣不掉的東西能在另一家店銷出去。

雖然老鷹商店從來不曾賺大錢，但是班．富蘭克林倒是發展得挺好。據沃爾頓表示，它的收入和獲利高於班．富蘭克林在六州地區內的任何加盟業者，而且是阿肯色州任何種類的雜貨店中最大者。不過，這個創業之作的下場卻不妙，就在他急著收買班．富蘭克林的加盟權之際，也犯了菜鳥的無心之過，沒把自動續約寫進租約中。當租約於一九五〇年到期時，沃爾頓的房東基本上是強迫他離去的。「那是我職業生涯中的低點，」沃爾頓回想，「我的胃好痛。」如果沃爾頓想留在零售業，他有兩種選擇：在新港的另一家批發商謀職，不然就是被迫全家離鄉背井，到一個新的鎮從頭來過。他氣不過所有不公平的事，於是便離開了。

班頓維爾蜷縮在阿肯色州的西北角，從新港開車不容易前往，車程需要八小時，沿途都是螺旋狀的轉彎，翻山越嶺後來到波士頓山脈（Boston Moutains），其中包括奧沙克山區的最高峰。（就是此行，正當沃爾頓一面放掉新港的事業，打算在班頓維爾從頭開始，他才有很多時間讓自己確信，駕駛飛機才是在奧沙克四處遊走的最佳方式。）由於鄰近克雷摩爾（仍然是羅布森家族的根據地），的確讓班頓維爾占了地利之便，同時也是獵鵪鶉的理想地點。一如沃爾頓所說：「因爲那裡是奧克拉荷馬、堪薩斯、阿肯色和密蘇里的交會點，我才能輕易恭逢四個州的四個獵鵪鶉季。」

人口二千九百一十二人的班頓維爾，是沃爾頓一家在阿肯色西北四處物色的眾多城鎮中最小者，沉悶平靜到讓海倫一時之間說不出話來。「班頓維爾確實是個愁雲慘霧的鄉間小鎮，即使鐵軌修築到那裡……，」她回想，「我還記得，我簡直無法相信我們竟然要住在這種地方。」對沃爾頓而言，選中班頓維爾的最大理由，是因爲當時的情勢：在鎮中心有間老掉牙的廉價物品商店，店主願意把店面賣給他。新港的倒楣事讓沃爾頓有五萬五千美元現金入袋，買下店面綽綽有餘，至於收購哈里遜雜貨店（Harrison's Variety Store）以及相鄰理髮店的租約，則是仰賴岳父大人出面交涉。沃爾頓把兩間店打通，蓋了一間面積四千平方呎的新店面，是原來的兩倍大，非常新穎。他稱它做「沃爾頓的五分和十分」（Walton's 5c & 10c），不過他還是保留班．富蘭克林的加盟資格。

沃爾頓在班頓維爾造成的轟動，彷彿是一顆巨石從一萬呎的高度落到池塘裡。他在鎮上來去匆匆，就像過去在密蘇里大學校園那樣，不斷地見人、跟人打招呼。「他會在一個街區外的地方叫你，」有位店員大聲讚嘆，「他看到誰，就會大聲叫對方。」他參加目光所及的每個市民團體，同時擔任扶輪社和商會的會長，並當選進入市議會，以及加入當地一家醫院的董事會。他協助組織小聯盟棒球隊，贊助當地高中的足球隊，甚至在主日學教書。

相較於班頓維爾的另外兩家雜貨店，沃爾頓的「五分和十分」用更低的價格提供更多商品選項，結果沒多久那兩家店就關門大吉。當時美國的零售店多半不准購物者直接拿取，必須由店員從貨架取下商品，在散布於全店的收銀機結帳。沃爾頓則在班頓維爾嘗試嶄新的「自助」概念，把商品堆在島狀櫃台，並且堆成桶狀四處擺在地上，然後派幾位收銀員在店的前方駐檯。結果可行，但狀況連連。「年長女士一進店門，就被一落落商品絆倒，」替沃爾頓工作的班・富蘭克林經理查理・鮑姆（Charlie Baum）說，「我永遠忘不了。他看了看，皺著眉頭說道：『鮑姆，我們得做一件事。我們一定要加強女性內衣部。』那年頭生活艱苦的，穿在裡頭的東西都有些破破爛爛。」

沃爾頓從當店老闆起步，而當時美國各地的鄉下商人通常傾向和平共存。典型的四〇年代鄉村社區有多達四、五家店販賣雜貨，但或許只有一、兩家販賣五金、電器、藥品，或一般商品。鄉下的物價大多比城市貴，城市裡的眾多連鎖店激化了競爭。城鄉差異在奧沙克尤其明顯，開車到春田或哥倫比亞等頗具規模、物資充裕的城市，對住在山裡的多數百姓來說，根本不在考慮之列。沃爾頓進入前的班頓維爾就是典型的例子，此地支撐著三家死氣沉沉的小雜貨店，然而光是一家活力洋溢的商店也就綽綽有餘。「我們發現，這裡幾乎沒有競爭的精神，」沃爾頓回憶，「幾家零售業者散布在廣場四周，每家分別靠著自己的利基來做出名號，如此而已。」

奧沙克對重要的零售業者來說缺乏魅力，連鎖業者若想跨越奧沙克，以及奧克拉荷馬、堪薩斯和德州東部的農村，必須承受堪稱美國最大的敵意。耶魯大學的莫瑞頓表示，這一地帶「造就美國最強有力、反對大型經濟『團體』的平民抗爭。」縮影是即將進入二十世紀的標準石油，以及一九二〇和三〇年代期間的A&P雜貨連鎖。由於經常帶著種族歧視和反猶太主義的色彩，「人們就是不信賴這些業者，」莫瑞頓寫道。「美國國內對連鎖業反對聲浪最大的區域，深受北方鐵路、東部銀行和產業獨占的禍害，而這三者證實是在內地半殖民的情況下吸取財富。」

如果說，直到四〇、五〇年代，奧沙克人依舊對「外人擁有」的連鎖店半信半疑，那麼這種感覺是雙向的。在充滿經濟契機的戰後美國，A&P和伍爾沃斯（Woolworth）又爲何要對一貧如洗、人口外流的奧沙克進行投資？在大蕭條期間，上千家庭逃離山野的貧困，到大城市或加州一帶找工作。（六六號公路即是橫跨大陸的知名公路，載著「奧沙克人」和「阿肯色人」到聖喬昆谷〔San Joaquin Valley〕，而正好穿過沃爾瑪王國的心臟地帶。）二次大戰惡化了人口外移現象，接受徵召的士兵大多一去不回。在戰後，家庭農場的夢想在奧沙克成了夢魘，機械化將牛奶、雞蛋、雞隻等大宗商品的生產，轉變成資本密集的農產品業，遠比多數山民的手段高明。一九六〇年，奧沙克各郡最鄉下地區的人口密度已降到每平方哩十三人，連最基本的零售業都撐不起來。「五〇年代，阿肯色的象徵就是被棄守的鄉下商店……窗戶加裝鐵窗以防貧民，商店四周被飢民區圍繞，」一位歷史學家表示。

對沃爾頓來說，這些令人喪氣的人口統計數字無關緊要，照他在班頓維爾生根的方式，只能選擇在自家後院成立事業，或是完全不成立任何事業。沃爾頓是個自然倡導者，也是天生的商人，他以純粹的熱情，追逐那些固守奧沙克卻沒有商家青睞的消費者，因而克服時間和地點的表面不利。他們是他的鄉親，而他了解如何迎合他們。另一方面，他獨自在山上多年，笨手笨腳地嘗試業務模式，之後才被迫迎戰席爾斯、彭尼和凱瑪特等——那些使沃爾瑪在開業之初顯得小巫見大巫的眾多業者——這樣的作法也很有幫助。

對沃爾頓而言，擴張事業就跟呼吸一樣自然、不可或缺。一九五二年，他在飛雅特維爾（Fayetteville）廣場街心開了第二家沃爾頓的「五分和十分」分店，位在班頓維爾以南三十哩處，也是華盛頓郡（Washington County）的所在地。一九五七年，沃爾頓學會開飛機後，擴張的步調也逐漸加快，他在堪薩斯市郊開了幾間店，就在班．富蘭克林的倉庫附近，而他的商品大多是這裡供應的。事實上，他就像玩跳房子遊戲，從奧沙克某個隱匿的小村莊跳到另一個，包括春谷（Springdale）、席隆恩泉（Siloam Springs）、黎巴嫩（Lebanon）、維瑟理斯（Versailles）、韋恩斯維爾（Waynesville）——在有限資金所允許的速度下。每個新店面都採加盟方式經營，由山姆、他弟弟、他父親，以及海倫的兄弟尼克和法蘭克，分別組成合夥組織。

沃爾頓早在一九六二年就開竅，當時他跟老弟決定做個實驗，在聖羅伯（St. Robert）開一家為平常兩倍大的雜貨店。聖羅伯是奧沙克山區的小鎮，面積甚至比班頓維爾還小。過不了多久，這間一萬三千平方呎的雜貨店（最初三家沃爾頓家庭中心〔Walton Family Center〕之一），成為沃爾頓家族最賺錢的賣場，也是全國獲利第二高的班．富蘭克林分店。一如虛構的奧沙克山民傑德．克蘭皮特（Jed Clampett，編註：《比佛利鄉巴佬》角色），他因為誤射來福槍而發現石油（「從地面上跑出來冒著泡泡的原油」），沃爾頓兄弟也因為歪打正著，在荒涼的地方一夜致富。用沃爾頓的說法：「我們學到的第一個大教訓是，美國小鎮的商機大過任何人所想像的，包括我在內。」

即使聖羅伯的新分店讓沃爾頓對美國鄉下的商機大開眼界，他卻得到預言式的洞見：以往賣廉價商品的雜貨店已成爲歷史。如果沃爾頓沒想通「打折」注定成爲零售業的下一件大事，那他擁有的十六家雜貨店，或許就宣告了他注定失敗的命運。一九六二年，沃爾頓飛到芝加哥，想說服巴特勒兄弟與他合夥成立折扣連鎖，以美國鄉村爲目標客群。「我挺習慣加盟制，我欣賞那種做法，」他回想。當時四十四歲的沃爾頓，熱情洋溢地對著巴特勒兄弟的高階主管簡報，他提出聖羅伯新分店的構想立即轟動，證明了被凱瑪特等多數折扣業者忽略的類似小鎮，擁有怎樣的銷售潛力。巴特勒兄弟必須將平時二〇%至二五%的商品加成砍成一半，但是他向高階主管們保證，增加的銷量將遠遠超過損失的利潤率。他鼓吹得挺賣力，但巴特勒的智囊團斷然將他拒絕。

於是，沃爾頓飛到達拉斯，不預期地拜訪賀伯．吉普遜（Herbert Gibson），這位妄自尊大的老粗正是吉普遜折扣商店（Gibson Discount Stores）的創辦人。吉普遜是奧沙克人，按照沃爾頓的形容，「是個出身貝瑞維爾（Berryville）的理髮師。」一九三五年，吉普遜搬到達拉斯，因爲經營藥妝品的批發經銷而發跡。吉普遜比沃爾頓年長近二十歲，搶在他的奧沙克老鄉前體認到打折的潛力。五〇年代末，他推出地區性的加盟折扣連鎖店，標榜「低價買、大量進、俗俗賣」。吉普遜就像沃爾頓一樣，將零售事業界定爲「鄉下地方的生意」，把火力集中在人口二萬到五萬的城鎮中，鎖定那些對預算念茲在茲的消費者。吉普遜在阿肯色的兩個類似城市——飛雅特維爾和史密斯堡（Fort Smith）——開設折扣商店，從沃爾頓的「五分和十分」各分店搶走生意。「我知道我們不能坐視，」沃爾頓回想，「我大概是此地了解他葫蘆裡賣什麼藥的少數人之一。」

沃爾頓來到達拉斯，想買下一、兩間折扣商店的加盟特許權。他在等待室坐立不安地度過五小時後，終於被叫到吉普遜面前。「你有十萬美元嗎？」吉普遜劈頭就問。沃爾頓坦承沒有。「我們都是一卡車、一卡車進貨，很花錢的，」吉普遜說，「那你肯定沒辦法跟我們打交道。再見。」

沃爾頓的勇氣受挫，最後決定自己進入折扣業這一行。他跟海倫把班頓維爾的房子抵押，其他家當也全數當作銀行貸款的抵押品，用這筆錢開設了位在羅傑斯鎮（Rogers）、占地一萬六千平方呎的店面。羅傑斯鎮比班頓維爾稍大，兩鎮相鄰。沃爾瑪折扣城（Wal-Mart Discount City）於一九六二年七月二日開幕，一架架的衣服掛在金屬管上，其他商品大多堆放在桌子上。這間店有三個結帳櫃台，其中一個標示「快速結帳」，店內有二十五名雇員，以女性居多，每小時工資僅五到六毛錢。沃爾頓在報紙上刊登廣告，承諾「各部門均有每日低價商品」，而且最多可能比廠商建議的零售價低五〇%，商品多半並非頂級，但每件商品的定價策略都是爲了達到貨暢其流的目的，例如一罐原價一・一九美元的吉利妥綜合維他命（Geritol）降到〇・九七美元；定價十・八美元的威爾森牌（Wilson）棒球手套，只要五・九七美元就賣了；日光牌（Sunbeam）鐵劑在別處賣十七・九五美元，這裡只要十一・八八美元。

沃爾瑪頭號分店成績斐然，但略遜於聖羅伯的沃爾頓家庭中心。沃爾頓兩面下注，接著在班頓維爾和貝瑞維爾各開一家家庭中心，至於開設在貝瑞維爾的那一間，無疑地成爲當地最受喜愛的吉普遜之眼中釘、肉中刺。一九六四年，沃爾頓又添了第二家沃爾瑪，這回設在班頓維爾以東八十哩的山中小鎮哈里遜（Harrison），距離命運乖舛的狗補丁美國遊樂園（Dogpatch U.S.A. amusement park）預定地不遠。哈里遜的分店僥倖度過阿伯納式（編註：混亂且出醜）的開幕日，沃爾頓弄來一頭驢，在停車場供大家騎，又在人行道上堆放大量特價西瓜，西瓜在高溫下爆開，汁液流進停車場，跟驢子大便混成一股惡臭，購物者在店內隨處可聞。「那是我見過最糟糕的零售店，」大衛．格拉斯（David Glass）回憶。他是有理想、有抱負的折扣藥店年輕主管，當時正考慮沃爾頓提供的工作機會，於是開車從春田市南下見沃爾頓本人，「他人蠻好的，但我將他淘汰了。」

哈里遜的開幕大出糗，但無論是對這間店的前途，或是對沃爾頓和格拉斯的關係，都沒有造成長遠災害，而格拉斯日後也成了沃爾瑪的執行長。此外，這件事說明沃爾頓身爲商人的偉大強項之一：他天生就具備南方人招攬生意的能力，讓奧沙克人一面拋開繁重的工作，一面撿便宜。「我們試著在店內製造一種嘉年華的氣氛，」他回想。「我們會請來樂隊，並且在停車場表演小型馬戲，把人潮引過來。我們有空投盤子的遊戲，就是把獎品名稱寫在盤子上，從各分店的天花板往下扔……在新分店開幕時，我們會站在服務櫃台，把一盒盒糖果發給最遠道而來的顧客。總之只要是好玩的事，我們就會嘗試。」

雖然沃爾頓在之後幾年又開了幾家雜貨店，但是在六〇年代中期，他斷然決定把重心移轉到折扣商店。一九六五年，他又開了一家沃爾瑪；一九六六年到一九六七年間，開了四家；一九六八年和一九六九年各開五家。次年，沃爾頓把雜貨店和折扣商店合併，成爲名叫「沃爾瑪市場股份有限公司」（Wal-Mart Stores）的股票上市公司。一開始他擁有十八家折扣商店和十四家雜貨店，接下來的五年間，他分階段完全退出雜貨業務，收掉幾間分店，將其他的店轉換成沃爾瑪。在此同時，班．富蘭克林等雜貨連鎖未能跟進，也注定了日後的悲慘命運。

啦啦隊長

距班頓維爾的日出還有一小時，沃爾頓就把他的賽斯納（Cessna）雙螺旋槳飛機開離跑道，一路往南飛。大約七點，他人已經在田納西的曼菲斯，從沃爾瑪第九五〇號分店的前窗往裡頭瞄，再過一小時，這家店就要開幕。沃爾頓從蘇格蘭西裝上衣口袋拿出迷你隨身錄音機，輕輕敲著這家店的前窗。胸口別了標準的沃爾瑪徽章，他的名字用大寫字母標示，頭上戴著沃爾瑪的招牌網眼棒球帽。有位員工抬頭，一眼看見並認出厚玻璃外的沃爾頓，於是趕忙跑去開門。

「早啊，山姆先生，歡迎來到曼菲斯。」

「早啊，道格，眞高興來這裡，」沃爾頓回答。「我想到處走走，接著想請大家到前面集合。不過，我想請各部門主管和副理到小吃吧台來，我想看看你們的損益報表和銷售報告，再來是你們的三十、六十和九十天計畫，可以嗎？」

正當道格一溜煙跑去辦老闆交代的事，這時沃爾頓開始在店內閒逛，最後來到藥局。「哈囉，喬治，」他說，「我喜歡這個一．五四美元的伊葵特嬰兒油（Equate Baby Oil），我認爲它會大賣。」

「那是我的VPI，」喬治回答。（VPI是「衡量的品項」〔volume-producing item〕，這是沃爾頓幾年前發明的小花招，目的是帶動業績竄升，同時向員工灌輸他的推銷哲學。他的想法是，每家分店充斥著一堆沒沒無名的品項，只要透過精準的判斷並用力推銷，就可以把它們賣掉。各部門經理挑選一樣VPI，只要能帶來最多業績，就能獲得一點獎金。）

沃爾頓拿出錄音機。「我人在位於曼菲斯的第九五〇號分店，喬治把伊葵特嬰兒油的半遮式展售櫃搞得不錯，我想推廣到各地，」他說。於是喬治的面孔暈上深深的粉紅。

有位經理急忙上前，旁邊跟了位員工。「沃爾頓先生，我要介紹芮妮給你認識，」他說。「她負責全國數一數二的寵物部門。」

「啊，芮妮，願上蒼保佑妳，」沃爾頓說，「這間店的總業績，有多少百分比是妳做成的啊？」

「去年是三・一%，」芮妮說，「不過今年我想朝三・三%努力。」

「嗯，芮妮，眞是要得。妳知道的，我們的寵物部門平均只占二・四%，要再接再厲。」

沃爾頓又逛到收銀員的櫃台，他拿起對講機，也懶得表明自己的身分，就召集大夥兒到分店前面集合。才幾分鐘的功夫，全體職員就都聚集在他四周。沃爾頓請大家坐下，他則用單膝下跪，就像足球教練在做賽前推演那樣。

「我要感謝各位，」沃爾頓說，「公司以你們爲榮。最重要的是，你們經歷重組的創傷，在萎縮〇・八%的情況下，還是熬過來了。」（萎縮是指顧客或員工偷竊導致的存貨損失，凡是將萎縮維持在某個門檻以下的分店，就可以領取紅利。每位夥伴最近都收到幾百美元的支票。）

「不過呢，你們知道的，那個可惡的凱瑪特愈來愈好，塔吉特（Target）也是。所以，我們的挑戰是什麼呢？顧客服務，答對了。你們會考慮多做這些小事嗎？你們會凝視顧客的眼睛，主動提供協助嗎？大家知道，你們才是沃爾瑪成功的眞正理由，如果你們不關心自己所屬的分店、不關心顧客，那是不行的。他們喜歡這裡的品質和人員的態度。」

沃爾頓問：「多少人有沃爾瑪的股票？」幾乎每個人都舉起手。「這樣啊，那我希望你們體認到，我們才正要開始，」他說。「不過，好還一定要更好，你們這家店今年業績成長超過八%，我不知道能不能繼續，我們想看到一〇%的成績。」

沃爾頓站起來，帶領大夥兒在一問一答的公司歡呼聲中結束。「給我個W！」他大聲叫。「W！」如雷般的回答。「給我個A！」就這麼下去，直到T。他把連接號稱爲「歪哥線」，一面喊一面蹲低扭動臀部。

沃爾頓在拼音演練後，接著大喊：「沃爾瑪是誰的？」

回答得快又響亮：「我的！」

接下來的問題，是各地高中和大專教練最愛問的：「誰是第一？」

「顧客！永遠都是！耶！」

第三章　奧沙克的洛克斐勒

一九八三年，當班頓維爾舉行「山姆與海倫．沃爾頓感恩日」（Sam and Helen Walton Appreciation Day）時，奧沙克人遠從好幾哩外趕到鎮上廣場，向他們之中一位存款已達數億美元，卻還開著一輛動力方向盤上有狗齒痕的破雪芙蘭、每個禮拜五晚上會在「佛瑞德核桃木客棧」點烤雞吃的人表示感恩。從德州搬到阿肯色，也是沃爾頓一家老友的法蘭．皮肯斯（Fran Pickens）說：「阿肯色有種說法，是我以前從沒聽過的：『跟任何人一樣平凡。』他們都這麼說沃爾頓，而那也是鄉民所能給的最高讚賞了。」當鄉親爲了向他致敬而舉行的慶祝活動即將結束，沃爾頓從班頓維爾鎮廣場的閱兵台回敬大家，此處的對面，正好就是他在一九五〇年開設的「五分和十分」。「你們都太棒了，」他有點不好意思地告訴群眾，「沒有大家的支持，我們是辦不到的。如果大家不光顧那家老平價商店，我們也辦不到。」

沃爾頓在親吻豬的時候看似謙遜、純樸，但是身爲企業家，他可一點都不平凡。由於他著迷於商品銷售的安排等細節，因此他從最細微處了解某種產品爲什麼大賣。在零售行當中，沃爾頓是所謂「品項人」（item man）的最佳範例，他最愛細說女性內褲的輝煌事蹟（說得明確些，是「腰部有鬆緊帶的雙梳櫛經邊針織內褲」）、月亮夾心派（Moon Pie，譯註：一種南方點心，圓餅乾外裹糖漿，堆疊成夾心餅）、貝德美（Bedmate）床墊等。沃爾頓同樣重視需求面，亦即顧客。「他總是說，跟顧客聊他們的雞、豬、牛、孩子，是多重要的事，」沃爾頓第一批店員之一的查理·凱特（Charlie Cate）表示。沃爾頓是盡善盡美的生意人，知道顧客想要什麼、需要什麼，一如他知道自己想要、需要什麼，並全心全意去滿足。

不過，沃爾頓展現出生意人的創造天分，卻沒有將它延伸到企業策略和管理上。沃爾瑪在自助、大折扣定價、倉儲俱樂部商店、量販超級商店（big-box superstores），或任何具支配影響力並成爲代表的零售概念，都不是第一人，就連「沃爾瑪」的名稱也是別人貢獻的。沃爾頓唯一堪稱重要的種子想法，就是在某種價格下，美國鄉村的商機遠多過任何人所能想像，但這論點並非由他著手證實，而是他多年來兢兢業業，將沃爾瑪草創時期的簡陋環境發揮到極致，逐漸獲得的領悟。

沃爾頓的想法或許不算特別有創意，但他在美國的零售現場倒是個孜孜不倦的學生。在一九四〇、五〇年代，他飢渴地閱讀商業期刊，走遍數百家雜貨店，半路攔截許多家庭，從駕駛座上瞥見紐伯瑞（Newberry）、伍爾沃茲、克雷斯（Kress）或TG&Y時就想一探究竟。當沃爾頓讀到，兩家班·富蘭克林分店刪除多數店員的配置，試驗一個叫「自助」的作法時，便趕緊跳上夜班巴士到明尼蘇達，親自查個清楚。他堅持經理要對自家和對手的商品與價格一樣熟悉，哪怕是趁店鋪打烊後，翻垃圾箱尋找價格標籤跟發票，也在所不惜。

沃爾頓採用其他商人的創新構想，速度之快又明目張膽，等於是把別人的創新掠爲己有，且過程中通常加以改善。他對自己拚命「借點子」完全不以爲恥，也從不吝於讚美他人的長處。他承認，「如果（競爭對手）有好東西，我們就照抄。」沃爾頓的目標不是爲了原創性，而是把生意引到店裡，方法往往是跟對手搶生意，而且是曾經被他厚顏剽竊大小點子的競爭對手。

直到一九八二年，沃爾頓才在零售業之外吸引到全國目光，當年《富比世》雜誌首度針對美國前四百大富豪排名，而他的名字就出現在第十七位。「再敢做這種排名，看我不好好修理你們！」沃爾頓向《富比世》抱怨，然而當他的反應一被刊登出來，反倒使他更糗。一九八五年，沃爾瑪的股價狂飆，使這位班頓維爾的英雄一舉凌駕石油繼承人戈頓．蓋提（Gordon Getty），在《富比世》榜單上躍升爲第一，財富約二十八億美元。對於媒體大篇幅用帶有優越感的語調來報導這項成就，沃爾頓非常憤怒，他抱怨：「媒體通常把我形容成很小氣、舉止怪異的隱居者，彷彿是那種在洞穴藏了數十億美元現鈔，卻要跟自家狗睡覺的鄉巴佬。」

事實上，多數億萬富翁對沃爾頓獲得的報導之多，會恨得牙癢癢。他給人的印象倒不是土包子、怪老頭，而是個率直的男人，這種特質深植在以往美國的眞理和美德中，以致他不僅受人崇拜，在他人眼中也是個神祕的人。在一個對獲取和消費痴狂的國度，這位美國首富對金錢所能買到的奢侈品與地位，怎會如此不屑一顧？如果要說原因的話，就是新聞媒體幫了沃爾頓一個大忙。當新聞界正在替「庶民作風」跟「謙遜」尋找同義詞而翻遍字典之際，對於他究竟如何賺那麼多錢也輕輕略過，使沃爾頓得以用美國夢的樸實化身、以老實人的姿態現身。「我們的故事，是關於哪些傳統原則，使美國一開始就是偉大的國家……，」他在《Wal-Mart創始人山姆．沃爾頓自傳》的前言寫道，「它尤其證明，只要有機會、勇氣和誘因來付出最大努力，平凡勞動朋友的成就絕不可限量。」

一般人將沃爾瑪的創辦人比喻成美國各種代表性人物，從何瑞修．阿爾吉（Horatio Alger，譯註：美國兒童文學作家）和巴南（P.T. Barnum，譯註：馬戲團大師），乃至彭尼百貨創辦人彭尼和足球教練湯姆．蘭德理（Tom Landry）。有位作家甚至將他比擬爲班哲明．富蘭克林（Benjamin Franklin），表示沃爾頓與富蘭克林在各種特質當中，「都很平易近人，到了不尋常的程度。」但重點是，沃爾頓對事業的衝勁十足，沃爾瑪不是道德和機會衝撞下的美好意外，而是跳躍式的野心與無比力量的結合。從沃爾頓絲毫不懈怠地尋找並利用競爭優勢，以及想支配整個產業的無邊野心看來，最貼切的比喻應該是標準石油的創辦人——約翰．洛克斐勒（John D. Rockfeller）。沃爾頓成立一家公司，不僅成爲那個年代的代表人物，也改變美國的交易方式，他一面用純然的欺凌壓迫，同時利用自己身爲榜樣，所給予人們的啓發力量。

另外，沃爾頓和洛克斐勒的個性也相似到令人驚訝的地步。兩人都在鄉下長大，長期籠罩在金錢憂慮陰影下，因此兩人打心裡就節儉到近乎病態。洛克斐勒和沃爾頓一樣只賺不花，同時迴避上流社會和各種形式的炫耀，妻子經常得在他的西裝磨破時，提醒他去買套新的；至於沃爾頓的上班服裝（以及其他每件衣服），則出自沃爾瑪的衣架。沃爾頓和洛克斐勒都是早起、飲食有節的禁酒主義者，一輩子只結一次婚，印證福樓拜（Flaubert）在《包法利夫人》（*Madame Bovary*）中提及關於個性的名言：「在公事上具凶狠的革命性格，在家必須徹底地固守傳統。」

但在某些方面，洛克斐勒卻是沃爾頓所望塵莫及。這位標準石油的老總，是位虔誠、堅貞的浸信會教徒，「被引到教會，不是基於擺脫不掉的義務，而是一種能爲靈魂帶來深度清新力量的東西，」傳記作家朗．切諾（Ron Chernow）說。沃爾頓生來也是基督徒，他卻不是眞正的信徒。沃爾頓在和妻子搬到新港前，一直是衛理公會的教徒，之後在因緣際會下加入長老教會。對沃爾頓來說，宗教禮拜是追求功名利祿的工具，每個禮拜天上教堂，跟每個禮拜三參加商會會議，都是基於同一套理由。「教會是社會中重要的一部分，尤其在小鎭，」他從哲學的立場解釋，「無論是你建立的人脈，或是爲了助人而做出的貢獻，多少都有點關連。」

早在洛克斐勒尚未創辦標準石油並且因而致富前，他每個禮拜就捐獻相當可觀的收入，低調地彰顯基督教的布施義務。洛克斐勒既是最貪婪也是最博愛的美國人，奉獻時間一如奉獻金錢般地慷慨，他不僅捐錢，也創辦大型的教育及社會機構。沃爾頓則是對自己跟對他人一樣吝嗇的人，他緊抱每一股沃爾瑪股票，除了鞏固家族對公司的控制外，幾乎不利用他那龐大的財產。持平而論，沃爾頓晚年時確實把沃爾瑪股票的鉅額股利收入投入公益，但相較於沃爾瑪家族財產的淨值，他給的錢只是九牛一毛，而且只集中在阿肯色州的西北部。

根據切諾觀察，「洛克斐勒從工作獲得性的愉悅，從不以工作爲苦。」然而，他在三十五歲左右時，在家裡裝設一具電報機，以便一個禮拜有好幾個下午可以在中飯時間離開辦公室；年僅五十八歲，洛克斐勒就完全退出標準石油了。至於育有三子一女的沃爾頓，則是隨著沃爾瑪不斷成長，持續測試新教徒工作倫理的極限。在他的職業生涯中，有大半是從早上四點半開始工作，除了禮拜六。他在凌晨兩、三點就坐在辦公桌前準備管理階層的週會，他堅持要在多數屬下寧可在家修整花園或擔任小聯盟教練時召開這個會議。「對他來說，回家只是吃晚飯，坐在餐桌前，埋頭苦讀。這眞是難過，」海倫坦承，「我努力把他弄回家，讓孩子不會有見不到父親的缺憾。」

不過，沃爾頓被讚揚爲「美國的庶民英雄」，至於洛克斐勒則是遭到痛斥，羅斯福總統就形容後者是「財富的大罪犯」。兩位大亨活在截然不同的年代，因此與這些觀感大爲有關。洛克斐勒身在「鍍金時代」（Gilded Age，編註：十九世紀晚期，表面輝煌但內在腐敗的美國社會），必須承受民眾對企業濫權的激烈反應；至於在沃爾頓活躍的時代，民眾則將大企業視爲：透過股市賦予中產階級龐大財富的來源。此外，沃爾頓本身就比洛克斐勒討喜，儘管兩者魅力不分軒輊，但洛克斐勒「把他的臉訓練成一張冷漠的面具」，並以「悶不吭聲的行動，加上彷如殯葬業者的怪腔怪調，逐漸將不爲人知的一面與外界隔絕開來。」

最重要的是，在獨占市場霸權的共同目標上，洛克斐勒和沃爾頓的作法相當兩極。在工業上表現卓越的洛克斐勒，盡量拉長組織架構和商業約定，到了令人震驚的複雜度。這位標準石油的創造者，是個善用新方法解決複雜問題的管理者。他跟大家一樣，努力倡導現代的企業形式，哪怕是以自由和公開競爭爲代價，捏造數不清的刁滑伎倆來牟取私利。做起生意來，他會使出後衛甩開阻截的所有巧詐。對比之下，沃爾頓就沒幹過不法勾當。由於沃爾頓從正面對撞的競爭獲得樂趣——這也是洛克斐勒煞費苦心避免的——於是他創造的商業模式，在反其道而行的單純性上並不比較傑出。

到頭來，就是沃爾頓對破壞性定價無可撼動的信念，爲商人的他和企業的沃爾瑪分別定調。多數零售業者根據需求來定價，然而依據可承受的流量來定價，這樣的概念對沃爾頓來說是很不同的，部分原因在於他知道，奧沙克同胞長期處在阮囊羞澀的狀態。克萊倫斯・萊斯（Clarence Leis）早期在沃爾瑪擔任店經理，一開始被老闆的無俚頭弄得很困惑。「商品進來，我們就攤在地板上，然後拿出發票，他完全不讓我們在某個價格上採取避險措施，」萊斯回憶。「比方說，牌價是一・九八美元，但我們只付五毛錢。一開始我會說：『原本要賣一・九八美元的，何不乾脆賣個一・二五美元？』他會說：『不行。我們的成本是五毛錢，加個三成（到六毛五），就賣這價錢。』」沃爾頓照慣例會完全捨棄加成，將某個品項設在成本價或更低價，目的是擊敗競爭對手的價格。「我們費盡心思，將價格維持在其他人之下，」他回想，「我們全心信奉那樣的理念。」

根據成本來定價，原本會毀了多數商人（之後確實讓許多試圖跟沃爾瑪一拚高下的零售業者災情慘重）；但是，早在沃爾頓以打折作爲正式策略前，他就具備折扣業者的氣質。青年時代的貧窮與努力，使他對價值的關注成痴，且不僅是一塊錢的價值，而是構成一塊錢的每個部分。「如果有一分錢掉在路上，有多少人會跑去撿起來？我一定會，我知道沃爾頓也會，」老弟在他跟沃爾頓的財產淨值分別估計達九位數時，做出以上宣告。洛克斐勒會把新鑄的錢幣給孩子，而爲外人所知；至於沃爾頓的知名事蹟，則是不斷向朋友和員工揩油。在某郡擔任法官，也是沃爾頓在班頓維爾交情最久的朋友威廉・恩菲爾德（William Enfield），在跟沃爾頓一同外出時一定會帶著一筒五分錢硬幣。「每次我們在某地降落時，他就想打電話回辦公室查勤，他打電話從不帶錢的，」恩菲爾德說，「他的口袋永遠空空如也。」

沃爾瑪能在定價上低於競爭對手，卻仍能享有優越的獲利率，只因爲沃爾頓把瘋狂熱中成本控制的觀念徐徐注入公司，而且是徹頭徹尾、持久不變，彷彿透過遺傳基因的轉移而發揮作用。由於沃爾頓反對每平方呎的租金高於一美元，因此把位在阿肯色州莫瑞頓（Morrilton）的第八家沃爾瑪分店，設在一處荒廢的可口可樂裝瓶工廠，包裝用的金屬線在天花板將使用過的固定物吊掛著。沃爾頓下令，他和經理外出採購的花費，絕不可以超過採購商品價值的一%，這在紐約或芝加哥之類的地方，意思是不能叫計程車，三、四個人擠在平價旅館的一間房，並且從早上六點工作到三更半夜，以便盡可能縮短出差時間。有一回，沃爾頓在出差返回班頓維爾時，發現沃爾瑪的總部辦公室竟鋪上地毯——在他眼中是極盡奢華的東西——因而大發雷霆。

說到員工的工資，沃爾頓的錙銖必較也同樣毫不留情。一九五五年，當鮑姆當上沃爾頓的飛雅特維爾分店經理時，他萬分驚駭地發現，在他旗下幾乎清一色女性的勞動力，每小時竟然只賺五毛錢，鮑姆於是自行決定替每人加薪到每小時七毛五，亦即當時的聯邦最低工資，結果沒多久就接到沃爾頓的來電，說他只容許每小時加薪五美分。沃爾頓的愛將鮑姆不理會老闆，維持在每小時七毛五的工資，「因爲這些女孩該得，」他表示。（一九五六年，聯邦政府把最低工資提高到一美元，沃爾瑪再度低於平均值。）

十幾年來，沃爾頓利用聯邦法的豁免規定——准許小型企業支付低於最低工資——然而此舉卻大有問題。五〇年代末，美國勞工部（U.S. Department of Labor）終於裁定，沃爾頓的企業大到不適用豁免，規定他將員工的薪水提高到聯邦政府的最低水準。沃爾頓卯足全力在法庭上跟命令對抗，辯稱因爲每家分店在文件上屬個別的企業體，所以他的事業小到該享有豁免權。結果他輸了，聯邦最低工資成爲沃爾瑪的最高工資，直到進入八〇年代。

當然，同等名望的大亨都不曾像沃爾頓一樣，熱中和工作人員攪和。每週一至週五，他花大半時間跟員工在一起，從一個鎮飛到另一個鎮，與員工開心地講話，通常唯一陪在身邊的，是他最愛的捕鳥獵犬歐羅伊（Ol' Roy）。一般而言，執行長們的拜訪往往是虛情假意、緊張兮兮的活動，生怕做錯或說錯話的工作人員頂多也只能默默承受。但是，沃爾頓的來訪卻充滿笑聲、甚至尖叫連連，一位陪在沃爾頓身邊的記者就驚訝地表示，當他透過廣播系統宣布他的到來，工作人員開始「尖叫，活像是貓王從棺材冒出頭來似的。」

*

沃爾頓激勵員工的本領，令他的執行長同儕欽羡不已，多數人作夢都沒想過帶領全公司歡呼，或者像沃爾頓在一九八四年因爲打賭賭輸，於是披上草裙在華爾街上跳舞。樂趣和遊戲是沃爾瑪的成功關鍵，即使公司對零售業所採取的核心作法造成了矛盾，沃爾頓就是用這種帶動情緒的親民作風將矛盾擺平。換句話說，唯有當計時工作人員收入微薄且受高度激勵時，沃爾瑪的業務模式才行得通，而這兩者的組合，常見於內陸城市的公立學校教師或救災志工，但在大企業非常罕見。

沃爾頓用樂觀積極、熱鬧滾滾的形象，從員工聘雇的精挑細選中把事業做起來。他之所以能這麼做，是因爲奧沙克山區未見起色的勞動市場、戰後作物農業的衰退，以及當地林產品工業的同時衰退，導致無技能勞工供過於求。在五〇和六〇年代，家禽加工業者、男襯衫製造者和沒有工會、低工資的製造業者建造新工廠，吸收了一些過剩的勞動力，主要是那些離開農田、想替家裡賺錢救急的婦女。

山姆和海倫早年經常參與篩選應徵者，希望員工跟沃爾瑪的「小鎮人之親切」形象吻合，也就是說，從任何角度看來都快活、體面、勤勞和誠懇。「我們不隱瞞信奉上帝的事實，我們也認為人人都該信上帝，」傑克．舒馬克（Jack Shewmaker）宣稱。這位奧沙克人於一九七〇年加入沃爾瑪，之後擔任公司總裁。沃爾頓很技巧地將遍存於奧沙克山區的基督教基本教義（亦即為有些人所知的「《聖經》安全帶上的扣環」），編入了融合奉獻與自我犧牲等美德的企業文化中。「沃爾瑪的出版品都是些忙碌同事的故事，他們也曾有過不順心的時候，但是藉由對公司的奉獻，而在經濟和精神上找到救贖，」某位曾經研究過這家公司的歷史學家表示，「使員工相信對顧客、社群和沃爾瑪的無私服務，很快就有收穫。」

沃爾瑪不硬性規定要有中學學歷，但是在公司漸漸成形的那幾年，大學學位卻妨礙受雇。眞正找到工作的少數幾位大學畢業生，「一開始很難適應，而且大概都說得出一些有夠恐怖的故事，」沃爾頓承認。本身就是大學畢業生的沃爾頓，試圖閃躲公司對受過良好教育者的反感。深入探究後發現，原因是他縱容奧沙克山區的傳統反智主義。一直到五〇年代，此地只有一間教室的學校一直居多數，至於學年傳統上則頂多六個月，因為兒童必須幫忙春耕和秋收。沒受過教育、虔誠的貧窮鄉下人，「赤腳渡過紅河找工作，」這是早期某位沃爾瑪求職者的自我描述。他們比大學畢業生更可能接受貧窮等級的工資，且能從沃爾頓不斷告誡要面帶微笑地搬運貨物而獲得啓發。

沃爾瑪的分店複製了奧沙克農田裡可見的勞動力劃分形態：「數十位賺取工資的婦女身穿罩衫，接受領薪水、打領帶的店經理監督。」經理往往接受過女性員工的訓練，如今卻成了她們的上司。升到部門經理以上的女性如鳳毛麟角，部門經理是按小時計酬的職位，並充當許多資歷較淺男性同事的跳板。

公司發給員工的新聞報《沃爾瑪世界》（*Wal-Mart World*），在其早期版本的主題，曾刊出離開中學幾年的男孩照片——男孩對著可能是母親甚至是祖母的人，出示服務標章。照大夥兒的笑容研判，儘管處在這種情形下，「女士們」對於在沃爾瑪工作似乎仍挺滿意的。

至於沃爾瑪的早期勞動力，也反映奧沙克山區的種族同質性，換種說法就是幾乎清一色白人。沃爾頓經營零售事業的前十五年，剛好跟阿肯色州對（其實不存在的）種族隔離展開的最後行動重疊。在阿肯色州首府小岩城，飲水機上的「白色」和「有色」標示，直到五〇年代初才被取走。

即使如此，許多歷史學家主張，種族融合在阿肯色州所引起的敵意，比在阿拉巴馬或密西西比等「深南」各州來得輕微。某人是這麼說的：「幾乎每個阿肯色州的白種人，基於習慣或堅定信仰而效忠白人的最高權威，但極少是極端分子。」

關於種族議題，我們沒有理由認爲沃爾頓比他的同儕更前進或更退步。從外表看來，他在政治上並不主動對種族議題表態，自傳也未曾提及種族融合的議題，哪怕只是順口帶過。沃爾頓的沉默是可理解的，他是個生意人，不是改革者。民權年代發生的種族騷動，使阿肯色生意人益發難以同時取悅白種和黑種顧客群，但在奧沙克山區就容易多了，因爲根本沒有黑人顧客。一九七〇年代，當沃爾頓擴張到阿肯色州南部種族紛雜的城鎮時，他卻遊走在賺取隔離主義者的錢，以及力行一九六四年美國民權法（U.S. Civil Rights Act）的約束之間。

沃爾頓確實會雇用黑人員工，但多半是擔任「幕後」工作，例如負責堆放商品或清潔打掃。阿肯色白人員工奧斯汀·陶曲（Austin Teutsch），曾於七〇年代在店裡工作一陣子，之後爲沃爾頓撰寫一篇歌功頌德的傳記。他表示，在阿肯色南部以黑人居多的木蘭鎮（Magnolia），只有不到五、六位黑人員工獲准在沃爾瑪第八十三間分店的賣場出現。「沃爾頓會雇用一位黑人，把他或她安置在賣場擔任實習業務員，並負責貨品上架，」陶曲回憶。「他們被指示接待黑人顧客，把白人顧客留給白人店員。如果當時沒有白人店員在場，他們應該等到白人顧客要求協助。沃爾頓容許白種客人挑選店員，因爲他深知許多市民根本不會請黑人店員去拿某件衣服，更遑論是購買。」

總結而論，沃爾頓把事業做大的方式，是雇用才能與野心不如自己的人，他也不希望有勞工工會介入，攪亂一池春水。傳統南方人對於勞工集體主義的反感，在阿肯色州尤其強烈。結果到了一九四四年，阿肯色頒布工作權利法，成爲最先阻撓組織工會的一州。對工會的憎恨，在奧沙克山區簡直成了天賦人權，本地人不遺餘力地護衛自己的獨立性（因此對彼此疑神疑鬼），以致他們連鋪路或行銷農產品都不願意把力量聯合起來。

一九七〇年，工會跟沃爾頓頭一回過招。當時在密蘇里州墨西哥鎮（Mexico）的奧沙克村裡，一家新店的店員企圖動員工作人員。那次頂多只是一些人三三兩兩的嘗試，但沃爾頓發布紅色警戒，把工會的頭號殺手律師約翰·泰特（John E. Tate）找來。泰特不費吹灰之力，就把墨西哥的零售店員打得落花流水，之後並在柯林頓鎮（Clinton）路上的短暫小型衝突中獲勝。沃爾頓如釋重負，並對泰特留下深刻印象，於是派他進入沃爾瑪的高階主管委員會和公司董事會。不過，這位對戰爭麻木不仁的律師讓慶功宴提前結束，他向委託人建言，說沃爾瑪仍將是籌組工會運動者眼中的肥羊，除非沃爾頓改變態度。「我告訴他：『你有兩種作法，』」泰特回憶，「『壓制人們的自由，再付錢給我或其他律師來擺平，或者獻出時間和關注來證明給大家看，你是關心的。』」

多年來，海倫也說得差不多的同一件事，現在訊息突然被沃爾頓接收到了。據沃爾頓自稱，他彷彿經歷前往大馬士革之路的信仰改變（編註：即聖保羅在前往大馬士革途中，捨猶太教改信基督教），啓發他給予工作人員合夥人的身分，只不過這是奧沙克的版本。「我想告訴大家，我們從一開始就給員工比較優渥的待遇，並且公平對待員工。但是很不幸，沒有一項爲眞。」沃爾頓在《Wal-Mart創始人山姆．沃爾頓自傳》中寫道。「一開始，我吝嗇到沒有給員工很好的待遇……倒不是我故意沒良心，」沃爾頓繼續解釋，之後進入火力全開的抗議模態，「我對於達成六％或更高獲利率如此著迷，以致忽略員工的某些基本需求，對此我深感不安。」

事實上，從沃爾頓繼續付每小時最低工資給分店工作人員，就知道他從不停止對獲利痴迷，或是當個吝嗇鬼。然而在七〇年代早期，他確實讓基層員工參與之前爲管理者保留的某些獎酬，包括獲利共享、與分店績效連結的紅利計畫，以及有權以市價八五折購買公司股票等的退休計畫。公司把它爲員工信託的獲利分享，幾乎全數投資在沃爾瑪的股票上，這種圖一己之私的作法，同樣使員工大爲獲益。七〇和八〇年代沃爾瑪股票急漲，爲長久受到低工資奴役的計時員工，帶來六、七甚至八位數的鉅額保障。百萬身價的死忠收銀員或總部祕書，以及那種南方人特有的純樸發言，成爲沃爾瑪眾多膾炙人口的故事主要內容。

在泰特扭轉局勢後不久，沃爾頓也成立「我們關心計畫」（We Care），即使最基層的員工，必要時也有權直接向企業高層表達不滿，不必擔心被上司報復。沃爾頓也指示經理把資料攤在陽光下，定期揭露各分店績效的所有關鍵衡量標準。爲了強調沃爾瑪的新平等主義，山姆先生宣布，從今以後員工一律叫做「同仁」（associate），而這也是他從彭尼公司學來的。「因爲你們是我們的夥伴，」沃爾頓告訴同仁，「我們有開門政策，傾聽你們的聲音，大家一起把問題解決。」

雖然沃爾頓在視察分店時聽了一堆憤怒的話，但他也鼓勵同仁在必要時打電話給他，甚至不必預先告知就前往他在班頓維爾的辦公室。儘管他永遠反對集體談判的行爲，但他的門確實是敞開的，他的心也是，他會毫不猶豫地指摘或開除不尊重工作人員的管理者。有一位德州的店員，因爲店經理蠻橫地叫他放下手邊工作，拾起地上的紙屑來羞辱他，於是他打電話到班頓維爾給沃爾頓。沃爾頓吩咐店員用膠帶在發生地點做記號，第二天沃爾頓飛到德州，請這位剛到沃爾瑪工作的店經理一起去走走。當他們來到意謂著某件事的膠帶時，沃爾頓放了一個紙團在上面，意有所指地親自撿起，來示範正確的撿拾技巧。然後，他跟這位經理走出店外，到後頭把他解雇了。有關沃爾頓代表受迫害同仁出面干預的報導，傳遍沃爾瑪的各個角落，也擦亮山姆先生平民作風的名聲。

即使如此，公司愈大，他就愈難跟散布在數十州的上萬名員工保持這種私人情誼的假象。他仍舊馬不停蹄地視察分店，但是也設計各種他不必到場就能啓發人心的小把戲，其中以沃爾瑪的歡呼最引人注意。各分店員工在每次交班時必須呼口號，這是一九七五年沃爾頓從南韓歸來後才開始的規定，他在南韓目睹工廠工人做早操時，仍不時集體呼喊雇主的名字。沃爾頓也一手編造「山姆的誓言」（Sam's Pledge），鼓勵大家遵守「十呎規定」。這份誓言有各種吟唱方式，但通常是這樣：「從今天起，我鄭重承諾並宣布，凡是離我十呎的顧客，我會微笑、直視對方、向他們問好。請幫助我，山姆。」

沃爾頓本人身穿草裙，在華爾街跳呼拉舞，表示他也認同傻呼呼的行徑，喬治．歐威爾（George Orwell，編註：以描寫極權主義之作《一九八四》聞名）筆下所有強制性歡呼的強大力量因而精準地軟化。「我們不斷做些瘋狂的事來吸引員工注意，帶領他們思考自己有哪些令人意想不到的事，」他在自傳中提到。在激將法下，一位男性副總裁穿上粉紅緊身褲襪、戴上金色假髮，騎著白馬繞行班頓維爾的鎮廣場。不同於沃爾頓，格拉斯是個保守的人，但他也害羞地穿上連身工作褲、戴著草帽騎在驢背上，為了他對某記者坦承哈里遜分店開張時的混亂，因而假裝受罰。許多分店舉行吻豬、詩歌朗誦、吃月餅比賽或搖籃曲大賽，並舉行女性時裝秀，「找來各分店又老又醜的男人充當模特兒，」沃爾頓這麼說。

對沃爾頓來說，這些有益健康的狂歡作樂，不僅是激勵員工的技術，也是對沃爾瑪小鎮的根、對它奧沙克的靈魂，做出大膽的宣示。「我們知道自己的動作誇張，包括我們的歡呼、我們的歌曲，或是我的呼拉舞，有時是相當老套或矯揉造作的，」他宣稱，「但我們一點也不在意。」

*

雖然沃爾瑪給計時工作人員的待遇不如競爭對手，但在獎賞分店經理方面，它卻比多數折扣連鎖店慷慨。由於各經理的紅利是盯住分店獲利，所以理論上他們的收益沒有上限。八〇年代，若是業績常紅的經理，年薪動輒高達十七萬五千美元到二十萬美元，在小鎮算得上是了不得的大事。這是筆大錢，也是辛苦錢，早期經營沃爾瑪分店可是件苦差事。

除了少數例外，經理被要求每週工作滿六天，每天兩個班次，每班八小時，此外一天二十四小時緊急待命。班頓維爾替每家分店設了頗具野心的業績和獲利目標，多次未達目標的經理就別想保住飯碗

（不過，降級的可能性大於解雇）。經理必須不斷驅策員工提高生產力，又不能引起員工反彈，以免把總部的電話線燒斷。如果不滿員工開始嚷著要成立工會，總部傾向先拿經理開刀，稍後再問問題。

在沃爾瑪剛上軌道的那幾年，許多店員或是負責將商品上架的小弟，可以一路升上店經理，連自己的家鄉都不必離開，只要有那麼一點才能和動力，很快就會獲得升遷，因爲多數同事（亦即全是女性）其實沒有資格升到部門經理以上。但是，隨著沃爾瑪成爲頗具規模的公司，它也將店經理專業化，不僅阻斷傳統的升遷管道，也製造出雙軌的種「性」制度：一種是具高度機動性、清一色爲男性經理的精英；另一種則是以女性爲主、一輩子只能按時計酬的低階工作者。

一九七〇年代晚期，沃爾瑪展開管理人才培訓計畫，將大學學歷作爲錄用的先決條件，甚至開始在大專院校網羅儲備管理人才，主要集中在南部和中西部的小型學校。沃爾頓徹底反轉早期對受教育者的偏見，夫妻聯手捐了一大筆錢給阿肯色大學，目的是在該校位於史密斯堡的商學院成立沃爾頓學會，將公司最出色的未來管理者送到那裡接受進階訓練。

只要是符合資格的計時工作人員，就可以在所屬各分店自由申請加入培訓計畫，因此參與者十分踴躍，情況和加入美國陸軍很相似。只要熬過基本訓練，公司可能送你到任何開設分店的地方塡補副理缺。爲了擁有自己的分店，你幾乎肯定要再異動個兩、三次。然而，就算你掌握店經理的權柄，還是得繼續遷移，公司很喜歡把開設新分店的責任交給有經驗的店經理負責。隨著新店開張的速度加快，經理們等於處在每半年輪調一次的狀態。「我們的一貫態度是，如果想在沃爾瑪擔任經理，基本上必須願意隨時接受徵召，」沃爾頓說，「你接到一通電話，叫你到五百哩外開新分店，你二話不說就收拾好行李出發，之後某個時間，你再考慮把房子賣掉，把一家老小全接過去。」

沃爾頓在投入事業的前十幾年間，沒能因爲節儉成痴而取得完全的競爭優勢。身爲班．富蘭克林的加盟業者，照規定至少八成商品都得向巴特勒兄弟採購，而且成本的加價幅度高達二五％。由於沃爾頓從一開始就得遵守這項要求，因此他照慣例會在車子後掛上一截拖車，從新港開車到田納西，尋找願意用低於巴特勒兄弟價格出售的批發商。雖說成立沃爾瑪讓沃爾頓免除加盟主施加的價格限制，但是說到直接向P&G、RCA或伊士曼柯達（Eastman Kodak）等製造商採購，沃爾瑪和規模更大的零售業者比起來，還是處在嚴重不利的態勢。大型消費商品公司多半不喜歡透過折扣商店銷售，因爲擔心品牌會變得廉價；另一方面，他們「委屈地」跟沃爾瑪各分店打交道時，對商品的價格多少具備支配力量。「我會說，我們在那個年頭，是許多廠商傲慢自大的受害者，」沃爾頓之後抱怨，「他們不需要我們，並將這一點表現出來。」

隨著沃爾瑪的規模和實力日益龐大，供應商的予取予求也逐漸反轉。七○年代末，沃爾頓已經占了上風，他也毫不留情地利用這種態勢，向最大的廠商強索價格等讓步。爲了省錢，沃爾瑪不再派採購人員外出做業務拜訪，堅持要廠商到班頓維爾來。「他像釘子一樣難纏，」喬治．比林斯萊（George Billingsley）表示，他是班頓維爾的不動產業者，也是沃爾頓的密友，「隨便問一家廠商，他就像禮拜天的晚餐那樣冷冰冰。」

沃爾頓取消採購的所有娛樂招待，禁止採買人員收受任何小惠，然而這些也是美國商場上的潤滑劑，像是用公費聚餐、高爾夫球敘、紅酒、超級盃入場券等等。採購人員甚至不准把業務代表帶進總部的辦公室，他們必須在狹小、沒有窗戶的面談室見面，位置就在大廳外走廊的兩側各一排。此外，沃爾頓也不准員工因爲討論合作廣告、管理費退佣等廠商習慣當甜頭的額外條件而分心。對沃爾瑪來說，一切終歸於一張發票、一個價格，而且速度最好要快，否則不守規定的訪客就會在狼狽中被請走。沃爾瑪是「美國最粗魯的客戶」，某家消費品的資深高階主管曾向某記者抱怨。

沃爾瑪多年來的成本優勢，只是反映沃爾頓使盡一切手段，把一美元的購買力發揮到極致的狂熱。從操作面來說，沃爾瑪有點混亂，連沃爾頓自己都不諱言。「我們沒有制度、沒有訂購計畫、沒有基本的商品分類，當然也沒有任何種類的電腦，」他在《Wal-Mart創始人山姆．沃爾頓自傳》中坦承。「事實上，如今看來，我發現我們一開始就沒有把很多事情做好。」

於是，一說到配銷，奧沙克也使這家正在起步的公司，處在相當明顯的成本劣勢。在大規模配銷業者和卡車運輸公司眼中，只看得見台面上那些大型零售業者。沒有一家定時送貨到沃爾瑪開設分店的奧沙克小鎮，因爲這些鎮不僅小，還遠離高速公路。沃爾瑪不採取商品集中下單以利用大量訂購，而是由各分店自行向業務員下單，且通常必須因爲特殊運送而多花運費。不過，某些品項確實是採大量購買的方式，貨品送到班頓維爾，工人在租來的停車場將物品重新包裝，分爲各分店的運載量。沃爾頓隨便地將這些商品送到各分店。某天晚上，他的大兒子羅伯第一次被派去運送滿滿一卡車的東西到某分店時，他才剛拿到駕照。

六〇年代末，沃爾頓從班．富蘭克林、紐伯瑞等零售業者那兒，網羅到一些聰明、有經驗的人擔任高階主管，開始建立配銷、電腦資訊和傳播系統，這些都是沃爾瑪明顯欠缺的。沃爾瑪成立自己的倉庫網絡和卡車車隊，將貨品運到各分店，如此就能整合訂單，像最大的零售業者那樣大量採購。不只如此，沃爾瑪自己承受系統開發的艱辛，將它對追求成本優勢所無法抑制的衝動，用在連鎖店管理的廣大新領域。沃爾瑪的配銷一如採購，將原始的弱點成功地變成可長可久的競爭優勢。

即使如此，這方面的業務卻不是水到渠成，因爲不光是費用極小化，還要在技術上重金投資，使商品和資訊的流動更精簡。沃爾瑪的創辦人非常能體會，投資七千萬美元到一個占地二十三個足球場的自動配銷中心，或者把二千四百萬美元扔到私人人造衛星網絡背後的理論基礎，但是真正把錢花出去時，又得煞費苦心地說服。「這些人動不動就說，我從來就不想要有這些技術，又說他們是如何鞠躬盡瘁才做成的，」沃爾頓承認。「其實我確實想要，我知道我需要，但我就是沒辦法說：『沒問題啦，該花的錢就花吧。』」

關於沃爾瑪高明的後台作業，沃爾頓將之大半歸功於格拉斯。一九七六年，他終於不再抵抗沃爾頓的挖角（並於一九八八年繼沃爾頓成爲執行長）。在某些方面，格拉斯是沃爾頓的翻版，他生長於奧沙克山區的偏僻城市山之家（Mountain Home），距沃爾頓家族的大本營韋伯斯特郡不遠。他成長在一個沒有電或內部管線的農家，對兔子和松鼠的味道很熟悉。一九三五年出生的格拉斯比較年輕，不像沃爾頓有過大蕭條的記憶傷痕，但是他跟前輩一樣錙銖必較，在省錢這方面也不寬鬆。格拉斯像前輩一樣不愛出風頭，因此不受城市耀眼光芒的誘惑。「他還是一直以來的那個老頑童，如果他不是的話，那我就大勝他了，」母親梅爾泰·格拉斯（Myrtle Glass）於一九九二年向記者表示。

雖然格拉斯並非沒有生意人的天分，但他絕對是高明的後台技師，而他那略帶揶揄的半笑不笑、突出的倒V字眉與黑又長的鬢角，讓他看上去像某種人。缺乏信心和機智的格拉斯，氣質上跟沃爾頓相反（當然沒有人曾經想過要叫他「大衛先生」），也不具備跟市井小民打成一片或發表一流演說的本領。格拉斯只是繼沃爾頓之後擔任沃爾瑪執行長，而不是取代沃爾頓成爲精神領袖。

格拉斯讓自己成爲沃爾頓的左右手，因此在七〇年代末，當他最大的任務之一是在阿肯色希爾西（Searcy）建造第一座全機械化的配銷中心，他卻做得一團糟時，格拉斯仍得以全身而退。這座希爾西的「配銷中心」（簡稱DC）並沒有完全消除人的因素，但它的七百名員工多半負責照料某種機器。在這龐大的倉庫裡，配備有八哩長的高速、雷射引導輸送帶，並和分店與供應商的電腦連線，密切追蹤存量並迅速下單。希爾西的設施是未來數十個配銷中心的原型，要讓它運作順利卻得大費周章。格拉斯表示，早在這棟建築物有了天花板或臨時廁所前，公司就開始運送貨物了。

儘管沃爾頓出於反射式的吝嗇延緩沃爾瑪的前進步調，但是就過去三十年來使零售業轉型的數位革命來說，公司仍設法在各領域超越競爭對手，建立起技術優勢，且沒有讓位的跡象。沃爾瑪是最早（一九六九年）用電腦追蹤存貨、採用目前到處可見的商品條碼（一九八〇年），並建置電子資料交換，以便更快速地將訂單傳給供應商（一九八五年）的零售業者之一；一九八七年，沃爾瑪開始建造美國目前最大的私人人造衛星傳訊網絡，使資料的傳輸速度和傳輸量優於電話線。沃爾頓和公司就這麼一點一滴拼湊成天衣無縫的整合系統，「使高階主管在任何一個時點上，對貨品從工廠一路到結帳櫃台的行蹤和移動速度，都能獲得完整的樣貌。」

在沃爾頓看來，沃爾瑪在七〇和八〇年代（也是他職業生涯中最高潮的二十年）的擴張，只是「把公式套到」沃爾瑪王國外的幾百個新地點罷了。一言以蔽之，所向無敵的公式是這樣的：他強烈喜好沒人關心的小鎮，加上工資低但高度受激勵的勞動力，以及效率一級棒的配銷，等於消費者幾乎無可抗拒、對手無人能及的「每日低價」。在沃爾頓經營公司的最後二十年，沃爾瑪的成長曲線幅度只能用「驚人」來形容：從一九七〇年的三十二間店面，到一九八〇年的二百七十六間店，再到一九九〇年的一千七百二十六間店。在這幾個里程碑，公司的總營業額分別爲三千一百萬美元、十二億四千八百萬美元，以及二百五十八．八一億美元。這段期間內沃爾瑪的普通股分割次數之多，以至於在一九七〇年首度公開上市時，花一千六百五十美元購買的一百股，到一九九〇年就增加爲五萬一千二百股，價値三百二十萬美元。

至於沃爾瑪的勢力，不是沃爾頓及其同事所輕易造就而成的，因爲這是一家有紀律、同時以幾何級數成長的不尋常企業，把各個前輩比下去更是漠視先驅者的一項明證。全國各地數百創業家早在沃爾瑪之前就進入這行，然而在凱瑪特等頗具規模的連鎖業者，於六〇年代加入戰局時，極少人能存活。沃爾頓採取特別的措施，來因應吉普遜折扣商店歇業造成的影響。在他看來，「吉普遜之輩」是行事草率、心不在焉的經營者，一切錯誤皆爲咎由自取。「早期這些傢伙多半很自我，最愛開著凱迪拉克大轎車，坐噴射機飛來飛去，在自己的遊艇上度假。」

十九世紀末的幾十年間，打從大規模採買出現，所謂建立全國零售連鎖的傳統策略，就是盡可能以最快速度在最多大城市設立最多分店。凱瑪特的折扣商店就是採取這個策略，火速在美國的中大型城市郊區設置，達到飽和。一九八〇年，凱瑪特擁有二千三百家賣場，全都設在人口五萬人以上的城鎮。對比之下，沃爾瑪則是按部就班從班頓維爾的基地往外移，模式可以被形容成一連串輕微重疊、彼此鄰接的圓圈，每個圓圈中央是配銷中心，能供應方圓約二百五十哩內的一百五十家分店，相當於一輛卡車在一天內安全往返的距離。「我們不斷從內往外推，」格拉斯解釋，「我們從不跳過地點然後回塡。」

沃爾瑪從奧沙克山區向外擴張，最初的要點是往西南到達奧克拉荷馬、路易西安納和德州，接著跨越深南向東推移，一路來到佛羅里達、喬治亞和南北卡羅萊納州，接著沃爾瑪開始向北、向東征討，穿過中西部各州，同時往西跨越大平原（Great Plains）來到洛磯山脈。沃爾瑪仍然以小鎭爲重心，只不過是緩慢、小心地橫過吐爾沙（Tulsa）、堪薩斯市和達拉斯等門戶面前。

一九八三年，沃爾瑪推出「山姆倉庫俱樂部」（Sam's Warehouse Club），終於進軍大城市。山姆的大賣場平均面積爲十三萬平方呎，是沃爾瑪折扣商店的兩倍大，裝潢則是陽春到極點。爲了迎合小型企業主等大量採買的顧客，這些極簡的賣場用批發價販賣各種品牌商品，但規定每年要繳交會員費。

在加成僅九%到一二%的情況下，山姆俱樂部每年必須做二千五百萬美元的生意才能打平，也唯有在頗具規模的都市才有可能。沃爾頓在奧克拉荷馬市的外圍開了第一家山姆俱樂部後，兩年內又在十六個大城市開枝散葉，跨越美國南部，從休士頓、威奇托（Wichita）、堪薩斯，一路來到查爾斯頓（Charleston）、傑克森維爾（Jacksonville）。（山姆俱樂部屬沃爾瑪旗下盈虧自負的部門，擁有自己的採購和配銷網絡。）

沃爾頓承認，山姆俱樂部的概念全盤是抄襲的，這麼說好了，從加州的折扣業先驅索爾·普萊斯（Sol Price）於一九五五年成立菲德瑪（Fed-Mart，沃爾頓到休士頓分店這一行，讓他更確信應該轉向折扣商店業）和一九七六年的「價格俱樂部」（Price Club）所抄來。這些年來，沃爾頓花了很多時間，在價格俱樂部的各分店走道上，低聲地把商品和價格偷偷錄進隨身攜帶的小型錄音機。有一天在聖地牙哥的價格俱樂部裡，一位警衛逮到沃爾頓並沒收他的錄音機，天不怕地不怕的沃爾頓，寫了張紙條給索爾的兒子羅伯．普萊斯（Robert Price），要求拿回錄音帶，因爲他不想在還沒打擊價格俱樂部前就失去他錄下的評語。山姆俱樂部很快就使價格俱樂部黯然失色（目前隸屬主要競爭對手好市多），憑藉自己的本事成長爲大企業，截至二〇〇五年共有五百五十家分店，年營業額爲三百七十億美元。

沃爾頓相當成功，卻不是萬無一失。除了山姆俱樂部外，沃爾瑪在八〇年代分散經營的企圖全都慘敗，失敗的紀錄包括「折扣藥品店」（Discount Drugstores）、「省多點」（Save Mor）家庭修繕中心、「海倫的藝術與手工藝」（Helen's Arts and Crafts），以及「老弟大拍賣」（Bud's Closeout）賣場。（幸運的是，沃爾頓只有一位兄弟和一位妻子，可以用他們的名字替新事業命名，否則說不定會有更多敗筆。他認爲用歐羅伊作爲小眾品牌的狗食，也就夠了。）

說來諷刺，沃爾頓最慘痛的失敗——美國巨型市場（Hypermart USA）——讓公司走上新形態的勝利之路，且規模之大，假以時日連沃爾瑪折扣商店都要相形見絀。沃爾頓的巨型市場概念來自家樂福（Carrefour），後者是法國的大型零售店，一九六三年在巴黎市外開了第一家「hypermarché」（巨型市場），結合沃爾瑪的各類一般商品，加上新鮮食物和其他雜貨，在相當巨大的規模下以折扣價售出。巨型市場平均面積二十二萬平方呎，約爲典型沃爾瑪的四倍大。一九七三年，家樂福及其模仿者使小店鋪的經營者紛紛歇業，最後法國政府還頒布法律來減緩它的擴張。

八○年代初，沃爾頓在巴西第一次見識到巨型市場，當時他對家樂福吸引到的大批人潮驚訝不已。在那之後，沃爾頓在歐洲各地飛行時隨時注意巨型市場在當地的情形，回到家之後「猛推這個概念」。他表示，「我認爲除了美國，每個人在這概念下都成功了，我們應該趕快將之引進。」

歐洲市場（Euromarché）是家樂福的頭號對手之一，搶在沃爾頓之前行動。一九八四年，這家法國公司與美國最大的食品批發業者超值公司（Supervalu），組成比格斯（Bigg's）。一九八四年，比格斯在辛辛那提建造美國第一家巨型市場；到了一九八七年，第一家美國巨型市場在達拉斯郊區開張，比格斯則又添了六家分店。此時沃爾瑪對食品仍然陌生，於是美國巨型市場就跟庫倫公司（Cullum Companies）成立合資企業，後者的湯姆．桑恩（Tom Thumb）超級市場占據整個達拉斯市場。在接下來的三年，沃爾瑪在達拉斯地區又開了第二家美國巨型市場，在堪薩斯市和托皮卡（Topeka）也都開了分店。

沃爾頓在某方面對了：美國的購物者願意窮盡一切力量，在有五個足球場大小、一箱箱商品堆到二十二呎高的陽春店裡搜尋便宜貨，所以美國巨型市場從不缺顧客。然而，這些店從一開始的量就如此之大，導致沃爾瑪從未能正確管理。簡單來說，巨型市場實在太巨型，而這些勞力密集的巨型市場利潤又如此微薄，根本不值得沃爾瑪花時間。「我們把巨型市場建造得過大，又在上面花太多時間，」唐納．索德奎斯（Donald Soderquist）回憶。他是班．富蘭克林的前高階主管，一九八○年加入沃爾瑪，一九八八年被擢升爲營運長，「我們製造出比沃爾瑪更高的業績，卻很難賺錢，因爲經常費用過高。」

就在沃爾瑪正式終止美國巨型市場前，就已經開始實驗所謂的「超級商店」（superstore），這是結合折扣店和雜貨店的縮小版，面積爲十二萬五千平方呎。一九六○年代，幾家地區性的超商公司曾率先採用這種經營形式，說來湊巧，這幾家公司的名字也有些類似，包括密西根州大瀑布城（Grand Rapids）的麥哲（Meijer），以及奧勒岡州波特蘭市的佛瑞德．麥爾（Fred Meyer）。等到一九八八年，沃爾瑪終於在密蘇里州的華盛頓市開了第一家實驗性質的「超級中心」時，麥哲在上中西部有六十家超級商店，佛瑞德．麥爾則是在太平洋西北部各地擁有近百家店。沃爾瑪這家超級中心位在聖路易西邊一小時車程處，沃爾頓在華盛頓分店的盛大開幕期間，做出了預言式的評語。「我對這家店有種以前所沒有的感覺，」他對著店裡的三百名員工說，「這是沃爾瑪的店，但又不是沃爾瑪。不過，它或許會是我們的未來。」

*

隨著沃爾瑪逐漸成爲有點年紀的企業，沃爾頓在別無選擇下，只能從其他上軌道的零售連鎖業者挖角，來塡補多數新創造的資深管理職。然而，總公司的第二代高階主管（在八〇和九〇年代重要性大增），幾乎全都是自家培養的，從頭到腳都被灌輸「沃爾瑪作風」（Wal-Mart Way）。爲了在班頓維爾一級級往上爬，你不需要像沃爾頓那樣，開著一輛破爛老爺貨車去上班（不過這麼做肯定無傷），但你最好毫無保留地接受新教徒的工作倫理、尊重婚姻誓約，而且別在鎮上亮出鈔票。「我就是不相信，浮誇的生活方式會在任何一個地方是合宜的，在班頓維爾尤其不恰當。這裡的人辛苦賺錢。我們都知道，這裡每個人穿褲子時都是一次穿一隻腳，」沃爾頓表示。

形成沃爾頓企業傳承精髓的資深管理核心幹部，就跟沃爾瑪第一代店員和收銀員一樣，在種族與文化等方面具同質性。許多成員都是奧沙克人，即使不是，往往也都來自南部或中西部小鎮。此外，他們每天早上一次穿一腳的確實是長褲。至於沃爾瑪的高階主管辦公室，和同行間有個不可忽視的差異，就是完全看不到一位女性。直到一九八九年，二十二位最高階主管清一色男性，在前八十八位主管當中只有兩位女性副總裁，所有分店僅約三％有女性經理。

倒不是沃爾頓認爲女性就該待在家裡。當他以千人計地爲各分店雇用女性時，又怎會做如是想？比較可能的是，他認爲女性完全有能力保住總公司的大位，然而問題是，沃爾頓身爲老一輩的紳士，寧可讓女性員工在各分店開開心心，也不希望在總部對著女性高階主管大吼。撇開沃爾頓以啦啦隊長身分慷慨給予溫暖和鼓勵，身爲總座的他，是個不折不扣的監工。他要求高階主管交出成績，否則他可能會變得很粗暴，很像軍隊司令修理屬下。「說到處理計時同仁的問題，山姆先生可眞是手下留情哪，」約翰．李曼（**Jon Lehman**）回想。他在沃爾瑪擔任店經理多年，生長於阿肯色州的哈里遜。「但是，如果你是經理或高階主管，他會把你蹂躪一番，再掃地出門。我是說，他這人既敏銳又難搞。」

就一家大企業來說，沃爾瑪的管理階級扁平到不行，在店經理和執行副總裁之間僅有三層，後者的職權遍及全公司。沃爾瑪的確有散布在全國各地的地區性採購辦公室，但是賣場陳列、行銷、後勤支援、資訊科技、人事等職能，則全集中在班頓維爾。不過，沃爾頓可不是沃爾瑪唯一東奔西跑的人，絕對不是。一九九〇年，公司有十五架飛機（只有兩架爲噴射機），而「沃爾瑪航空」（Air Wal-Mart）幾乎總是全數出動。地區副總裁才是眞正的馬路英雄，每個禮拜一早上飛去視察自己的領域，禮拜四晚上才回班頓維爾。每兩位資深高階主管中，有一位被期待每星期至少花一天在分店，察看跳動最劇烈的零售脈搏。

在禮拜五早上七點前，每個人必須返回班頓維爾參加管理週會，全體幹部和各事業處的主管都會參加，會議通常持續一整個早上。中午，地區性副總裁連同所有商品採買人員以三明治和冰茶充當午餐。早上的重點放在各分店，下午則全用來討論產品，不過兩個會議的調性相似，都是坦率直言、經常吵來吵去，以及雞毛蒜皮之細微末節，反應出沃爾頓透過不斷東忙西忙、好還要更好的慾望，並灌輸「行動至上」的原則到公司。

禮拜六一大早，全體高階主管外加百來位沃爾瑪人員，擠進總部辦公室的聽眾席，爲的是沃爾頓激勵人心的得意之作：禮拜六晨會。它將企業基本原理、會心團體的精神療法（譯註：現代治療精神病的一種團體治療法，由參加者互相暢談，撤除自我防衛，抒發壓抑的情緒，進行人際交感），以及鄉村玉米麵包混合在一起，讓這些年來獲准參加的幾位記者尋找背後的隱喻。對其中一位來說，這次會議似乎是「《空中絕響》（*A Prairie Home Companion*）的企業版本」，另一位認爲是「當《全民大猜謎》（*family Fend*）遇上大會計師」。對沃爾頓來說則很單純，「禮拜六的晨會，就是沃爾瑪文化的核心。」

沃爾瑪的競爭對手通常等到禮拜一才檢討每週分店數據，然後調整商品採購計畫，但是班頓維爾規定，所有分店必須在禮拜六中午前做出更正行動。爲了在開會前搶得機先，讓沃爾瑪相較於競爭對手更具優勢，沃爾頓會在禮拜六凌晨三點前坐在辦公桌前，趁七點半開會前先把所有資料苦讀一番。「讀完後，我就跟每個在場的人一樣，對公司現況瞭若指掌，有時候說不定還更了解呢，」他自豪地說。

禮拜六的晨會演變成沃爾瑪的腦力激盪、辯論哲理或策略議題的主要場地，沃爾頓通常帶著幾張草草寫下紙條進入會場，但他的議程只有他自己知道，而且訴諸即興創作。他喜歡在會議室走來走去，拋出問題，將手榴彈和軟式壘球混合得恰到好處。他可能會對著一位需要謙虛一點的經理潑盆冷水，建議對方「說話前先想清楚」，或者叫他站起來唱〈紅河谷〉（*Red River Valley*）——他就是這麼對待資深高階主管艾爾．麥爾斯（Al Miles）。沃爾頓或許會帶著大夥唱歌或做體操、朗讀他喜歡的書、頒獎給參加本次會議的「英雄」同仁，或者把麥克風交給葛斯．布魯克斯（Garth Brooks，譯註：鄉村樂歌手）、喬．蒙大拿（Joe Montana，譯註：超級盃四分衛）、傑克．威爾許等嘉賓。禮拜六早上什麼都可能發生，也使爲期三小時的會議既令人喪膽，相較於業務會議又更有娛樂效果。

*

對沃爾頓來說，交出大權並不容易。初次交棒的企圖出現在一九七四年，但時機早到荒謬的地步，因爲當年他才五十六歲。沃爾頓在所謂遲來的中年危機中，突然不再抗拒妻子的強烈施壓，要他趁年輕、身強體健的時候退休。一九六八年，他從對手挖來一位野心勃勃且自視甚高的年輕人朗．梅爾（Ron Mayer），讓他成爲沃爾瑪第一位財務副總裁。沃爾頓不想冒著失去梅爾的風險，於是把董事長和執行長的位置交給他，自己只保留董事會的席次（當然也控制一堆股票）。沃爾瑪立刻分裂成兩個交戰陣營：梅爾找來一群技術嫻熟的外來者，圍在他身邊；以及由採購和店經理組成的守舊派，他們對於新執行長竟沒有出自他們的層級而深感委屈。公司績效開始走下坡，讓鬧到發慌的沃爾頓警覺不妙。一九七六年的某個週末，沃爾頓突然拿回之前交付給梅爾的各個頭銜，梅爾則在火冒三丈中掛冠求去，順便帶走許多前途看好的年輕高階主管。

沃爾頓對自己釀成這次災難感到羞愧，這不僅撕裂了高階主管層級，也危害公司在華爾街的地位。

書呆子格拉斯在梅爾離開後幾星期加入沃爾瑪，證實是個更有耐性的接班人。一九八二年，沃爾頓被診斷出罹患「髮狀細胞性白血病」（hairy cell leukemia），但他選擇積極治療，結果證明非常有效，隨著白血病的病情緩解，沃爾頓便能持續他幾乎絲毫未減的精力直到一九八八年，就在六十六歲生日後不久，他把董事長和執行長的大任交給當年五十三歲的格拉斯。

這次的交接順利完成。事實上，時機似乎蠻恰當的。不到一年，沃爾頓就發現他得到比白血病更要命的疾病：多發性骨髓瘤（multiple myeloma），也就是骨髓的惡性腫瘤。到了一九九一年，他已經體弱到無法繼續視察各分店，但還是會相當規律地進辦公室。他在辦公時經常覺得冷，卻拒絕讓祕書貝琪·艾略特（Becky Elliott）花錢買小型電熱器，於是艾略特就趁沃爾頓外出時，在其中一面牆的頂端裝置加熱條，只要一有人進辦公室就自動啟動。暖和幾天後，他問艾略特有關他聽到的劈啪聲響，沃爾頓聽著艾略特的解釋開心地微笑，直到她告訴他，她花了五百美元。「他不太高興，」艾略特回想，「金額高過他能接受的範圍。」

沃爾頓於一九九二年四月六日去世，就在老布希總統頒發總統自由獎章後一個禮拜。班頓維爾的職員擠進總部辦公室參加私人追思會，阿肯色州長柯林頓中斷總統競選活動，偕同妻子希拉蕊參加。開放給民眾的晚間追思會，更是將一千多人引來班頓維爾高中的體育場，沃爾頓被流著淚、川流不息的朋友和鄰居讚揚。「對其他人來說，阿肯色只是個窮鄉僻壤、化外之地，但是山姆改變一切。」說這話的是比林斯萊，這位不動產商人一直是沃爾頓的最佳網球拍檔。

一如往常，沃爾頓的安息地是班頓維爾的市立墓園，一處不起眼、花二百美元就可搞定的小角落，距他住了五十年的房子只有幾個街區。他的墳墓只用一小塊玫瑰灰色澤的大理石裝點，上面用大寫字母刻著——沃爾頓（WALTON）。

第四章　請幫助他們，山姆

不管外界如何評論沃爾頓的接班人──執行長格拉斯和史考特──但他們了解他想讓沃爾瑪飛上天的野心，這點頗令人欽佩。一九八八年到一九九九年，在格拉斯擔任執行長的十二年間，營業額增加到十倍，從一百六十億美元來到一千六百五十億美元，沃爾瑪也趕過席爾斯，成為美國最大的零售業者。公司開始積極向海外擴張，先進入墨西哥、波多黎各和加拿大，並以超級中心的新形態，一路進軍美國的雜貨事業。九〇年代中，由於營運成本直線上升而侵蝕獲利，導致沃爾瑪出了些問題，格拉斯繼續重申在沃爾頓膝下所學到的理財紀律，並以華爾街眼中的英雄之姿退休，只不過沃爾瑪眾多員工當然不做此想。

格拉斯是個執拗、意志力堅強的技術官僚，但未能把沃爾頓傳給他忠心耿耿、自動自發的勞工留住。一九九九年，就在格拉斯任執行長的最後一年，分店員工以每年七〇%的天文數字離職。「在我看來，我們的流動率絕對是失控了，」當時掌管沃爾瑪人事的柯曼．彼得森（Coleman Peterson）表示。二〇〇〇年，史考特接任後，逐漸把流動率降到五〇%左右，但是這家每年流失半數員工的公司，還沒有解決它的士氣問題。相反地，堅信沃爾頓在世時工作環境好很多，這種想法已經深深烙印在員工的集體思想裡，至少在各分店是如此。「沃爾瑪的主要焦點不再是滿足顧客和爲同仁謀福利，而是謀公司的福利！」某位來自賓州蒙那卡（Monaca）的沃爾瑪匿名同仁，最近在「尋找墳墓」（Find-A-Grave）網站上貼了一篇讚揚沃爾頓的文章，「我只希望您今日能在此親眼目睹，山姆先生。總之謝謝您。」

根據格拉斯自己的評估，他的經營方式唯一和沃爾頓不同的，是他對技術的高度強調。「山姆不太相信技術，」格拉斯回憶。他表示沃爾頓經常拿著電腦報表，重新把資料抄寫到分類帳冊。相較之下，格拉斯則是技術的信徒，也是數位狂熱分子。「很久以前，我深信技術終究能使這事業達到今日的規模，」他在卸下執行長幾年後表示。（格拉斯仍擔任董事，也積極對史考特提供建言。）

忘掉那張惱人的笑臉吧，後沃爾頓時代的沃爾瑪，最眞實的象徵是一台超級電腦，在班頓維爾「格拉斯技術中心」的溫控室裡，發出微微的聲響。此處是由鋁工廠改建，距總部兩哩，也是沃爾瑪千人資訊系統處（Information Systems Division）的大本營。格拉斯中心不同於總部，沒有川流不息的廠商代表拚命把自家產品擠上沃爾瑪貨架的嗡嗡聲，這裡嚴禁外人。大廳牆上掛了一幅海報，含蓄暗示安全森嚴的原因，並解釋公司先天的疑心病。「我們的發明和執行力，一定要比競爭對手剽竊的速度更快，」上面這樣寫著。格拉斯中心的電腦資料庫可能是企業界最大，容量達四百六十兆位元，也等於網際網路存檔資料的近半數，讓亞馬遜網路書店的十三兆位元、AT&T的二十六兆位元相形之下顯得小兒科。

沃爾瑪不僅用偉大的數位頭腦，思考該擺哪些東西在貨架上，也透過配銷系統使商品的流動更有效率，並對員工進行密切監控和評估。「我可以告訴你，去年七月十三日晚上七點到八點間，一家分店做了多少生意。在那一小時內，有多少生意是由操作員編號三四二的收銀員莎莉．周（Sally Jo）經手，」

不久前離開沃爾瑪的資深店經理比爾・湯瑪斯（Bill Thomas）表示。

沃爾瑪也仰賴中央電腦系統來設計排班表，目標是：只有在最忙的時候，才將全數工作人員配給分店，以壓縮薪資成本。爲使人力的供給發揮最大效用，電腦產生每小時的顧客流量與商品交付預測，再配合工作人員的薪資等級、可用員工人數等，爲各分店做出每週排班表。於是，同仁的排班表不僅逐週改變，也可能說變就變。事實上，如今分店的工作人員幾乎是二十四小時待命，主要受班頓維爾的大型主機支配。沃爾瑪在創造企業界有史以來轉動更快、切分更細的零售機器時，逐漸把分店的工作人員變成面無表情、低成本且經常被替換的零組件。

這個令人士氣低落的處理程序其始作俑者是沃爾頓，但他以他的人、他的親切，將沃爾瑪人性化。他努力啓發員工，視察分店前必定猛做功課，如此一來跟同仁聊天和稱讚對方時，才會更加個人化。此外，當沃爾頓以申訴仲裁者的身分，敞開大門接受每個人的抱怨時，也跟最底層的勞工探討伸張個體性的權利，達到大企業所罕見的地步。當你和老闆面對面抒發心情時，比較不覺得自己像機器零件。

爲了抵擋籌組工會的威脅，沃爾頓和員工簽訂某種道德協定。他這麼告訴他們，你在這裡工作不會賺大錢，但是只要努力並待上一陣子，就可以像管理階層那樣分享利潤，被尊爲沃爾瑪延伸家庭的一分子。或者，按照沃爾頓在《Wal-Mart創始人山姆・沃爾頓自傳》中說的：「只要善待他們、不偏頗而且需要他們，他們終究會把你當成同一國的。」沃爾頓對公平的觀念受奧沙克傳統主義的扭曲，但是儘管他對女性的態度傲慢，他提供員工的「新政」仍然超越一開始的有利目標，並在公司內部扎根。在沃爾頓的統治下，沃爾瑪逐漸在零售界打響「理想工作環境」的名聲，即使工資依舊低於競爭對手。

然而，沃爾頓時代將沃爾瑪及其員工緊緊綁在一塊的特殊協定，在山姆先生過世後不久便無疾而終，因爲格拉斯高明地運用科技，將沃爾瑪的各個營運面系統化與標準化。即使格拉斯在九〇年代後半因爲「救了」沃爾瑪而受華爾街歡呼，員工卻以破紀錄的速度離職。格拉斯似乎並不在乎。有什麼好在乎的？沃爾瑪正在製造空前的獲利數字，我們只能說，一波接一波的員工逃亡潮是計畫的一部分，或至少是首重成本效益下可以忍受的副產品吧。

沃爾頓的「開門政策」戛然而止，把受奴役的員工交給一台超高效率的巨型機器。隨著數位時代的進展，格拉斯及其欽點的繼任者史考特（兩人都是一流的零售業工藝師）繼續使這台機器更精進。雖然沃爾頓的平等主義概念和熱鬧滾滾的儀式仍在公司內部存活，但如今存在的主要目的，是掩飾各分店日常的嚴峻，以無情壓榨勞工來達到總部訂定的業績和獲利。「從店經理到計時店員，沃爾瑪的工作人員身心經常處在透支狀態，」布蘭迪斯大學（Brandeis University）的艾倫．羅森（Ellen Rosen）在二〇〇四年的研究〈沃爾瑪的工作品質〉（*The Quality of Work at Wal-Mart*）中，做出這樣的結論。

＊

隨著沃爾瑪的擴張，將公司從鄉村居民變成都市美國人，原本不可能保持勞動力的同質性與可掌控度，因爲無法將所有奧沙克人派到各地去。沃爾頓在過世前不久完成的自傳中，也坦承在城市「比較難找到受過教育，而且想從事我們這行的人，或是具備正確道德性格和正直的人。相較於休士頓、達拉斯或聖路易，愛荷華和密西西比的小鎮人民比較可能接受我們給的待遇，他們在鄉下大概也比在都市更可能接受我們的經營理念。」

一路樂觀到底的沃爾頓相信，公司向新近員工灌輸沃爾瑪的作風，就可以克服公認都市總勞動力的不足。「一位聰明、積極奮發的好管理者，可以對任何地方的人發揮外界所謂的沃爾瑪魔力，」沃爾頓說，「也許要多花點時間，也許得篩選更多人，也許必須更熟悉聘雇程序，但我由衷相信，任何地方的人終將對我們所用的同一種激勵技巧有所回應。」

隨著沃爾瑪進入競爭更激烈的都市，公司必須訴諸「錢」作為激勵的技巧，然而這也是沃爾頓的最後手段。為了吸引人來應徵，公司大幅拉高起薪到聯邦最低工資以上，同時又低於其他大型零售連鎖，以保有決定性的勞工成本優勢。在二〇〇五年的洛杉磯演講中，史考特做出令人難以置信的宣言：「沃爾瑪已經大幅提升美國零售工作的水準。」事實上，若仔細檢視公司的待遇，它只是略高於那些被逼到歇業的眾多零售個體戶。

不過，若是說到把以往的「沃爾瑪魔法」用在員工身上，格拉斯或史考特都無法接替沃爾頓的工作。無人能取代創辦人成為公司的代表性人物。對沃爾頓所具備的種種奧沙克人狹隘主義來說，沃爾頓的啦啦隊長身分是別人學不來的。害羞又缺乏魅力的格拉斯無法勝任這角色，因此這工作落到索德奎斯身上。在沃爾頓過世時，索德奎斯是沃爾瑪排名第二的高階主管，在格拉斯的執行長任內，他一直是格拉斯的得力助手。好脾氣、樂觀的索德奎斯出身中西部，對於跟沃爾瑪有關的事物，幾乎跟沃爾頓本人一樣興致勃勃。在人們或多或少的簇擁下，索德奎斯成為沃爾瑪的「文化保存者」，後來寫了類似自傳的《The Wal-Mart Way：全球最大零售企業成功十二法則》（*The Wal-Mart Way*），兼作員工的精裝思想教育手冊。

在索德奎斯和格拉斯熱切希望受沃爾頓感召之際，他們只差沒把已逝的師父做成標本，將他立在他的辦公桌後面。各分店接獲指示，把創辦人的鑲框照片掛在員工用的時鐘附近。雖然「山姆的誓言」被認爲涉及個人而引發反感，因此沒有獲得保留，但是沃爾頓啓發人心的技術，像是公司歡呼、禮拜六早上在班頓維爾召開的提振精神會議、十呎規定等，在他過世後被保留下來，且索德奎斯等經理經常身體力行，以公開褒揚山姆先生。「山姆過世後，我們最怕的不是能不能開新分店，而是能不能保存他創造的文化，」索德奎斯在數年後回憶。

一九九三年，就在沃爾頓過世一年後，在飛雅特維爾召開的年會中，各階層的不滿已經甚囂塵上。與會的一萬七千名左右股東，許多也兼具員工身分。老弟起立並直指管理當局近來削減某些分店的薪資，以便維持利潤率的決定，「或許高階主管才該減薪哩，」老弟發出不平之鳴。七十一歲的他，仍是董事兼資深副總裁（也是大股東）。

格拉斯、董事長羅伯・沃爾頓和諸位董事臉色鐵青，坐在老弟背後的講台上，這時群眾鼓譟表示認同。「我要經營者了解這些人的感受，」但格拉斯以高姿態對老弟的關切打了回票，「老弟這陣子把多數時間用來釣魚，」他告訴某位記者。第二年，山姆先生的唯一手足坐在台上，卻不許在這場年會中發言。一年後，他在加勒比海的航行中去世。

史考特就像他之前的格拉斯，因爲在零售業的技術方面有傑出表現而竄出頭；九〇年代後半，他在科技引起的反彈中扮演不可或缺的角色。嬰兒肥、灰白髮、英俊的臉蛋和親切的態度，讓史考特比格拉斯容易親近多了。但他也是不懂鼓舞的溝通者，在早期職業生涯中，他對演講如此不安，以至於對禮拜六的會議害怕不已。史考特回想，每當被沃爾頓點到名，「我會顫抖，聲音都走調。」

身為第三位帶領公司的奧沙克本地人，史考特每天進辦公室，等於是向大家保證會蕭規曹隨。他出生於班頓維爾北方六十哩處、屬於密蘇里州的喬普林（Joplin），在名叫巴克斯特泉（Baxter Springs）的小地方長大，就在一過堪薩斯的邊境處。他的父親在六六號公路上擁有一間加油站，母親在小學教音樂，史考特為了一路念到附近的匹茲堡州立大學，在一家製造輪胎鋼模的工廠以每小時二美元工資擔任夜班工人。他大學時就結了婚，和妻子幼兒住在十乘五十呎的活動屋，拿到商學學位後，他到大型卡車運輸公司「黃色貨運系統」（Yellow Freight Systems）擔任調度員。

一九七七年，史考特正在阿肯色山泉谷（Springdale）經營黃色貨運的調度站，這時他開車到附近的班頓維爾，想向沃爾瑪收取一筆七千美元爭議帳款。當時擔任沃爾瑪財務長的格拉斯，對史考特的主張無動於衷，但是對這位二十八歲小夥子的勇氣留下深刻印象，於是給他班頓維爾配銷中心的管理職。史考特拒絕，他的推卻之辭如今被沃爾瑪奉為名言：「我不是你辦公室裡最聰明的人。」他告訴格拉斯：「我不會離開美國成長最快速的卡車運輸公司，替一家連七千美元帳款都付不起的公司工作。」兩年後，史考特食言，受聘經營沃爾瑪剛成立的運輸部。（由於過度吝嗇，沃爾瑪沒有付那筆七千美元的帳款。）

撇開怯場不談，史考特是個積極甚至粗暴的管理者。即使身為新進員工，他卻相當強勢地逼迫倉儲經理用更快的速度卸貨，以致索德奎斯在某次會議過後把他叫到一邊，要他別這麼激動。「他告訴我，如果我的目的是惹惱在場每個人，那我已經成功了，」史考特回想。每次卡車司機在値勤中喝醉或怠忽職守，史考特就會發出一份備忘錄來責罵全體司機，還威脅凡公然藐視他訂下的無數規矩，就等著被炒魷魚。史考特的「鴨霸」大大激怒卡車司機的代表，於是他走進敞開的大門，要求沃爾頓將他開除。沃爾頓沒有照做，而是叫這位剛愎自用的運輸副總裁進辦公室。沃爾頓聽過司機的長串抱怨後，叫史考特跟大家一一握手，並謝謝他前來。史考特適時順應沃爾頓平等主義的價值觀，卻沒有變得多謙卑。當上執行長後，他在訪談中動不動就詳述他被迫五度開除某位司機，原因是沃爾頓四度堅持雇回這個人。

沉默卻自信滿滿的史考特，成立如今全美最大的卡車車隊，同時採用最新電腦技術，不斷從運輸中擠出更多成本效益，也使他成爲格拉斯身邊不可或缺的人物。史考特被一路拔擢，從運輸乃至一連串的資深後勤支援工作，他帶頭提升並擴充公司別有特色的「輻射式（hub-and-spoke）配銷網路」，以達到相同的效益。一九九五年，格拉斯爲了測試史考特的能耐，將他調到後勤支援外的地方，讓他負責全無經驗的採購。即使如此，這位明日之星還是按部就班地，消化掉價值二十億美元的過剩存貨，並說服供應商更頻繁運送較小的訂貨量，使沃爾瑪在九〇年代後半重獲往日風光。

等史考特於二〇〇〇年初接替格拉斯的位置，他已經戰勝緊張，能對任何觀眾發表演講，而且達到一定水準。但是，如果沃爾頓相當於企業界的布道家葛培理（Billy Graham），那麼史考特就給人一種教會唱師班指揮那種男孩氣、溫良恭儉的印象。換言之，這位新任執行長需要他自己的索德奎斯來鼓動並啓發員工，而他從湯瑪斯．馬丁．庫格林（Thomas Martin Coughlin）這個傻大塊頭的身上看到這種特質。

庫格林跟索德奎斯一樣，也是號稱奧沙克人而非在此地出生。警探之子的庫格林在克里夫蘭

（Cleveland）長大，之後到西部念大學，一九七二年畢業於加州州立大學，之後加入梅西百貨（Macy's）的西海岸事業處擔任分店探員。一九七八年某個禮拜六清早，他把車子停在沃爾瑪總部外，跟妻子辛西亞等待早上五點半和沃爾頓面談。庫格林向妻子解釋，他想搬到內陸（班頓維爾在那個禮拜才剛裝了第一個紅綠燈），到一家沒有梅西百貨那種懾人聲望的公司擔任安全副總裁。這時從大樓裡走出一位身穿卡其襯衫的男人，在停車場追逐被吹飛的報紙。令庫格林驚訝的是，這位身穿卡其服、信守本分的職員，竟然是沃爾頓。「這裡的人，反應跟我以前不同，」庫格林後來告訴妻子，「他們不說這是別人的工作，只要有該做的事，每個人都要跳下去做。」

身高六呎四、體重高達二百七十五磅的庫格林，是個人高馬大的老粗，當他穿著訂製的鱷魚皮牛仔靴，踋個二五八萬地到處走，想不看到他也難。他在沃爾瑪專門負責趕走搗亂的人，依沃爾瑪的說法是進行「損失偵防」，沒多久這工作就滿足不了他。他在沃爾瑪的升遷過程中，幾乎每個事業處都待過，在擔任山姆俱樂部的首席營運總座時，整個八〇年代的大半時間都和沃爾頓在全國各地飛來飛去，開設新的倉儲商店，偶爾用獵槍打鳥。庫格林全盤吞下沃爾頓分店中心制的管理哲學，從目光銳利的分店偵探搖身變成能幹的生意人，跟師父的平民主義幾乎一個模子印出來。

索德奎斯是和善、嘴巴甜的布道家，庫格林則是以執法者的姿態保存文化。他引述巴頓將軍的話：「今日粗暴執行的好計畫，勝過明天的偉大計畫。」引述這話就跟他引述沃爾頓的話一樣頻繁。他也因為某位店經理沒有花夠時間在賣場跟顧客和員工哈拉，而將他的辦公室用大鎖鎖上，使他在公司內聲名大譟。沃爾頓死後，庫格林修改囉唆的商道十大法則，變成五個頗有禪味的要務，只要一有機會，就拚命對同事洗腦——囤積它；標對價；秀價値；拿錢；教他們。庫格林會原諒誠實的錯誤，但是對撒謊、欺騙或偷竊的屬下不手軟。他曾在二〇〇〇年表示，「凡是偷同仁和股東錢的人都該槍斃。」（五年後，這句話回過頭來纏他，有文件顯示，他指示屬下製造假發票來核銷私人費用——從狩獵度假，到一雙一千三百六十美元的訂做鱷魚皮靴，乃至他班頓維爾家中價値二千五百九十美元的狗柵欄。）

大塊頭庫格林絕不好惹，但他也會在你生日時送卡片給你，或幫你生病的配偶尋找對的醫生。他在各分店巡視時，親吻過的小嬰兒之多，弄得購物者以為他在搞競選。在許多員工的眼中，庫格林是一定站在他們這一邊的總部高階主管。二〇〇三年沃爾瑪年會上，一位新墨西哥的女性經理在刺耳的會議中一直面無表情地坐著，直到庫格林拿起麥克風。「我為了他站起來，」她向同伴表示。

＊

爲了使格拉斯和索德奎斯推動的業務得以延續，史考特和庫格林採取一些被華爾街視爲重要的措施，打響了第一炮。二〇〇〇年到二〇〇四年間，沃爾瑪的年營業額驟增一千億美元，來到二千五百六十億美元，增加幅度高達六四％；淨利的增幅更是驚人，提高六八％，來到九十億美元。這顯示新的高階主管團隊打算繼續用沃爾瑪的技術專長，從散布愈來愈廣的分店王國中，重重打出成本效益來。

二〇〇四年，史考特和庫格林把員工流動率從七〇％降到略低於五〇％，同時設法加速沃爾瑪的成長，他們沒有將荷包鬆綁，給員工比較優渥的工資，也沒有給他們更豐厚的福利，而是運用格拉斯中心的幾兆運算能力更審愼地過濾應徵者。本質上，沃爾瑪刻意評估應徵者在各方面的適應特點，這些特點成爲一種屈從的態度，也是沃爾頓認爲奧沙克人所具備的最重要特質。依照布局，目前沃爾瑪的三分之二新進員工並非處在人生中最會賺錢的黃金年代，他們有的是年長市民、學生，有的是賺取第二份薪水的人。幾乎每個應徵者都必須接受設計好的電腦化性向和人格測驗，哪怕是外表看來最容易馴服的阿公阿媽，都不能例外。若想穿上代表沃爾瑪的藍色罩衫，最好是在以下類似的選擇題中拿取高分：

●我的童年可以被形容成：A.快樂的。B.普通。C.不快樂的。

●以下哪一句話爲眞：A.我喜歡整齊清潔的家。B.只要是乾淨的，我並不介意家裡凌亂與否。C.關於整潔，我無所謂。

●我有時會做出狂野的白日夢。A.同意。B.不知道。C.不同意。

當記者芭芭拉．恩瑞琪（Barbara Ehrenreich）在雙子城的某家沃爾瑪分店接受測驗時，她被告知犯了個錯。「蘿貝塔拿著我的考卷到另一個房間，她說，電腦會『計分』。大約十分鐘後，她帶著驚人的消息回來：我有三題答錯了——不是眞的錯啦，是要進一步討論……當你以潛在員工的姿態表現時，討好雇主絕不嫌少。題目是『規則永遠都要被逐字遵守』，我只是『強烈』同意，而不是『非常強烈』或『完全』同意，所以現在蘿貝塔想知道原因。」最後恩瑞琪還是被雇用了，而當她的著作《錙銖必假》（*Nickel and Dimed: On [Not] Getting By in America*）對勞動階級的貧窮爆料，成爲二〇〇一年的暢銷書時，沃爾瑪已經後悔莫及。

格拉斯當上執行長不久後，開始發給每位新進員工一本手冊，完美但不智地揭露一家公司表面說要賦予員工力量，實際上卻不信任他們時所面對的兩難狀況。這本手冊充滿各種簡單建議，有點像老阿媽刺繡用的樣品，例如「多看別人的優點」和「避免無謂的閒言閒語」。手冊也訂定各種明確且嚴格的規定，管轄範圍包括衣著、行爲舉止和工作常規。例如，計時工作者不可以交往，除非雙方各自向分店經理的老闆，亦即區經理取得書面許可，這也正是沃爾頓在第蒙受雇於彭尼百貨時公然藐視的規定。

在史考特的統治下，儘管流動率趨緩，但典型的沃爾瑪基層員工不滿一年就離職，幾乎還不夠格領取獲利分享，而獲利分享也是早期強化員工忠誠的措施。雖然許多長期任職的同仁依然相信沃爾瑪的作風，並往往在年度大會等大型聚會中自發性地大聲歡呼，然而在一個每年雇用高達近六十萬名新進員工的公司中，他們的人數已經大幅銳減。如今，典型的沃爾瑪同仁不住農莊而住在郊區，沃爾頓成了掛在牆上的老頭子，他們更分不清李．史考特跟氣象播報員威拉德．史考特（Willard Scotte）的差別。

瓊妮．夢露（Jonnie Monroe）就是這種人。這位二十二歲的搖滾樂手，有一天跑到沃爾瑪位於華盛頓州的奧林匹亞（Olympia）分店，想買一罐噴漆，結果漆沒買成，反倒應徵起工作來，因爲她想用工資替樂團買一台擴大器。她順利通過兩次面試和毒品測試，於二〇〇四年二月受雇擔任全職收銀員，每小時工資七．九一美元。她受的訓練包括在旁觀摩另一位收銀員以及觀賞影帶，裡面有位面露凶相的工會組織者在停車場工作的景象。「怪怪的，有點像是放學後的特別節目，」夢露說。在一位顧客抱怨後，領班要她把手臂上的小小刺青遮掩起來。

沒多久，夢露就跟一位同事結爲好友，但是才幾個禮拜，顧客服務經理（簡稱CSM）就把他們兩個拆散，確保他們各自在不同部門工作，最好是在不同班次。沃爾瑪不鼓勵同仁和周遭人建立友誼，顯然是因爲公司一方面害怕會降低生產力，而且這樣的關係將更方便組織工會。夢露即使犯下最小的計算錯誤，都得請CSM來更正，而顧客就只好不耐煩地等待。「顧客對你吼，你卻一點辦法都沒有，」她說。夢露被告知禁止和同僚笑鬧或評論時政，哪怕是在休息時；夢露尤其恐懼「開場儀式」——又名沃爾瑪的歡呼。她質疑：「你們視我如糞土，你們不讓我換班，你們不讓我照自己的意思穿衣服，不讓我做我自己，現在你們要我的行爲像，哼，沃爾瑪？」十一個月後，當老闆拒絕讓夢露請假，不讓她到芝加哥參加哥哥的婚禮時，她當場辭職。就在走出去之際，夢露暗自想：「打死我都不回來了，就算是買東西。」

恩瑞琪在著作中，引述一位名叫瑪琳的同僚，她呼應夢露的諸多抱怨：「『他們都說要有精神，』瑪琳說，說到管理階層，『但他們不給我們任何有精神的理由。』照她看來，沃爾瑪寧可就這麼繼續雇用新人，而不好好對待現有的人。你會看到，每天都有十幾個新人來新生訓練……沃爾瑪對人肉的胃口是永不饜足的，甚至叫我們去網羅每個碰巧認識的凱瑪特員工，他們不在乎曾經訓練過你，瑪琳繼續說，如果你抱怨，他們一定找得到別人。」

當史考特辯稱公司的工作環境絕佳時，幾乎隻字不提沃爾瑪的流動率。相反地，執行長把焦點擺在應徵率上。「五百個工作出缺，結果來了五千人應徵，」史考特在鳳凰城一家新店開張時表示。「也許跟你們的生活環境不同，但是在我們生活的地方，人們不會排隊應徵待遇較低、福利較差的工作。世界不是這麼運行的。」事實上，當無技能者幾乎找不到待遇較好的工作時，情況就是這樣。作家約翰·迪克爾（John Dicker）說得貼切：「沃爾瑪宣稱，前來應徵工作的人數反映工作的品質，就像說排隊買湯的人，可以作爲湯好不好喝的公民投票。」

沃爾瑪在技術上的投資，降低它對工作者的相對依賴度，畢竟這些工作者往往要花較多錢來維持，也不像數位助手那樣隨時可以設定。早在幾年前，裝袋工就從沃爾瑪消失，如今沃爾瑪就像其他大型量販連鎖店，盡可能把收銀員的工作取消，在許多分店增添自助結帳櫃台。沃爾瑪不能跟配銷中心達到同樣的機械化程度，因爲分店工作涉及分類和商品的堆放，以及與顧客互動。「儘管我們以走在時代尖端的技術爲傲，」史考特最近承認，「但是零售業仍然是相當勞力密集的事業。」

沃爾頓在位時，部門經理爲自己監督的工作人員訂定排班表。如今，這些決定交給班頓維爾的電腦，使得有同情心的店經理較難考量工作者在時間安排上的需要，然而許多人必須在他處兼任第二份工作，好讓收支平衡。沃爾瑪號稱有七五%的分店計時同仁都是全職，對手相較則是二〇%到四〇%，聽起來好像差很多。其實你會發現，原來沃爾瑪把每週工作二十八到三十五小時也當作全職的輪班職工。

當沃爾瑪在二〇〇五年上半的業績略低於預測，總部立即對分店經理丟出新限制，使他們無法偏離班頓維爾的人員配置表，以免提高人工成本。在此同時，公司開始把更多員工轉成兼職性質，企圖進一步降低薪資，並微幅調整電腦化的勞工供給與顧客流量的配合。「在管理分店的工資上，我們沒有達到該有的成績，」沃爾瑪的財務長湯姆．舍維（Tom Schoewe）承認。

六十一歲的里娃．巴瑞特（Reva Barrett）剛好碰上壓縮成本的行動。這位不久前離婚、有六個孩子的母親，從一九九〇年開始在佛羅里達平納拉斯公園（Pinellas Park）的分店擔任業務助理；自九〇年代晚期以來，巴瑞特就一直擔任超級中心的社區關係經理，是個領薪水的全職工作。二〇〇五年中，就在她主辦的謝師宴結束後，該店的新任經理馬上叫她過去，對她說她的職位已經被取消。她可以以收銀員的身分待下去，唯一條件是接受減薪，並同意從早上七點工作到晚間十一點。巴瑞特同意待下來，但她也聘請一位律師，向公平就業機會委員會（Equal Employment Opportunity Commission）提出性別與年齡歧視的申訴。「沃爾瑪以前是這社區的棟樑，但是在我看來，他們把社區參與沖進馬桶裡，」巴瑞特說，「我就是那張黏在馬桶上的衛生紙，死也不肯被沖下去。」

在沃爾瑪，店經理承受總部的巨大壓力，必須不斷壓低勞工成本占營業額的百分比——換言之，提高生產力。在工廠裝配線上，強迫勞工提高生產力意謂得經常簡化重複性的任務，以加快他們的速度。沃爾瑪對分店採取部分類似措施，幫店員配備手持式電腦，只要掃瞄條碼就可以自動記錄存貨。不過，班頓維爾多半不是透過細部修改工作以榨出更多生產力，而是強迫他們在同樣多的時間、同樣多的工資下做更多事。據聞沃爾瑪刻意使各分店的人手不足，使得經理必須負責監督以某種方式完成工作，只要計時工作者不累積加班時數。（多數州的法律要求，雇主在每天八小時或每週四十小時外的時間，付給工作者一倍半的工資。）

唐恩·道格拉斯（Dawn Douglas）在亞利桑納州金曼（Kingman）的沃爾瑪當了半年的員工，二〇〇五年五月因爲背痛離職，原因是她搬了太多尺寸過大的電視機進顧客的車子。當初她放棄「好個漢堡」（Whataburger）時薪六·二五美元的工作，到沃爾瑪的電子產品部擔任全職員工，起薪每小時七·一美元。幾個月後，道格拉斯的時薪增加到七·四美元，每週工作三十到三十五小時，以夜班居多，這使她得以幫助母親從事寵物美容事業。「蠻好的，」二十五歲、單身的道格拉斯說，「我喜歡這份工作跟所有一切，例如面對顧客等等。」

就在道格拉斯服務的折扣店轉型為超級中心後，她的想法馬上一百八十度轉變。電子產品部從三條走道擴充為五條，並增添音樂區，只是職員人數縮水。「基於某種理由，公司開始認為人手過多，」道格拉斯說，「我是部門裡唯一的一人，他們開始強迫我獨自舉起重達二百到三百磅、二十七到三十二吋的電視，之後當我到停車場，沒有在那裡看著電器的時候，他們就生氣了。我有點進退兩難。」道格拉斯心不甘、情不願地被迫把沉重的商品舉起放到高架子或棧板上，「應該要有兩個人才對，一個確保梯子不會垮掉，但我有時是一個人做，」她說。「我會讓領班知道我需要幫助，但他們的態度是『要做就做，否則另謀高就。』」她已經有了另一份工作，於是辭去沃爾瑪，專心在母親的寵物店當美容師。

凱特・摩洛內（Kate Moroney）在佛羅里達的超級中心從晚上十點工作到次日早上七點，主要負責把冷凍食物堆放到熟食部的冰庫。然而，她也被要求接電話並協助顧客。部門經理離職後，她經常被留下來幫忙食品、賀卡、小家電和家庭五金等部門。在管理階層的要求下，摩洛內最近開始接受收銀員的訓練，現在動不動就在店裡正忙的時候，被呼叫到前端操作收銀機。如果她沒時間把冷凍食品區的工作做完，晨班就得接著做，這不僅會耽誤工作，而且可能遭到日班領班的責難。

為了彰顯總部禁止加班的作法，有些經理據說會公然藐視公開政策（更別說是州和聯邦勞動法），迫使工作人員在休息時繼續工作、在輪班結束後繼續工作，或乾脆把已經工作的時數從電子計時卡上滅跡。十六歲的莉拉・奈迦爾（Leila Naijar）在丹佛郊區的沃爾瑪工作，她在一場官司中宣稱被迫略過休息時間，而且每次輪班超過八小時，這違反保護未成年者的州法律。「深夜十一點打烊，有幾個晚上我們得留下來打掃，直到十二點半、十二點四十五分，」奈迦爾說。「這可說是漫長的一天，所以第二天上學就很疲倦。有時候，我必須在禮拜六或禮拜天工作十、十一小時。」

在沃爾瑪二〇〇〇年的稽核中，發現有一百二十八家分店大規模違反工資和工時規定，其中包含一千三百七十一位未成年員工超時，或在不恰當時間（例如上課期間）工作的案例。沃爾瑪承認自己不把稽核結果當一回事，但沒多久就被命令付二十萬零五千美元的罰金給緬因州，理由是該州的二十家分店都違反兒童勞動法。之後，美國勞工部指控沃爾瑪另外八十五個違規的案例，包括在阿肯色、康乃迪克和新罕布什三州，員工使用鏈鋸和硬紙板打包機等危險器械。二〇〇五年初，沃爾瑪付出約十三萬六千美元的微薄罰金，擺平了聯邦的指控，跟布希政權下的勞工部開開心心地達成協議，今後若要檢查有無違法雇用童工，必定在前十五天通知，萬一被發現有違法情事，可享有十天寬限期將分店導正，此舉等於捅上政治馬蜂窩。部門檢查員普遍認爲這些「明顯讓步」是靠不住的，表示「除了已經在做的，或是法律規定要做的之外，雇主幾乎沒有做出任何承諾。」

當沃爾瑪的分店即將超出每月勞工成本預算，這時管理者通常會叫工作人員回家，用副理來取而代之，因爲這些領死薪水的員工不必套用加班規定，可以被迫去服務，卻對公司不造成任何財務後果。至少四州的副理提出集體訴訟，主張沃爾瑪在要求他們塡補計時工作者的位置時，應該給付加班費才對；其中一個由密西根州夜班副理提出的訴訟案件，更直言他們只不過是「光鮮的上架員，負責將卡車卸貨、把產品移到分店，再擺上陳列架。」密西根州的原告金姆．康默（Kim Comer）在多家分店擔任副理長達十三年，辯稱她除了管理工作外，還得經常花足八小時的輪班時間擔任收銀員，而這是在她大學畢業後加入沃爾瑪時最初擔任的工作。

八○年代末，就在格拉斯接任不久，班頓維爾開始讓店經理做出選擇，決定是否把清潔工等夜班工作者鎖在店內直到早上，而其他全國性的零售連鎖無一訴諸這種作法。二○○四年，《紐約時報》有篇文章披露沃爾瑪將工作人員鎖在店內。「零售向前顧問公司」（Retail Forward）總裁柏特．福力克林格（Burt Flickinger）說：「把工作人員鎖在某個地方，比較像是十九世紀的行徑，不像是二十世紀的人會做的事。」監禁第三班員工是防止他們偷竊，或者趁經理在家睡大覺時在停車場喝啤酒。然而沃爾瑪的發言人莫娜．威廉斯（Mona Williams）堅稱，把工作人員關起來，是保護員工的又一表現。「把門鎖起來，是爲了保護同仁和分店，不受入侵者的侵略，」她辯稱。

某一天的凌晨三點左右，邁可．羅德里格茲（Michael Rodriguez）正在德州科珀斯克里斯蒂（Corpus Christi）的山姆俱樂部將貨品上架，這時另一位工作人員開著一輛電子車將他撞倒，把他的腳踝撞碎了。「我大聲叫，像被車撞傷的狗一樣到處跑，」羅德里格茲回想。和以往一樣，分店上了鎖，沒有一位經理放羅德里格茲去急診室。若非他被再三警告除了火災逃生外，因任何理由而使用緊急逃生門會遭到開除，否則他早就走逃生門了。最後，一位同僚終於用電話叫醒經理，一小時後門才被打開。

雖然沃爾瑪到二○○四年還是同意把過夜的工作人員鎖起來，但採取這種作法的分店數已經減少到總分店數的一○%左右。這表示公司開竅了嗎？不見得。愈來愈多分店二十四小時不打烊，意思是：只要經理把員工鎖在店內，等於將顧客拒之於門外。至少班頓維爾不再准許經理用鐵鍊把逃生門鎖上，就像剛開始把員工鎖死那樣。喬治亞州莎瓦納（Savannah）的某上架員暴斃在店裡，醫護人員卻只能在外頭乾著急，總部之後就禁止這種作法了。

*

二〇〇三年十月二十三日，聯邦官員發動多年來最大規模的非法移民取締行動，在二十一州的六十一間沃爾瑪分店，逮捕來自墨西哥、蒙古、巴西、烏茲別克、波蘭、俄羅斯等國的二百四十五位清潔人員。十位被逮捕的清潔人員直接受雇於沃爾瑪，其餘是替班頓維爾請的包商工作，記者引述匿名消息來源，寫到檢舉人握有沃爾瑪經理跟包商共謀雇用非法勞工的錄音。

幾乎可以確定的是，核准爭議性合約的沃爾瑪高階主管，大都了解清潔產業充斥著來路不明的工作人員。過去二十年來，各行各業紛紛委託坐夜班飛機前來的新種清潔包商，後者專門以低工資雇用非法移民。「這些公司還佯裝自己不是雇主，」戴利亞．巴罕（Delia Bahan）嘲笑，這位律師成功地控訴幾個加州雜貨連鎖業者，因為他們不支付加班費給上百名來自墨西哥的清潔工。「包商願意每週讓工人工作七天，不支付薪資稅、不支付勞工補償稅（workers' comp tax）。公司不想自己動手，但是當包商這麼做時，他們倒願意睜一隻眼、閉一隻眼。」

聯邦控告沃爾瑪是從賓州洪斯代爾（Honesdale）開始，這座人口五千的小鎮是第二四八〇號分店的所在地，也是美國一千家把夜間地板清掃工作外包給一百家包商的分店之一。一九九八年和一九九九年，洪斯代爾清潔隊的兩名成員（一位俄羅斯人、一位斯洛伐克人），因為與工作無關的控訴而被捕，並且被查出簽證過期。洪斯代爾分店經理告訴當地警察，表示他懷疑過夜工作的清潔工多半都缺乏適當文件。即使如此，沃爾瑪還是向現有的包商要來替代的清潔工，結果這批人又是非法者。

因此，聯邦移民和海關執行局（Federal Bureau of Immigration and Customs Enforcement）與其他政府機關聯袂從賓州啓動調查。二〇〇一年，幹員逮捕約八十名沒有身分證件的工作者，多數來自東歐，他們在二十一家沃爾瑪分店打掃，這些人大多被驅逐出境，十三家承包商被控明知卻雇用非法移民而遭起訴，卻沒有針對沃爾瑪提出任何指控，因爲沃爾瑪同意和進行中的賓州調查與芝加哥的第二次聯邦調查合作。其中一名有罪的中間人，是CMS清潔公司（CMS Cleaning）的史丹尼斯洛·柯斯泰克（Stanislaw Kostek），CMS負責替沃爾瑪在賓州、紐約州和維吉尼亞州的十多家分店清掃。柯斯泰克是某廠商的次包商，而這家廠商則供貨給約一百家的沃爾瑪分店。柯斯泰克表示，沃爾瑪付給包商每人每小時十美元，包商再付給他九美元，柯斯泰克自稱付給清潔工每小時八美元，但實際金額應該較接近七美元。他承認沒納稅。「如果你每小時賺一美元，又得負擔所有費用，怎麼能支付工作人員的勞工補償稅呢？」他質問。

在那之後，沃爾瑪開始逐步淘汰幾家承包商，把外部清潔工清掃的分店數從一千家減爲七百家。公司向記者表示，此舉並不是關切移民工作者或甚至是它的法律責任，而是因爲經過計算後，發現取消中間人可以節省約六千六百萬美元。

不過，沃爾瑪承諾的合作很可能跳票，因爲賓州中部的檢察官在二〇〇三年秋授權進行大規模突襲搜查。衝著沃爾瑪而來的刑事案件，於一年後在低嚷中結束，沃爾瑪承諾加緊「包商檢討程序」，並支付一千一百萬美元給聯邦政府。公司急忙指出這筆錢不是罰金，而是表示支持移民法執行，以及約束剝削行爲所給的獻金。「我們不希望這些人受到不當對待，」發言人威廉斯說，「我們花這筆錢，這麼一來，做這種事的人就不能逃避罪責。」

但沃爾瑪仍然面對民事的官司，這次是在紐澤西州，由二〇〇三年突襲行動中被捕的十七名非法外勞所提出。這個集體訴訟案件控訴沃爾瑪與承包商共謀成立犯罪事業，清潔工不僅待遇偏低，在某些情況下更拿不到一毛錢，同時遭到「拳打腳踢不合法的監禁，並被迫繼續在沃爾瑪工作。」二〇〇四年末，本案的承辦法官有條件證明它爲集體訴訟，並下令沃爾瑪提供資料——自二〇〇〇年以來，所有在美國分店擔任清潔工的姓名及住址。

*

在沃爾瑪，當員工紛紛從賣場擢升到分店的管理階層，隨著班頓維爾起舞的壓力也日益加重。但經理在身經百戰後，至少獲得了不錯的薪酬，給予胸懷大志的同仁許多尋求升遷的誘因。平均說來，男性店經理在二〇〇一年的年薪爲十萬五千六百八十二美元，協理爲五萬九千五百三十五美元，副理則是三萬九千七百九十美元。另一方面，業務助理的年薪只有一萬六千五百二十六美元，收銀員則是微薄的一萬四千五百二十五美元。（女性員工的平均薪資，在各類別又比較低。）

史考特說，沃爾瑪代表美國夢的實現。「每一年，上千名計時同仁升到管理階層，多數工作並不要求大學學位，」他表示。沃爾瑪相信內部升遷的價值，在分店的管理階層中，有七六%是從計時員做起。然而，公司一直遲遲不使用它自吹自擂的數位資料庫，根據工作表現將升遷與獎賞制度化。爲了「杜克斯vs.沃爾瑪」一案，分析過原告的大量文件後，結果顯示升遷情況跟沃爾頓在位時一樣，員工（男性居多）只要被老闆「拍拍肩膀」就獲得拔擢，經常跳過那些訓練過他們的女性。

貝蒂．杜克斯（Betty Dukes）是性別歧視大型官司的首席原告，也是浸信會神職人員，目前仍在沃爾瑪的加州匹茲堡分店擔任接待員。杜克斯是中年的非裔美國女性，一九九四年以兼職收銀員開始在沃爾瑪工作，每小時五美元。三年後，她升爲業務助理，從此以後原地踏步，一有職缺時，通常被年資較淺的男性工作人員塡補，而沒有經過公告。當杜克斯抱怨遭到歧視，經理便開始爲些不重要的缺失——例如休息時回來遲到——而奏她一摺。在被降級到收銀員後，她向沃爾瑪的區辦公室申訴，再度被忽視的她，尋求在法庭獲得補償。「我一點也不畏懼沃爾瑪，」杜克斯說。

梅莉莎．霍華（Melissa Howard）在本案同屬原告，她做到杜克斯從來做不到的事——以二十七歲一路升到店經理。二〇〇〇年初，霍華正在印第安那州的布拉夫頓（Bluffton）經營超級中心，和區經理與其他店經理一起開車到班頓維爾開會，她的同事（全都是男性）在漫長的路途中三度停下，到脫衣舞孃俱樂部去。之後霍華在法院的申訴中，聲稱區經理給了脫衣舞孃五十美元，要她跟他和霍華玩三P。霍華自覺受辱，卻選擇不將這件事上報總部。「我當然怕遭到報復啊，」她說，「對我來說，這似乎是文化中被接受的一部分。」幾個月後，新的區經理上任，將她降級爲協理。「一想到這裡，我當然還是會胃痛，」霍華說，她立即辭職並提告訴。

史考特一方面不承認公司有任何不道德的行爲，甚至是缺點，在面對外界排山倒海而來的非議時，他的回應是在二〇〇三年宣布一連串改革措施，使公司「在雇用措施這方面，成爲企業領導者。」沃爾瑪成立多元辦公室（Office of Diversity），負責執行相關計畫，讓更多女性、黑人和拉丁裔晉身管理階層，同時將待遇均等化。史考特表示，目標是「確保我們升遷的合格少數人種和女性百分比，等於申請人數的百分比。」意思是，如果副理職缺的合格申請者有五〇％是女性，至少五〇％的升遷會給女性。如果沃爾瑪達不到年度多元化目標，每位主管的薪水（一路到史考特的薪俸）在二〇〇四年會減少達七．五％，二〇〇五年起減少一五％。

到目前爲止，「沒有一位高階主管的獎酬，因爲達不到多元化的目標而縮水，」沃爾瑪在二〇〇五年的徵求委託書聲明（proxy statement，譯註：向股東徵求代理權時披露的文件）中揭露。這個無懈可擊的表現，是眞的意謂著公司對待女性和少數族群的方式已有改善？還是反映多元化目標的有名無實？從沃爾瑪公諸於世的稀少資訊，很難加以判斷。

在沃爾瑪二〇〇四年的年度大會上，史考特起身，宣告沃爾瑪的電腦並不是造成勞工關係問題的原因之一，而是解決之道。如今格拉斯中心的大腦袋會發出電子警示，提醒收銀員記得用餐。「如果提示沒有被回應，」史考特說，「收銀機就會關機，因爲吃飯皇帝大嘛。」此外，新的排班軟體會把每州特有的工時限制納入考量。舉例來說，在禁止未成年者工作超過晚間十點的那幾州，系統就不會把他們的工作排在九點半以後。史考特也宣布第三項改革措施——不論任何時間，只要分店經理在員工的工時紀錄上動手腳，員工會收到更動的通知，被要求確認。（當然，如果員工害怕被炒魷魚，或者擔心拒絕在官方計時紀錄上畫押而遭報復，這樣的改變並沒有幫助。）

爲了回答每位同仁想問卻說不出口的問題：「我能獲得加薪嗎？」史考特推出新的工作分類和薪資結構，這是眾多令人驚奇的複雜事情之一，只能用電腦產生。計時員工將分爲七類，而不是現在的四類，並據此調整他們的待遇。「沒有人會因爲建置這個新架構而遭到減薪，」史考特說，「但有些同仁將獲得加薪。」該得的人可以期待每年每小時加薪高達〇．五美元，他說。「我認爲我們都知道，對於善待員工的重要性，沃爾頓抱持怎樣的看法。」參加會議的分店工作人員懂得史考特究竟在說什麼？顯然很難。

「烏賊戰術」或許是沃爾瑪所能希望的最好狀況，它基於一項基本事實：這個含混不清的薪資系統，背離公司想製造更大方、但又不損及遙遙領先同業的勞工成本優勢。「每日低價商品」和每日低工資和低福利其實是一體的兩面。事實上，在沃爾瑪的業務模式和工作人員的渴望之間，形成一種無法調和的衝突，將公司於二〇〇五年秋公布的新健康福利計畫，變成公共關係的徹底失敗。

由於員工工資相對提高成本，在僅半數勞動力加入公司健康計畫的情況下，史考特宣布改變的用意是「讓所有同仁伸手皆可獲得保險保障」，作法是推出新的「價值計畫」（Value Plan）。每月保費爲個人二十五美元，單親父母三十七美元，家庭六十五美元，比目前的最低成本計畫少了四至六成。如今員工也可以開設健康存款戶，每年最多可以二十美元的相對給付看三次醫生，超過三次後，一千美元的自負額才派上用場。外部專家預測，沃爾瑪不願意削減這一千美元的自負額，這會使公司遠離它信誓旦旦的員工全面性保障目標。「它爲原本不打算買任何保險的人，提供了些許保障，」美國醫療制度變化研究中心（Center for Studying Health System Change）的艾文．卡西爾（Alwyn Cassil）說。不過，在健康保險中，「付多少錢，享受多少保障。保費壓低，意思就是你將擁有較少的全面性福利。」

史考特宣布後幾天，《紐約時報》的一篇報導披露：沃爾瑪這項對最低收入員工伸出援手的健康計畫，其實又是個成本控制的伎倆。這篇報導係根據該公司福利行政副總裁蘇珊．錢伯斯（M. Susan

Chambers）的內部備忘錄。「福利成本的成長是不被接受的，」錢伯斯寫道，並表示從二〇〇二年到二〇〇五年間，沃爾瑪的員工福利導致公司總成本每年增加一五%，到達四十二億美元。「毫無稍減跡象的福利成本，在二〇〇一年消耗總獲利的一二%，相當於市值的三百億美元至三百五十億美元，」錢伯斯在這份應該只有董事才能看到的機密備忘錄中警告。錢伯斯提出各種提案，一切用意都是減緩福利支出，同時不進一步危害沃爾瑪的名聲。

根據錢伯斯的分析，最大的問題是保健成本，每年增加一九%，主要因爲沃爾瑪員工比美國一般百姓多病，「尤其是跟肥胖相關的疾病。」而且傾向過度使用昂貴的醫院和急診室。「最麻煩的是，」她寫道，「最不健康、最沒有生產力的同仁，對自己的福利多半比其他同仁滿意，而且有意長久待在沃爾瑪。」除此之外，錢伯斯也提議，沃爾瑪應嘗試吸引比較健康的勞工、推出迎合學生的教育福利、讓員工買保健食品得享有折扣，並重新設計各分店工作人員的工作，增加收集購物推車等體能活動。「吸引並留住比較健康的勞動力，比改變現有勞動力的習慣來得容易，這些措施也讓不健康的應徵者知難而退，」錢伯斯表示。她估計，到了二〇一一年，這可能爲公司省下二．二億美元至六．七億美元。

鮮少有如此形象和現實之間的差距——在沃爾瑪想要世人相信的，以及公司實際上的所作所爲——像錢伯斯這種率直到不帶感情的備忘錄，這麼赤裸裸地闡明一件事。「我不認爲沃爾瑪的DNA有任何改變，」匯豐證券（HSBC Securities）的分析師馬克．哈森（Mark Husson）說，「這就像是密教，它爲這國家帶來低成本的教條，並將它視爲天職，任何事都無法阻撓。爲達目的，它將做所當做、說所當說。」

美國折扣商店的第一家庭

對山姆．沃爾頓來說，羅伯、約翰、吉姆和愛麗斯這四個孩子，都不願或者沒能力繼他之後擔任沃爾瑪的總座，這令他十分失望。事實上，羅伯在父親過世時被任命爲董事長，也是唯一在沃爾瑪闖出些許事業的第二代。但是，沃爾頓卻不能要求更忠實的繼承人了，沃爾頓家的四個兄弟姊妹，連同八十六歲的母親海倫，努力將家族的控制權持股從三八％提高到二〇〇五年的四〇％以上，即使公司經歷了大幅成長。從所有跡象看來，沃爾頓家族也躲過兩敗俱傷的爭端，而許多企業王朝的根基就是因爲類似爭端而遭到破壞。此外，他們也運用影響力，合力將父親的形象保留在沃爾瑪。

如今，沃爾頓家族在沃爾瑪的持股價值約八百億美元，超過比爾．蓋茲和華倫．巴菲特兩人的總和，也超過人口七千七百萬的埃及年度經濟總產出。二〇〇五年，他們光是股利就高達九．七四億美元，等於是每位家庭成員近一．九五億美元，每人每天五十三萬三千美元進帳。換句話說，山姆的近親每人每小時到手的股利超過二萬二千美元，高於沃爾瑪全職同仁一整年的薪水，即使經過通貨膨脹調整，沃爾頓的財富也等同於美國史上最大的產業財富。

早在幾年前，阿肯色州的班頓維爾就該改名爲沃爾頓維爾（Waltonville）了。沃爾瑪仍是鎮上遙遙領先的最大雇主，總部所在的道路被命名爲「山姆．沃爾頓大道」（Sam Walton Boulevard）。班頓維爾的居民替沃爾頓家族的公司工作、在沃爾頓家族的商店購物、在沃爾頓家族的銀行開設戶頭，以及直到最近，閱讀沃爾頓家族的報紙。許多鎮民上山姆．沃爾頓中學（Sam Walton Junior High School），把兒女送到海倫．沃爾頓托兒所（Helen R. Walton Children's Center），他們也經常開車南下三十哩前往飛雅特維爾，到阿肯色大學的山姆．沃爾頓商學院（Sam M. Walton School of Business）聽課，在沃爾頓藝術中心（Walton Art Center）看戲或聽音樂會，不然就到老弟沃爾頓運動場（Bud Walton Arena）看籃球賽。若想逃離這一切，當地人會在當地機場搭上飛機，唯獨必須先在以山姆女兒命名的「愛麗斯．沃爾頓航廈」（Alice L. Walton Terminal Building）入關。

然而，沃爾頓家族現在出現的次數，比起以前在班頓維爾要少一些。身爲沃爾瑪董事長的羅伯，在公司留了一間辦公室，但他幾年前就搬到科羅拉多州了；愛麗斯住在德州的巨大牧場，沃爾頓大家族的女家長海倫仍在班頓維爾，住在溪邊的屋子（由知名建築師萊特〔Frank Loyd Wright〕的得意門生費伊．瓊斯〔E. Fay Jones〕設計）；老三吉姆也住在鎮上，負責經營沃爾頓企業（Walton Enterprises），這家未上市公司握有家族的沃爾瑪持股，其簡樸的辦公室位在主幹道上一棟不起眼的磚造建築物三樓。吉姆也監督家族事業，比較知名的有阿菲斯特金融集團（Arvest Bank Group）和社區出版（Community Publishers），後者爲出版連鎖，旗下有兩家最大的地區性報紙——《班頓郡日報》（*Benton County Daily Record*）和《西北阿肯色時報》（*Northwest Arkansas Times*）——直到二〇〇五年中。

約翰是前綠扁帽（Green Beret）成員，曾在越南贏得銀質獎章。二〇〇五年六月，他在居住的懷俄明州傑克森市（Jackson）附近，因爲駕駛實驗性超輕型飛機墜機身亡，得年五十八歲，留下妻子和一個兒子。他曾當過農藥噴灑工，也建造過遊艇，是家族中最活躍的慈善家，主要興趣在於保守的教改運動，透過教育券（school voucher）以及納稅人資助的誘因，幫助提高私立學校的入學率。約翰長年擔任沃爾瑪董事，他的位置由弟弟吉姆取代。

即使在約翰過世前，沃爾頓家族就苦於各種煩人的事情和災難。吉姆是山姆的孩子當中唯一沒離婚的；羅伯目前跟第二任妻子分居中；愛麗斯在一九八九年開車撞死一名行人，一九九八年駕著豐田四驅動車撞毀加油表而遭到酒駕起訴。這個家族似乎車禍連連。一年後，海倫開著克萊斯勒撞上一輛垃圾車而受重傷，據目擊者表示，車子在此之前先闖紅燈。最近，沃爾頓老弟的孫女伊莉莎白・佩吉・羅莉（Elizabeth Paige Laurie）被南加大三振出局，理由是三年來她付給某位同學二萬美元，幫她做大部分的功課。

沃爾瑪有這樣的財富，自然使沃爾頓家族不必爲生活擔憂。儘管身爲沃爾瑪的董事長，羅伯卻花很多時間比賽自行車，蒐集跑車並飆車，不然就開著公司噴射機到處飛。愛麗斯年輕時在財務和經濟開發方面有所涉獵，目前則專心在德州牧場養馬，同時忙著在班頓維爾成立美術館。她在紐約蘇富比和克莉絲蒂（Christie）的拍賣場上，以美國繪畫的大買家姿態，花了三千五百多萬美元買下艾雪兒・杜蘭德（Asher B. Durand）的畫作，此舉在二〇〇五年春造成不小的騷動。沃爾頓美術館——晶橋美國美術館（Crystal Bridges Museum of American Art），預計在二〇〇九年開幕，這座美術館造價五千萬美元，由知名建築師沙伏弟（Moshe Safdie）設計。

雖然沃爾頓家族跟沃爾瑪的日常營運保持距離，但是他們彼此關係密切，對掌控沃爾瑪的走向和企業文化也毫不遲疑。沃爾頓在孩子心目中依舊是可敬的人物，他們每年在海倫的住處聚會三次，討論他遺留下來的家族事業；他們對分店的想法，例如向哪裡擴張、鎖定哪幾類顧客、何時增資，以及如何對待員工等，透過羅伯傳達給董事會和資深管理者；他們對其他事業、銀行和報社的想法，便轉給直接負責的吉姆；至於對慈善事業的想法，則由約翰代爲溝通，而慈善事業在過去十年來也愈來愈重要，約翰在這方面扮演的角色尚無人能取而代之。

沃爾頓家族的所有決定都接受長老教會的虔誠信仰指導，海倫是美國長老教會基金會（Presbyterian Church [USA] Foundation）主席，目前仍擔任榮譽受託人，定期到班頓維爾的第一長老教會（First Presbyterian Church）做禮拜。約翰去世後，他們在當地的禮拜堂傑克森霍爾長老教會（Presbyterian Church of Jackson Hole）舉行追思會。約翰和吉姆都在伍斯特學院（College of Wooster）念大學，這是位於俄亥俄州伍斯特的小型文科學院，原因在於該校是經由兩人的母親批准，成爲長老教會附屬的學校。（兩年後吉姆轉學，畢業於離家較近的阿肯色大學。）這個家族透過私人慈善基金會，對長老教會的慈善團體慷慨捐輸，包括五十萬美元給服務奧克拉荷馬州印地安人的德偉特長老會（Dwight Presbyterian Mission），以及四十萬美元給美國長老教會（Presbyterian Church USA）。

該家族影響或掌控了三個資金充裕的慈善事業，而沃爾頓家族基金會（Walton Family Foundation）就是其一。除了沃爾頓家族資助並直接控制的家族基金會外，還有沃爾瑪基金會

（Wal-Mart Foundation），主要由公司資助。至於沃爾頓家族慈善支援基金會（Walton Family Charitable Support Foundation）則由家族資助，但是董事會中也有外來者。每個基金會的資產都有數萬甚至數十萬美元，發放的津貼少則五百美元（例如二〇〇四年發給班頓郡歷史學會〔Benton County Historical Society〕和奧克拉荷馬安全兒童聯合會〔Oklahoma Safe Kids Coalition〕），多則高達三億美元（二〇〇三年給了阿肯色大學，這也是公立大學收過最大的禮）。二〇〇四年，沃爾瑪基金會發放一．七億美元給十幾萬個團體，沃爾頓家族基金會則發出一．〇七億美元給八百多個團體。

關於這個家族絕大部分的個人善行，一直用來鼓勵接受公共資助但私人經營的特許學校，並使用教育券來推廣傳統公立教育體制外的替代選擇，這些工作全交由家族管理的基金會執行。根據內地稅務局（Internal Revenue Service）的紀錄，光是二〇〇四年，家族基金會就把大約三百萬美元給了一家特許學校團體的「知識就是力量計畫」（Knowledge is Power Program）；另外有數百萬美元給了個別的特許學校，包括加州歐克蘭（Oakland）的渴望公立學校（Aspire Public Schools）、以及聖地牙哥的港邊學校（Harborside School），以及推廣這些學校的團體，像是科羅拉多特許學校聯盟（Colorado League of Charter Schools）和特許學校資源中心（Charter School Resource Center）。沃爾頓家族愈來愈堅定地贊助保守教育改革的進程，引起許多同樣批判沃爾瑪從商之道者的對抗。在他們看來，沃爾頓家族所資助的主導行動，一面把錢轉到私校，又讓宗教學校有機會獲得公共資助，將從根破壞美國各地的公立學制。

批判者發出更大的抱怨是，沃爾瑪的慈善捐助——從幾百塊乃至幾千塊美元，補助當地女童軍或圖書館而獲得大篇幅報導——絕大部分都跟它開設新分店、在都市搶奪區域重劃，或者壓迫當地政府，爲它打算開設分店的地方做汙水處理、開設道路等產業增修的企圖不謀而合。「沃爾頓家族和沃爾瑪的善行，需要更近距離的檢驗，而不是讚許，」華盛頓的監察組織「負責之慈善事業國家委員會」（National Committee for Responsible Philanthropy）副主委傑夫・克雷利（Jeff Krehely）表示。

這類批判對沃爾頓家族的影響並不清楚，因爲他們出於反射的神祕感使外人難以解讀。但是就像其他家族王朝的第二代，這些繼承人的挑戰不同於他們的父親。沃爾頓等於是白手起家，建立全世界最大的上市公司，他們繼承難以想像的財富，必須將「腥牙血爪」的企業文化，和成功加諸其身的廣泛社會角色相調和。

對供應商不手軟、壓榨員工、和地方政府吵架，對於一家位於鄉村小鎮、壓低成本、主打低價的中小型區域零售業者來說，都是重要的。然而當一家公司的決定，足以成爲全產業工資福利的標準，並且將禁不起打壓的製造商變成空殼公司，那麼光是進口它們過去製造的東西，以便滿足你在價格上的要求，情況則完全不同。擁有足夠的力量，對世界最大經濟體造成重大影響的公司，不論在想法或作法上，應該有別於只想幫鄰居省五分錢而混口飯吃的小鎮柑仔店。

有些挑戰已經和沃爾頓家族目前的世代衝突了十幾年，但是否因爲忠於沃爾頓遺留下來的事物、堅定的家户長作風、清教徒式的工作倫理，還是純粹基於私利，他們至今仍無法挺身迎向這些挑戰。

第五章　沃爾瑪和工會的戰事

在沃爾瑪的北紐澤西州分店工作九年後，唐娜．蒂雅諾（Donna Dilenno）受夠了，原因倒不全是待遇低或福利差，即使她原本可以過得更加寬裕。蒂雅諾剛過四十，厭倦了動不動就被老闆逼迫的日子。二〇〇三年八月，她在華盛頓鎮（Washington Township）分店的支援經理工作被取消，公司讓她在相同報酬和工作時數的幾個新職位間選擇。蒂雅諾感覺沒有受到應有的尊重和感激，因而忿忿不平，於是利用沃爾瑪的開門政策，寫信抗議店經理。

信寄出幾天後，蒂雅諾在沒有任何解釋下，被叫到區經理辦公室，他是店經理的老闆。她被兩度告知坐下，而她也兩度拒絕。根據蒂雅諾的說法，接下來的「離職面談」是這樣的：「他說：『妳為什麼不服從命令？』我說：『拒絕坐下，不代表我不服從命令。』他一推把門關上，說道：『直到妳坐下，才可以離開。』」蒂雅諾說，她得回去工作，於是便離開了，區經理在她身後大吼：「妳沒有工作。」

遭到開除一事激怒了蒂雅諾，於是她打電話到UFCW的一三六〇分會，志願在沃爾瑪的區分店推動工會籌組運動。不久，她開始從晚間七點到半夜為工會工作，前往她曾經工作的分店，坐在停車場的車子裡。三不五時，經理會出來趕她走，偶爾會有過去的同僚停下來，偷偷摸摸拿起一張工會授權卡。

當時懷孕五個月的蒂雅諾說：「一定要有人持續對抗。」

華盛頓鎮就像多數地方，UFCW在沃爾瑪組工會的企圖只是徒勞而無功。蒂雅諾說，如果分店裡每個不開心、士氣低落的工作人員都在卡片上簽字，UFCW很快就能達到三〇%的門檻，強迫舉行工會代表的投票。問題是，許多過去的同事得靠這份工作過活，生怕萬一透露出絲毫親工會的訊息，會落得被降級或被炒魷魚。他們的擔心並非空穴來風，每一位工作人員很快就發現，在沃爾瑪有兩個不可原諒的罪惡，一是偷公司的東西，二是跟工會打交道。「在我三十五年的勞資關係中，從沒看過一家公司會像沃爾瑪，如此大費周章地避免籌組工會，」馬丁．里維特（Martin Levitt）表示，「他們的容忍度是零。」里維特是顧問，曾經幫助該公司擬定完美的反工會戰術，後來寫了一本《一位工會剋星的告白》（*Confessions of a Union Buster*）的回憶錄。

沃爾瑪敵視集體談判而且打死不承認，這是它與美國眾多「零工會」的大企業不同之處。一如其他沃爾瑪作風的基本原則，這種擺明反工會的作法，是沃爾頓的傑作。「我總是堅定地相信，沃爾瑪是不需要工會的……，」他在《Wal-Mart創始人山姆．沃爾頓自傳》中寫道，「從工會在國內的發展史看來，它們大多造成分裂，把管理階層歸爲一邊，員工在另一邊，自己則是擺在正中央，可說是獨立企業，也是仰賴雙方陣營分裂而存在的企業。說到分裂，由於直接溝通失靈，導致對顧客的照顧、與同業競爭、贏取市占率等，變得更加困難。」談判沃爾瑪和同仁的夥伴關係，「對雙方都好，好過我所知道任何有工會介入的狀況。」沃爾頓說。他那種小氣巴拉、家戶長統治的善意，用「山姆先生」的綽號表達還眞貼切。

許多和沃爾瑪同期的公司，尤其在南方的那些，請了泰特之流的工會剋星擔任顧問。七○年代初，泰特曾幫沃爾瑪擋掉奧沙克小鎮零售店員組工會的零星運動。不過，沃爾頓讓「反工會」成爲沃爾瑪的當務之急，爲泰特創造全職的資深高階主管職位，又安插他進入沃爾瑪董事會。

到目前爲止，這依舊是沃爾瑪在美國離籌組工會最接近的運動。當時是一九七八年，國際貨運卡車駕駛工會（International Brotherhood of Teamsters）企圖在阿肯色州希爾西的沃爾瑪配銷中心籌組工會，此處又是個部分自動化的配銷中心，也是格拉斯步步高升的墊腳石。在配銷中心營運的前四個月，近兩百名工作人員受傷，主要是因爲沃爾瑪堅持在建物完成前就開始運作。當工作人員得知，德州新開張的配銷中心每小時工資比希爾西的六・二美元多了一・五美元，他們更是氣到火冒三丈。在他們的抱怨被總部當耳邊風後，憤怒的工作者便群集到駕駛工會。

說時遲、那時快，在希爾西配銷中心的四百一十五名工作人員中，有二百人就簽了卡片，要求工會出面代表他們。依據聯邦法規定，選舉日期立即被排定，但是沃爾瑪使用各種拖延戰術，成功地將投票延到一九八二年。在此期間，沃爾頓一再約見希爾西的工作人員，好話說盡，狠話說絕，先是威脅得不到獲利分享，接著是連工作都不保。「他說大家愛怎麼投票都無所謂，但是如果工會獲勝，他會立刻把配銷中心關閉，」一位工作人員回想。沃爾頓也意有所指地提到，在沃爾瑪的檔案裡，來配銷中心應徵的就有五百人，暗示親工會的工作人員其實可有可無。投票結果出爐，贊成和反對成立工會的各爲二百一十五和六十七票，許多親工會的員工之後遭到革職。

打從沃爾頓的時代以來，沃爾瑪已經把對工會的壓制練到爐火純青。一般來說，總部只要一得知員工被要求簽署工會授權卡，就會立即採取行動。這通常由某位曾在公司接受訓練，知道談論工會有多危險的員工向分店經理獻計，而來自分店的某人通常先觀察哪些人同情工會，基本上凡要求加薪或抗拒額外工作的都算。曾經歷過籌組工會的沃爾瑪同仁說，他們在早期會議中，看到經理在外頭的停車場晃來晃去，或是以前從不跟他們打交道的經理，突然間開始跟員工一起休息。有些沃爾瑪的工作人員宣稱，在開始推動籌組工會後，公司就裝設閉路監視攝影機。

一有了組工會的風吹草動，或是在那之後不久，沃爾瑪就開始要求員工參加長達數小時的會議，會中提出工會的存在將毒化店內氣氛，製造經理和同仁間的對立，又表示工會的費用將使員工荷包大失血，他們播放反工會錄影帶來強調這論點，而來自班頓維爾「人民部」（people division）的工會剋星專家，通常會搭著公司噴射機飛來主持會議，讓總部獲得充分資訊。

接著開始發動猛攻。來自班頓維爾的專家，教導店經理要和每位疑似同情工會的員工逐一見面，並承諾改善工資、福利和工作規則。這些一對一的會面，目標是威脅同仁並制約他們懷疑外來者。在德州派瑞斯（Paris）擔任收銀員的艾瑞克．傑克森（Eric Jackson）曾參與這過程，他表示在籌組工會的初期，就有五位經理叫他到分店後頭的小房間，命令他觀賞一捲反工會的錄影帶，並練習角色扮演。「我扮經理，他們之中的一位扮演同仁，來問我一個關於工會的問題，」傑克森回想，「於是我就引述錄影帶上的話。我說：『我們不認爲沃爾瑪需要工會。』然後他們就說：『很好，很好！』然後我說：『我們不是反工會，而是親同仁。』這就是我該說的話。」

如果員工堅持組工會，沃爾瑪通常的作法包括調職、降級，甚至開除有親工會嫌疑的同仁。有時公司會把疑似同情工會者的身分層級歸類爲經理，使他們喪失投票資格。沃爾瑪經常被指控「用大水沖垮工會」；換言之，在工會投票不久前拚命增雇新員工，理論是新進員工比較可能跟管理階層站在同一邊。這個戰術雖不合法，沃爾瑪卻有辦法輕易掩人耳目，原因在於它的高流動率，因爲每年本來就要替換掉半數勞動力。

沃爾瑪的反工會軍火庫被證實超有效。打從駕駛工會在二十四年前南下希爾西打勝仗後，美國就沒有一整家分店或地區舉行相同規模的工會代表選舉，UFCW有十幾次設法由各分店的個別部門員工提出投票請願，其中以肉品部和輪胎與汽車潤滑部居多，除了德州肉品切割部爲明顯的例外（本章稍後說明），沃爾瑪在美國的每次類似投票中都擊敗對手。

前面提到的癲癇症患者諾布，他於二〇〇五年帶領群眾，在科羅拉多州的羅夫蘭爲輪胎與汽車潤滑部籌組工會。諾布說服十六位同仁中的八位，同他一起簽署公會授權卡。但是，等到三個月後舉行投票時，其中一位親工會的工作人員遭到開除，另外兩位去上大學了，沃爾瑪兩度找人取代他們的位置，調來了六名新員工，另外五位簽署卡片者退出，導致諾布成了最後一位站出來挺工會的人。投票結果爲十七比一。「這是場不公不義之戰。公司每天從班頓維爾派來兩、三名反工會的人到停車場，全天候播放反工會錄影帶，還宣揚工會的壞話，」諾布抱怨。根據最後一次消息，他還在沃爾瑪工作。

*

如果把《唐吉訶德》搬到現代場景，你可能不只是把美國的工會組織者當成唐吉訶德。五十年前，工會運動正如火如荼之際，三位工作者之中就有一人的皮夾中帶著工會卡，如今十人當中不到一人。工會參與者已經被貶低爲「路人甲」，而這並非全是工會領導人的錯。由於自動化和市場國際化雙管齊下的結果，使製造業的上百萬個高薪工作蒸發，而這些公司長久以來都是工會主義引以爲傲的。八〇年代中以來，當雇主向日益沉重的經濟壓力屈服，而採取減薪並提高生產力，許多服務業的工會會員結構也逐步遭到腐蝕。

報復性革職和非法搜索工會的戰術日益風行，反映出全國勞工關係委員會（National Labor Relationship Board，簡稱NLRB）的弱點。這個聯邦機構成立於三〇年代的新政時期，目的是確保勞工擁有成立集體協商組織的合法權利，NLRB的批判者最愛用的詞是「沒力的機構」，連它幾位幹部都愛用。「全國勞工關係法沒有被遵守，」NLRB的法律總顧問李奧納德·佩吉（Leonard Page），在二〇〇一年的演說中宣稱，「我們有個六十五年歷史的成文法，但卻有某個百分比的無恥雇主，竟能在推動籌組工會的運動期間，搞一些低三下四的動作。」向不公平對待勞工的公司提告曠日廢時，懲罰太輕又無法殺雞儆猴，佩吉說，「如果工作者爲了訴訟必須等個三、四年，結果竟然是公告周知六十日，那我們到底在忙個什麼勁？這當然不是法治的精神。」

在幾無勝算的情況下，諾布和蒂雅諾等工作者經過多年挫敗，又爲何還想在沃爾瑪組工會？許多人是受到工作的尊嚴感可激勵，這也正是當初他們進入沃爾瑪的動力，亦即同工同酬的概念，畢竟這是公司信誓旦旦的理念，至少書面上是如此。親工會的員工往往因爲公司背叛理念，而激發起最大的熱忱。

最好的例子莫過於李曼，這位土生土長的奧沙克人，在沃爾瑪的分店工作二十四年，他在阿肯色州哈里遜念高中期間擔任兼職，最後成爲印第安那某分店的經理，年薪近二十萬美元。當李曼在沃爾瑪的日子進入倒數，是當沃爾頓還在運籌帷幄、用執行長職務把格拉斯綁住，而且在史考特進公司前幾年當他上司的時候。經歷大半過程，他全心擁戴沃爾瑪的作風。「我是眞的相信，」李曼說。他不僅樂於帶領同仁做公司歡呼，每當他感覺士氣往下掉的時候，就會帶頭唱起《比佛利鄉巴佬》或《夢幻島》（*Gilligan's Island*）的主題歌。「我會說：『好了，各位，站起來吧！來唱一條蠢歌。』他們會覺得我有點滑稽，」李曼回想。『各位，山姆先生叫我們這麼做，』我說，『讀第六條規則』（山姆的商道法則）。」

但是到了二〇〇一年，李曼對沃爾瑪徹底幻滅，於是他轉而投靠UFCW，全天候參與該組織的運動，要在前公司組織工會。他先是在家鄉肯塔基州的路易斯維爾（Louisville），之後在拉斯維加斯。李曼讓自己在路易斯維爾成了討厭鬼，他遊行穿過自己經營過的超級中心，手持大型看板，寫著「工會，Yes！」逼得沃爾瑪到法院取得兩張禁令。「於是，我到一個不會被沃爾瑪驅趕的地方，而且不必進到那裡而引起騷動，」四十四歲的李曼說。他的溫呑外表可能讓人誤解，他的臨危不亂和可掬笑容，掩蓋了不惜玉石俱焚的堅定信念。

李曼命中注定要替沃爾瑪工作，似乎就像一些男孩小小年紀就立志當警察、飛行員或保險理賠核算人員。在四個兄弟姊妹中排行老大的李曼，是在哈里遜被「撫養長大」，這裡也是沃爾瑪第二家分店的所在地。他的父親是浸信會牧師，靠一小群會眾的捐款過活，母親在教會擔任風琴手。李曼一家子需要在沃爾瑪購物所省下的每一塊錢。李曼最喜歡的保姆蘇．考克斯（Sue Cox），從這家分店於一九六四年開幕第一天起就擔任織品剪裁員（二〇〇四年退休，獲利分享帳戶裡有數百萬美元）。

李曼和弟弟蓋瑞從小就在沃爾瑪附近的理髮店剪頭髮，剪完就到店裡的小吃攤等父親來接。「他會給我們兩毛五，但我們從沒拿去買可口可樂喝，」李曼回想，「我們去了運動用品部。」李曼兄弟特別喜愛運動用品部，是因爲這裡跟這間店的其他部分用一條長長的水泥斜坡相連，最適合測試購物推車的空氣動力學。有一天，八歲的李曼跟六歲的蓋瑞飛離斜坡道，撞上一整桌的毛巾。「有個老太太抓起我們的領子，把我們猛地扔到經理辦公室的折疊椅，」李曼說，「他們用OK繃治療蓋瑞手臂的割傷。我猜那個人是經理，他打開擴音系統，又用呼叫器呼叫我爸，但他沒有回應，於是我們只好坐著等，那人就一直瞪著我們。」

撇開這次的突槌，李曼念中學時依然到沃爾瑪擔任兼職，也成爲沃爾瑪作風的信徒。李曼花在店裡的時間不比在學校的時間少，也一開始做清潔工、推車員和跑腿小弟，然後升爲鞋子區的銷售員，之後到男裝部。「我在沃爾瑪眞是盡心盡力，」他回想。「祖母告訴我，只要在沃爾瑪努力幹，就有機會出人頭地。」

一九七九年，李曼自中學畢業，加入沃爾瑪的管理階層培訓計畫，被派到位在德州特瑞爾（Terrell）的第二六五家分店，這在公司內部是眾所皆知的「恐怖特瑞爾」，因爲此地是州監獄的所在地。受訓一年後，李曼在維科（Waco）的貝勒大學（Baylor University）拿到小額音樂獎學金（他精通吹奏喇叭），於是前往就讀，同時轉往貝勒附近的沃爾瑪分店工作。他透過教會，認識了鄉村歌手茱蒂·林恩（Judy Lynn）的孫女吉兒·布朗（Jill Brown），一九八五年將她娶進門。由於李曼對自己在學業上的牛步化頗爲沮喪，於是大二那年休學，傾全力朝沃爾瑪分店經理之路邁進。

要不是李曼和吉兒被安排到達拉斯生活，否則他在幾年內無疑將得到一家屬於自己的分店。他花了七年時間，以副理的身分騎著腳踏車，跑遍達拉斯郊區邊緣的沃爾瑪分店。當李曼在葡萄藤（Grapevine）的分店工作時，頭一回見識庫格林的惡形惡狀，當時庫格林是營運副總裁，更重要的，他是山姆先生多年來的打獵夥伴。他看見某人把紅球牌（Red Ball）橡膠靴分成兩個展示櫃展示，認為這麼做不夠好，於是把其中一座展示櫃踹得稀巴爛，直到把一隻鰻魚皮的牛仔靴弄了個大洞才停下來。「滑稽的是，等庫格林走到店前準備離去時，他平靜下來，竟稱讚我們把分店弄得井井有條，」李曼說，「他盯著我的名牌，說：『李曼，你今天看起來氣色不錯，雖然你穿著一件粉紅襯衫。』從此我再也不穿粉紅襯衫去上班了。」

一九八六年某個悶熱的七月天，李曼正在第四二六號沃爾瑪分店工作，這家店位在殖民地鎮（The Colony），是達拉斯以北約二十五哩的小鎮。這時班頓維爾來電，原來是沃爾頓乘坐公司噴射機，正在飛往達拉斯的途中，隨行的還有格拉斯、舒馬克、索德奎斯和第四位高階主管，需要有人從附近的艾迪森（Addison）機場開車載他們到鎮上辦公室。李曼雀屏中選，原因在於他是經理當中唯一不開小貨車上班，而且載得下五名乘客的人。於是，他用細字簽字筆把分店的重要統計數據抄在手掌上，開著破爛的福特LTV去洗車，又用全部的零錢買了《華爾街日報》等報紙，提早來到艾迪森。

沃爾頓坐在乘客座，拿起一份李曼小心覆蓋在前座的報紙，但是連瞄都沒瞄一眼。「李曼，你是哪裡人？」沃爾頓問。

「嗯，我是哈里遜人，」李曼用最完美的奧沙克腔調回答。

「哈里遜？我第二家店就在那裡。」

「我知道，沃爾頓先生。」

「別叫我沃爾頓先生，叫我山姆。」

於是他們聊起哈里遜，李曼講起他和弟弟把購物推車撞爛的經過。「山姆先生看著我，若有所思的樣子，」李曼回想。當他講到經理用呼叫器呼叫他爸時，沃爾頓的下巴鬆了下來，開始大笑而且全身顫抖。「不是經理，是我啦，」沃爾頓說，「我連你們當天穿什麼都說得出來。你穿了件跟褲子是一套的白襯衫，上面有藍白條紋。」

他們接著聊，李曼說他最終想北上路易斯維爾，老婆在當地有親戚。「那你為什麼不去呢？」沃爾頓說，「跟區經理說你想去路易斯維爾，就說是山姆要你這麼說的。」

李曼第一年擔任分店總管時，除了薪水五萬二千美元外還有九萬美元的紅利，比他見過的還要多很多，差不多足以名列分店總管的前幾名。沃爾頓曾為了克拉克斯維爾（Clarksville）的開幕飛過來，幾個月後再度來訪。

一九九〇年，李曼被選中在路易斯維爾的河對岸開一家新分店，這回山姆先生又來到這裡敲鐘。接下來的十年間，李曼六度被調動，通常是因為沃爾瑪請他經營更大或更好的分店，有時是為了遠離某位不喜歡他或者他不喜歡的區經理。李曼無論在收入或是生活方面，都比他小時候想像的沃爾瑪分店總管優渥。整個九〇年代，他的收入從沒低於十四萬美元；到了豐收的一九九六年，將近二十二萬美元入袋。

直到有了組織工會的體驗，李曼才察覺到，現金及其所能買到的舒適生活，已經扭曲了他的道德標準。的確，這還算是好的事。要是他更不假辭色地壓抑勞工成本，他的收入說不定會竄到三十萬美元至四十萬美元，這也是沃爾瑪分店經理的收入上限。但是就算因爲達到被要求的業績和獲利數字，賺到更高的紅利，李曼還是照慣例篡改支薪紀錄以刪除加班，讓工作人員看似有暫停休息而實際上沒有。二〇〇三年，他甚至在印第安那州的集體控訴沃爾瑪案件中宣誓作證承認。「當時，我不認爲自己在偷時間，」李曼說，「現在我感到非常不恥，我相信我所做的是很惡劣的。」

李曼也承認，他曾不假思索便跳過該獲得升遷的女性同仁，「沃爾瑪當然沒有政策說：『我們歧視女性。』但這是整個組織教導且代代相傳的事，我也養成那樣的心態。」李曼告訴我，「就好像在哈里遜長大的人，就叫黑人爲黑鬼。當我第一次搬離哈里遜，來到一個半數黑人的城鎮時，必須當場做出一個清醒的決定：究竟是繼續把黑人視爲地球上的殘渣剩菜，還是開始愛他們？在此之前，我從不曾刻意對黑人抱持偏見，但我認爲沃爾瑪歧視女性就是故意的事，那是後天教導的，有點像是進入某個階段要被告知的事。當你一步步往上爬，也養成女性不能成爲好管理者的心態，因爲她們有孩子，而且胸無大志，情況就是如此，於是你就接受了。」

一九九七年，李曼跟沃爾瑪漸行漸遠，當年妻子因不明原因生了重病，他辭去工作，一家子從春田市搬回路易斯維爾的知名醫療中心，吉兒在這裡接受外科手術，取出一顆腦腫瘤。經過半年的「無官一身輕」，李曼到密西根的連鎖店麥哲工作，該店也是超級商店的先驅者，任務是經營路易斯維爾籌備中的分店。

麥哲給分店經理的待遇比不上沃爾瑪，但對李曼來說，最難調整的地方，在於他經營一家有組工會的商店時，他就像典型的沃爾瑪人，原則上是懷疑工會的。「我會在樓面會議時說些工會的壞話，告訴每位工作人員說，工會就像，呃，密教組織。它是邪惡的，只想挖走你的錢，」他說。在與UFCW簽約的情況下，麥哲有著界定清晰的執掌、分級制、薪資類別等等，這樣的工作環境在沃爾瑪都還屬發展初期。起初李曼對這些限制感到不耐，後來觀感逐漸改變，認爲一個重法制、輕人治的工作環境，對勞資雙方都好。「我沒說那是完美的制度，但是，哇塞，比起老想從帽子拉出一隻兔子來，可要容易多了，」他說。

李曼驚訝地發現，工會幹部並不是牛頭馬面。「我漸漸了解我那些工會代表，他們會告訴我哪些事即將發生在工作人員身上，而那些都是我以前一無所知的。『嘿，你知道這裡的人心裡很難過嗎？』李曼說。「幫助蠻大的，我也開始用心體會彼此的關係。我甚至開始想，說不定哪天會去UFCW工作，把事實帶回給沃爾瑪的同仁，讓他們知道工會其實是多好的東西。」

一九九九年，路易斯維爾的沃爾瑪區經理慫恿李曼回公司，安排他在路易斯維爾富裕的丘景區（Hillview）擔任超級中心的經理。儘管丘景的分店很成功，但對李曼來說，爲沃爾瑪工作的那種悸動曾幾何時已經消失，此刻這只是一份工作，一份即將辭去的工作。

有一天，一張宣傳單出現在男廁所。字不多，是某人用家裡印表機印的出來，寫著一個簡單訊息：我們需要工會。李曼照慣例打電話到班頓維爾的工會熱線，把宣傳單傳眞回總部。第二天，三位勞工關係專家從班頓維爾飛過來，開始一對一約談分店的支薪員工，強迫他們在計時工作人員中指認出麻煩製造者。「我不敢說他們是六親不認，但他們確實追根究柢，」李曼回憶。「他們問我對工會的感想，我就是這時候才吃了秤砣鐵了心。我說，『我認爲他們有他們的立場。』我是想照實講，但是從他們的表情看來，我知道自己鑄下錯誤。於是我很快又說：『但是我們這裡不需要工會。』他們似乎輕鬆了一點，但我走出那裡，一路自責到走廊盡頭。」

＊

長久以來，美國參與工會的勞工愈來愈少，UFCW則比多數工會好戰。該組織在一九七九年合併聯合肉品切割（Amalgamated Meat Cutters）和零售店員（Retail Clerks）而組成，也逼得沃爾頓投入工會剋星律師泰特的懷抱。UFCW吸收美容師、理髮師、製鞋師等行業的工會成員，成爲在美國勞工聯合會與產業組織會議（AFL-CIO）中，擁有超過五十個工會的最大組織，目前有一百四十萬名會員。

UFCW很快就體認到，沃爾瑪是零售和雜貨店的威脅，有三分之二的會員都受雇於這家公司，但是他們太慢嘗試籌組工會。整個九〇年代，UFCW和沃爾瑪打起宣傳戰，工會的研究人員挖掘公司所有狗屁倒灶的記錄，從供應商使用海外童工，乃至誘使社區補助興建分店和總部配銷中心的刁滑伎倆。UFCW挖出沃爾頓家庭成員和沃爾瑪之間的諸多私下交易，可說是正中靶心；接著褪去沃爾瑪的些許光環，使它在加州等工會大本營的地區擴張趨緩。然而此舉除了激怒班頓維爾外，幾乎無所獲。隨著超級中心愈來愈盛行，加諸於UFCW的威脅也呈幾何級數上升。

超級中心讓超市產業的業者了解，什麼是冷酷無情的資本主義。典型的連鎖超市無法比照對街的超級中心，很難大砍價格之餘又還有得賺，大半是因爲它受ＵＦＣＷ的合約限制，比起沃爾瑪付給非工會員工的工資要多上二五％至三〇％。結果是，每次只要美國新開一間超級中心，就會有兩家超市關門大吉，同時帶走約四百個高工資的ＵＦＣＷ工作。九〇年代末，班頓維爾開始卯起來猛開超級中心，從一九九八年的一百一十三家，到一九九九年的一百五十七家，乃至二〇〇〇年的一百六十七家。這下子ＵＦＣＷ只剩兩個基本選擇，要嘛就透過協商，將超市產業的工資和福利降到沃爾瑪的水準，不然就努力逼迫班頓維爾，支付符合工會標準的工資。

一九九九年九月，ＵＦＣＷ準備對超級中心「突襲」，派代表到三百家分店發送小冊子，並和員工閒聊。這幾年來，工會曾經到數百家沃爾瑪分店擔任糾察隊，甚至在班頓維爾辦了一次遊行，而沒有引起公司不爽。某年母親節，ＵＦＣＷ舉行示威，以抗議沃爾瑪對待女性員工的方式，幾家分店的同仁甚至拿餅乾和非酒精飲料到外頭給示威群眾吃。但是，這次總部可氣炸了，公司到法院取得限制令，禁止ＵＦＣＷ進入全國各分店。「沃爾瑪對我們採取如此嚴厲的行動，等於把自己的罩門告訴我們，」艾倫．查克（Allen Zack）回憶。查克是ＵＦＣＷ的資深工會組織者，他在工會的層級相當於當時沃爾瑪的策略專家，「不同的是，這次我們打算到各分店去跟同仁談。公司不希望我們接近工作人員。」

其中一位同仁是四十五歲的屠夫毛利斯．米勒（Maurice Miller），因爲經理沒有依承諾給予升遷，於是他憤而請求ＵＦＣＷ協助。他想在位於德州傑克森維爾，第一八〇號沃爾瑪分店的肉品切割部組織工會。若想在工作單位籌組工會，至少三〇％的工作人員必須簽署卡片，要求ＮＬＲＢ舉行投票，如果投票結果是工會獲勝，雇主就要依法辦理，並基於善意協商合約。（理論聽來簡單，實務卻相當複雜。）

沃爾瑪在傑克森維爾只雇用十二名屠夫，米勒卻花了好幾個月好說歹說，才說服大部分的人支持工會。二〇〇〇年二月，屠夫們以七比三的驚險投票結果，在傑克森維爾肉品部成立工會，成爲美國沃爾瑪第一個成立工會的單位。

這樣的突破，給予全美沃爾瑪數百名員工簽署工會卡的勇氣。NLRB又授權四家超級中心的肉品部舉行投票，一家在佛羅里達州，三家在伊利諾州。但是，就在傑克森維爾舉行投票後兩個星期，沃爾瑪做出嚴厲回應，宣布計畫裁掉德州、阿肯色、密蘇里、路易西安納、奧克拉荷馬和堪薩斯等州，總計一百八十家超級中心的肉品切割部，改採事先切割、保鮮膜包裝的肉品。毫無疑問，就算根本沒有親工會者投票，沃爾瑪所有超級中心終究會採用事先切割的肉品，因爲節省的成本之大，想不注意也難。不過，班頓維爾也同樣可能加速行動，企圖對UFCW籌組工會的動能踩煞車。

沃爾瑪將一箱箱紀錄送往NLRB，證明自己早在半年多前，就開始在阿肯色州針對盒裝肉品進行小規模試驗。不過，NLRB並未發現該計畫曾提及將延伸到傑克森維爾。「我非常、非常懷疑這點，但是到頭來，我也只能懷疑罷了，」NLRB的主任檢察官佩吉回想。

再談談騎哈雷機車的邁可．李奧納德（Michael Leonard）。李奧納德是個能幹的工會組織者，他經過一番努力升到UFCW的第三高位，更棒的是，他沒有染上專業工會高階主管那種滑溜、虛有其表的老油條氣質，他看起來就像是喜歡重型機車的樣子，哪怕穿西裝打領帶。在路易斯維爾土生土長的李奧納德，是目前美國最大雜貨連鎖店克魯格（Kroger Co.）的第二代員工，父親在克魯格開卡車，他在六〇年代中到越南服役前後，都在路易斯維爾當店員，「我自小到大所知的雜貨業，就是如果你全職工作，就可以擁有一個家，成爲中產階級的一分子，」李奧納德回想，「那是一份好工作。」

就在路易斯維爾投票後幾星期，當UFCW總裁道格拉斯．杜洛帝（Douglas Dority）把李奧納德帶到華盛頓，要他負責「策略計畫」（當時他擔任肯塔基和俄亥俄州的地區主管），李奧納德馬上得出一個結論：如果UFCW想在策略的利益上有所進展，除了和沃爾瑪正面衝突外，別無他途。他輕易說服杜洛帝讓他把所有火力放在沃爾瑪身上，但是什麼是和班頓維爾開戰的最好方式，卻引起工會領導人之間的爭議。技術高明的李奧納德，想網羅工會的六百個地方分會，一鼓作氣迫使沃爾瑪坐上談判桌。「我們不能逃避工會的基本使命，就是組織並代表勞工，」李奧納德回想。另一方面，地方分會卻不願意承諾出錢組織沃爾瑪的工會，除非它提供快速且肯定的回報。

李奧納德贏得這場爭議，工會的執行委員會同意對沃爾瑪火力全開，正面攻擊。他和查克籌備全國性的宣傳活動，在公司看似最脆弱的地方給予痛擊。在此同時，他們想提高UFCW跟班頓維爾做最後較量的戲劇張力，於是選定拉斯維加斯，創造一個中央戰場，這裡本身當然就是個秀場，也碰巧是美國工會最興盛的主要城市。沃爾瑪通常對工會的大本營敬而遠之，但是拉斯維加斯熱鬧滾滾的成長和龐大的勞動人口，使它變得難以抗拒。沃爾瑪才剛在拉斯維加斯開了第一家超級中心，計畫在二〇〇一年再添個五家。UFCW在拉斯維加斯協商的超級市場合約，在美國國內算是最慷慨、寬鬆的前幾名，UFCW七一一地方分會的會員將損失慘重，因此一聽到工會的作戰宣示就聚集起來。

二〇〇〇年秋天，UFCW吵吵嚷嚷地進入拉斯維加斯，彷彿只要吸引到沃爾瑪工作者的注意，就代表這場籌組工會的戰役已經打了一半。在拉斯維加斯，那些穿著藍色刺繡外衣的工會信徒當中，確實有蠻多不快樂的同仁，但他們比較像是需要被解除設定的密教信徒，反倒不像是有滿腹牢騷的工資奴隸。「沃爾瑪沒血沒淚地控制員工，我不光是指公司加諸員工身上的嚴密監控，因爲那種控制眞正進入了他們的心中，」李奧納德說。「我不敢相信多少次聽到人們說：『那不是沃爾瑪的作風。』這幾乎成了《聖經》。」

拉斯維加斯身爲觀光客和過客之都的身分，不利於UFCW在沃爾瑪的宣傳活動，因爲此地零售業者的員工名單，其輪轉速度往往近乎於賭台的客人。事實上，這個城市中的許多店員和收銀員，只是爲了住滿一年後取得被賭場任用的資格，長期聘用的沃爾瑪員工（即凡至少住一年的人）或許已經在束縛下融入沃爾瑪文化，但眾多工作者對工作漠不關心，以致今天開開心心簽了工會授權卡，明天竟然就不見人影。

工會花了將近一年，才說服山姆俱樂部第六三八二號分店中兩百位工作人員的大多數，簽下了工會授權卡，而這家分店位在拉斯維加斯的外圍地帶。九月十八日，就在恐怖分子攻擊世貿中心後一個禮拜，工會向NLRB提出申請，排定九月二十九日舉行投票。

山姆俱樂部的經理葛瑞格．羅伯茲（Greg Roberts）和工會對抗絲毫不手軟，在公司開始對員工工作使用的原子筆收費後，他就沒收工會發放的原子筆，甚至下令工作人員撕掉貼在名牌上的美國國旗貼紙，因爲這些是UFCW在九一一事件後提供的。但是，一等投票日期敲定後，班頓維爾才開始雷厲風行，來自全美各地的「損失防範」經理——亦即負責抓順手牽羊者和員工盜賊的安全專家——紛紛飛到店裡在停車場進行巡邏，將工會組織者從建築物驅離。幾位管人的經理從加州來這裡監視工會支持者，許多支持者被調去擔任鮮少接觸其他工作人員的工作，有些則乾脆被開除。至於反工會工作者，公司則承諾未來某一天將獲得升官加薪。在此期間，來自班頓維爾的諸位勞工關係特務，更加勤快地舉行反工會講習，把工會的熱中支持者打散到不同場次，防止他們影響別人。休息室裝了三個大玻璃櫃，裡面塞滿反工會訊息，把二十呎的牆面整個占滿。羅伯茲在山姆俱樂部的歡呼口號中加了一個句子，每次換班時全體員工都要喊。「該怎麼做？」他問。規定的答案是：「投反對票！」

沃爾瑪對勞工的不公平待遇罄竹難書，而李奧納德原本可以就暫時放過沃爾瑪一馬，期望絕大多數人能挺到投票結束。或者，如果看來工會即將要輸的話，他可以提出不利公司的指控，使NLRB在一時衝動下延後選舉。但就在排定的投票日前幾天，李奧納德等不及飛到拉斯維加斯，向NLRB提出重大申訴，這等於是向山姆俱樂部第六三八二號分店認輸。等委員會最後裁定申訴時，凡簽過公會授權卡的工作人員幾乎全都從沃爾瑪消失。委員會對李奧納德指控的勞工不公平待遇並沒有採取行動，讓UFCW嘗到另一次損人不利己的勝利。

*

正當拉斯維加斯之戰打得如火如荼之際，李曼對沃爾瑪的幻滅來到引火點。二〇〇一年夏季，全國組工會的運動消息透過組織鬆散的沃爾瑪地下不滿分子傳遍各地，因此李曼主動到UFCW應徵工作。李奧納德半信半疑，「很多人願意為沃爾瑪工作，但我只想要那種每個組織都想雇用、誠心誠意的人，而不是只想來整人之類的。」

李曼不死心，在之後的一、兩個月不斷打電話跟李奧納德討論沃爾瑪，而他對這家公司的了解和他的個性，也讓UFCW的領導者留下深刻印象。「在我看來，李曼似乎是個很正派、誠實的傢伙，」李奧納德說。他提醒李曼，他給的待遇不可能像在路易斯維爾做店經理那樣，能賺取十六萬美元的年薪。李曼自願大幅減薪讓李奧納德鬆了一口氣，終於在十一月給了年薪八萬美元的全職工作，就在山姆俱樂部六三八二號分店鬧得沸沸揚揚之際。

李曼和區經理的融洽關係，從他開始跟工會打交道後就陷入冰點，「突然間，我做的一切都是錯的。」他說。李曼受邀到班頓維爾附近的度假村，參加爲期一週的領導能力講習會，但是他驚訝地發現，有位室友在總部工作，而且剛從拉斯維加斯回來。一天晚上，李曼回到他的宿舍，赫然發現那位老兄翻遍他的公事包，裡面有他和李奧納德跟查克往來的電子郵件。

更令他警覺大事不妙的，是當一位在總部工作的童年玩伴給了他一次私人導覽。「他帶我進一間電腦房，有群人帶著耳機坐在電腦前，」李曼回想，「他告訴我，他們就是在這裡監控公司的內部網路，以及分店的通聯紀錄。我在走廊走了三、四十呎，這才忽然大夢初醒：去死啦！希望他們沒有監聽我打到華盛頓的每通電話。」（沃爾瑪表示，只有受炸彈威脅時，公司才監聽分店的電話。）

李曼離開沃爾瑪時，沒將他的去處告訴同事，因此他在來到UFCW的前幾個月，才得以暗中充當前鋒偵查員。他花了很多時間，在肯塔基、印第安那和俄亥俄州等地的數十家分店，幫經理和同仁出主意，同時蒐集情報以幫助工會在華盛頓的智囊團，把重點放在最有可能組工會的地方。李奧納德認爲，最好的切入點是他跟李曼兩人的共同家鄉路易斯維爾。李奧納德空降了最擅長籌組工會的哈洛德・安布理（Harold Embry），負責二〇〇二年三月開始的宣傳活動。

李曼是參與這次宣傳活動的二十多位工會組織者之一，但其他人都無法像他一樣，光是走進店裡到處蹓躂，就讓分店像觸了電似的興奮。他不只是又一個穿著UFCW擋風夾克的工運人士，而是異議分子，是叛徒，他曾錄用過許多工作人員，如今卻努力說服對方簽署工會授權卡，還有很多經理拚老命阻止他。刻意煽動是李曼的作風，他的理論是，要暴露沃爾瑪是個恃強凌弱、自私自利的雇主，最佳方式就是點燃班頓維爾的工會引信。「你突然把某家分店的工會威脅層級從零升高到三、四級，然後你看哪，沃爾瑪的噴射機就跟著來了，」李曼說。「無意思考工會的工作人員，沒多久就會抱怨：『他們幹嘛叫我們參加這一大堆會議，還播放這些錄影帶給我們看，讓工會看起來活像老千似的？』……之後我的電話就會開始響。有人會說：『老天在上，我想簽卡片，我厭倦這些鬼扯淡。』」

李曼親手製作一張大型海報，上面寫著：「工會，Yes!」就像在電影《諾瑪蕾》（*Norma Rae*）中，莎莉・菲爾德（Sally Field）飾演的那位領最低工資的大膽勞工，頭頂看板不屑地站在桌上。李曼拿著告示牌到路易斯維爾各地十幾家沃爾瑪分店，在結帳走道上穿梭，這可是不折不扣的挑釁，就連顧客排隊時，都用大拇指往上或往下的手勢來回應。李曼通常可以整整舉牌十五到二十分鐘，之後才會有一群經理將他押出門外。（法律規定，他們不能碰他一根汗毛。）

李曼那些在沃爾瑪擔任管理職的兄弟們，對待他的方式彷彿他有輻射性。路易斯維爾超級中心的經理告訴他：「你知道現在負責勞工關係的人怎麼說你嗎？」李曼搖搖頭。「反基督者，」他的朋友說。話說二〇〇二年六月的某個晚上，一位警長帶著傳票來到他家門口。針對李曼的行徑，沃爾瑪取得兩張臨時限制令，其中一張涵蓋路易斯維爾都會區半數以上的郡，另一張則被廢止。不過，傑佛遜郡

（Jefferson County）的臨時限制令，在簽發了近四年後依舊有效。

李曼這種自由業式的胡鬧惹惱了查克，他相信ＵＦＣＷ在對抗沃爾瑪方面的最大希望，在於一個微妙、合法的策略，而這是他跟工會多年來辛苦得到的。它的目標是說服ＮＬＲＢ對公司施行「非比尋常的全國性補救原則」，讓雙方的較勁別再對著沃爾瑪一面倒。在委員會提出的勞工不公平對待申訴案件中，有九九．九％的制裁僅限當地。但是，如果某位雇主被逮到在各地使用相同不合法的伎倆，ＮＬＲＢ就可以採取全國性的懲罰——即使在類似案例中，典型的補救作法是沒啥大不了的訊息公布，內容是雇主承認違反規定，並發誓絕不再犯。另一方面，違反全國性的補救原則會使一家公司的法律地位岌岌可危，可能將它從ＮＬＲＢ的聽證室一下子送進聯邦法庭，這時法官可能對重複犯行者課以鉅額罰款等嚴厲處罰。

一九九九年，在ＵＦＣＷ突襲三百家超級中心後，ＵＦＣＷ就對ＮＬＲＢ提出一連串對沃爾瑪不利的勞工不公平對待指控。二〇〇一年，委員會發現沃爾瑪確實在五、六個地點違法，而且這些案例都有些共通點，暗示有個全國性的反工會策略是從班頓維爾直接下達。ＮＬＲＢ的法律總顧問佩吉告訴沃爾瑪的首席勞工律師，他即將提出全國性的申訴，但是想先給公司辯解的機會，這件事發生在小布希剛宣誓成爲總統後兩個月。受柯林頓任命的佩吉，被換掉只是遲早的事，按照總統任命的慣用模式，他的任期將只到秋季。可是只到四月——就在沃爾瑪的律師即將前來的一個禮拜前——佩吉接到白宮打來的電話，給他三十六小時清空辦公室。至於佩吉的繼任者，最後決定不對沃爾瑪提出全國性的申訴。

在沒有更好的替代方案下，查克只好希望工會能以某種方式，操作布希政權下的ＮＬＲＢ，尋求全國性的補救措施來對付沃爾瑪。「佩吉離開後，我們有時的確見到跡象顯示，委員會正考慮非常的解決作法，但他們一開始會一頭熱，然後又悻悻然離去，」查克說。「尤其當坐鎮白宮的是個共和黨員，我們在前線的一舉一動都要一致，如此各地才會出現類似的違法狀況，而沃爾瑪就不能把違法歸咎於少數不肖管理者。」但李曼卻不是步調一致的人。「李曼會脫隊做些我們叫工會組織者別做的事，這麼一來就可能會傷害我們跟NLRB，」查克說。

到了最後，李曼跟他在路易斯維爾的工會組織者們，共收集到上百張簽了名的工會授權卡，包括李曼在一九九九年開張的丘景超級中心等數個地點。工會達到請求投票的三〇%最低門檻，但是李奧納德還不打算提出投票的要求，因爲他想穩紮穩打。結果，工會在任一家分店都達不到五〇%的支持率。二〇〇三年初，李奧納德終於承認在路易斯維爾被沃爾瑪打敗，於是將安布理和李曼調到拉斯維加斯。在拉斯維加斯，李曼跟幾位前沃爾瑪員工並肩作戰，其中一位是四十七歲的史丹．富群（Stan Fortune），他以前當過警察，在美國西南部各地的沃爾瑪工作了十七年，從分店警衛一路升到德州超級中心的協理（階級第二高的位置）。當富群拒絕開除一位親工會的工作人員時，沃爾瑪便開除了他。另一位覺醒的沃爾瑪員工，是五十七歲的葛里欽．亞當斯（Gretchen Adams），他在五個州裡爲沃爾瑪工作十年，一開始擔任熟食經理，最後是佛羅里達州某家超級中心的協理。

有一天，李曼讓《財星雜誌》的記者科拉．丹尼爾斯（Cora Daniels）在他試圖滲透某家沃爾瑪時貼身採訪。「李曼才跟幾個工作人員說『哈囉』，就宣布『我們被跟蹤了，』」丹尼爾斯寫道。「因爲他的腦袋除了盯著空蕩蕩的走道外，似乎從不曾看別的地方，於是我就斷定他是個多疑的人。孰料有位店經理不知從哪兒冒了出來，兩人就像同事一樣打招呼，李曼稱讚經理瘦了一點，經理則是禮貌地說：『謝謝你注意到了。』然後，經理請李曼離開，他就回到車上。李曼今天還沒跟一張新面孔談過工會的事呢。」

於是，李曼對準超級中心的第三班下功夫，這個班次是從晚間十點半開始工作，次日早晨八點結束。他發現，他在凌晨時刻有更多操作和臨場表現的空間，一來比較少見到經理，公司方面也比較懶得理睬那些工會來的不速之客。至於夜班工作人員往往比較「性格」，相較他們的同事更加敢言。

*

二〇〇三年十月，七萬名UFCW的會員，針對南加州三家最大的雜貨連鎖業者進行罷工，包括省多好（Safeway）、亞伯森（Albertson's）和克魯格。這幾家超市公司，爲自己在健康和退休福利談判時的強硬態度找到正當性，就是：「沃爾瑪要來了！沃爾瑪要來了！」班頓維爾已經宣布，要審愼進入加州的雜貨市場，在未來三年開設四十家超級中心。當然，透過以往模式，沃爾瑪在這一連串小心的作爲後，將大舉進軍。省多好等業者企圖守住工資和福利的底線，來迎接對沃爾瑪的全面開戰，結果僵局持續一百三十九天，也是美國超市產業有史以來最長的罷工。

加州雜貨業的罷工是個突然發作的嚴重創傷，榨乾了UFCW的價值，並獨占它的關注，把沃爾瑪的工運遠遠擠到議程後頭，幾乎是消失無蹤。二〇〇四年三月，UFCW的會員批准一份合約生效——而這份合約卻是談判者一開始拒絕的——此時就連李奧納德也不想跟規模比省多好、亞伯森和克魯格合併都還大的沃爾瑪糾纏下去。罷工一結束，UFCW的總裁杜洛帝就下台一鞠躬，他的長期盟友李奧納德跟著退休。一年前，剛滿五十五歲的李奧納德就打算離開，後來被沃爾瑪的活動纏身而走不開。查克也喊卡。「我認爲是時候了，讓別人也有機會，用腦袋去衝撞班頓維爾的石牆了，」查克說。當時他即將滿六十歲。事情來得太快，李曼跟其他拉斯維加斯的運動者被勒住脖子，動彈不得。「我們都打電話給李奧納德的祕書，問：『李奧納德呢？』」李曼回想。

拉斯維加斯的活動延宕數月，直到六月八日，這時李曼、亞當斯和富群被叫到ＵＦＣＷ的華盛頓總部（米勒離開，到德州的地方分會任職），李曼預期將和ＡＦＬ-ＣＩＯ的代表坐下，討論沃爾瑪籌組工會運動的戰術改變，結果不然。ＵＦＣＷ的新任總裁喬・韓森（Joe Hansen）下令把李奧納德的策略議題部門拆散，在沃爾瑪工運的第五年將它結束。李曼、亞當斯和富群共乘一輛計程車到雷根機場（Reagan Airport），前往星期五連鎖餐廳（TGI Friday's）淹沒悲傷，一邊等候回家的飛機。李奧納德爲那些受他保護的人感到難過，但是對韓森的決定並無不滿。「只要是能夠也必須做的改變，我們就會接受，」他說，「對一個工會來說，沃爾瑪實在是太大了。」

從李奧納德的發言看來，他的工運失敗，沒有一位工會會員受班頓維爾雇用。不過，ＵＦＣＷ喚醒其他工會，注意到沃爾瑪對工會勞工所加諸的整體威脅，並激起全國婦女組織（National Organization for Women）等自由派團體，起而對抗班頓維爾。查克從沒有眞正得到他想要的全國性補救結果，但ＮＬＲＢ在全國各地提出數十件勞工不公平對待的指控，用懇求的語氣，詢問是否有任何事是沃爾瑪會爲了維持無工會狀態而不去做的事，並揭露沃爾瑪的「親同仁、非反工會」口號是大錯特錯。

在傑克森維爾的案例中，ＮＬＲＢ最後裁定，當切肉工人在工會投票後沃爾瑪拒絕與之談判，就是違反聯邦法律的舉動，下令沃爾瑪重建肉品切割部，同時和UFCW談判。沃爾瑪對裁定置之不理，於是NLRB就任由他去，再控告沃爾瑪非法開除傑克森維爾四位切肉工人，以報復他們的親工會投票，其中七十一歲的悉尼·史密斯（Sidney Smith）被控在排隊等待結帳時吃偷來的香蕉。沃爾瑪付給史密斯七千美元，同時跟另外三位達成庭外和解。

回到路易斯維爾，李曼仍然被禁止不得接近傑佛遜郡的沃爾瑪。每隔一段時間，就會有一位沃爾瑪的同仁要求在某處停車場或咖啡館祕會，交出一包簽了名的授權卡。「現在工作人員會把卡片簽好，不用我麻煩，」李曼說。「我認為，成立工會不會創造任何完美的工作環境，但是集體談判合約確實有助於沃爾瑪的工作人員。我認為，許多店經理蠻幹的牛仔心態將會消失，不會再像現在這樣，粗暴地對待工作人員。沃爾頓走了，現在大夥兒得自求多福。」

跟李曼一起待在沃爾瑪的超級中心裡

時間是禮拜五下午三點左右，李曼跟我走進阿肯色州羅傑斯的沃爾瑪第一號分店，距離沃爾頓在一九六二年開的第一家折扣大賣場只有幾百碼。我們快速通過駐守在進門處的年長接待員，讓他只來得及給我們一個友善的招手。「趕快，我們來找麥片。」李曼說。

我們找到了麥片區，這裡的種類繁多且貨源充足，「眞夠看的，」他說，「對禮拜五下午來說，這已經夠嗆的了，麥片是最難保持滿貨架商品的項目，尤其是在禮拜六。」

確立了麥片的不虞匱乏是衡量分店管理品質良否的標準後，我們繼續走。「你猜，哪一類是雜貨業界獲利最高的商品？」李曼問。

「眞的不知道耶，」我回答，「難不成是花生醬？」

李曼瞥了我一眼，我希望那是假裝的輕蔑。「我是說類別，不是產品，」他說，「花生醬被歸類成乾貨，好嗎？」

我們來到一個角落，這時溫度一下子降低許多。放眼所及，走道兩旁排列著冷藏的玻璃瓶，「哈，在這裡，冷凍食品，」他說。「其中有些利潤三〇%。以前我一天會走在冷凍食品區兩、三次，看看出貨的情形，就像這樣，」他說，指著幾乎淨空的貨架，那裡原本該堆滿烤雞和馬鈴薯晚餐。「眞糟糕，但這是有原因的，沒有存貨是有理由的，要不是賣光就是缺貨，因爲這種東西好賣。」

接著，李曼要我說出一般商品中利潤最高的部門，不過他自己卻先搶答了。「很明顯，答案不會是玩具，雖然玩具的利潤很不錯，」他說，「是織品。其實兩者上上下下啦，文具跟織品輪流拿第一，看當時的紙價而定。」

「你喜歡經營折扣商店，還是超級中心？」我知道他兩種都經營過，所以這麼問。

「超級中心，」他回答。

「因爲業務量大？」我問。沃爾瑪的分店經理是領薪水外加紅利，而紅利則視分店的利潤而定。

「因爲你可以叫更多人做事，」李曼說，「還有，超級中心的收入多一點，因爲他們確實手筆大一些。我會猜這些傢伙年薪有二十五萬美元。」

這時我們走在排著一袋袋糖的走道。「看那種擺放的方式，」李曼一邊說，腳步停了下來，「幾乎全是超值商品（Great Value），這是店內品牌，就是沃爾瑪的自有品牌啦，但製造商就是生產達美樂糖（Domino）的那一家。他們壓榨全國性的品牌，擴充店內品牌。」

「我沒看見達美樂糖啊，」我一面走，一面掃視著貨架。

「我也沒看到，」李曼說。「這裡是另一個例子，超值商品的麵粉。本來應該要有四面的超值商品、兩面的金牌麵粉（Gold Medal）才對，因爲店內品牌的利潤多了二二%。」

我們檢查五磅裝的價格：金牌麵粉一．八四美元，超值商品〇．八九美元。「可是你知道嗎？」李曼問，「就算這樣，店內品牌的利潤更高，因爲成本低很多。」

現在來到鮮肉區，這裡是沃爾瑪反工會決心的強有力象徵。

「很多肉品都來自愛荷華和德州。諷刺的是，其中有些來自工會的處理廠，」李曼表示。他一面拿起一根丁骨，頗具深意地仔細端詳，「我在看的，就是他們所謂的紅潤，就是肉有多紅。當你看著這塊肉的時候，應該會流口水才對，可這是塊很糟的肉。」

「我倒看不出有什麼不對，」我說。

「血淋淋哪，」他回答，又拿起另外一袋，「應該要有個小墊子吸收血水。」

我問李曼，他當店經理時，在定價方面有多少裁量權。

「我可以把商品降價，但是不能把沃爾瑪的帳面零售價調高。我可以隨時降價來因應競爭，但有時必須應付別人的質疑。到頭來，我的區經理可能會說：『那個商品爲什麼要兩個賣一塊？這個商品幹嘛要賣三十美元？不是應該賣三十四．九五美元的嗎？』『是啊，不過塔吉特賣三十三美元，我得拚過他們才行。』」

「你可以自行增加產品線的品項嗎？」

「只能增加被核准廠商的品項，但我不知道有哪家分店沒有試驗過當地的品項，」他說。「在我隸屬的那個地區，有個個子矮矮的艾米許人（Amish），他家在做艾米許的糖果、餅乾和蛋糕。我的顧客很愛，那些貨品在架子上待不久，因爲品質很好。這不是總部授權的，但我把它引進，並且列爲七字頭商品。」

他拿起一袋多力多滋（Doritos），指著袋上的條碼。「如果你有條碼，但不是被核准的廠商，這時我會到電腦前，給你一個七字頭的沃爾瑪品項編號，」他說。「總部會追蹤那個東西，所以他們知道我在做什麼。但是好的是，他們不確切知道那是什麼東西。所有當地的廠商，包括百事可樂、可口可樂、小黛比（Little Debbie）、菲多利（Frito-Lay）等，雖然總部有核准，但都是七字頭的，因爲是由供應商交付，而不是來自沃爾瑪的配銷中心。」

我們來到一堆斐利達牌（Felida）的拖把區，拖把集中在一個粗製濫造的木架子上，架子離地面太遠而無法輕易從上拿取。「這可眞有創意，」李曼嘲諷地說。

另一方面，李曼對我們在女裝區看到的假木地板倒是印象深刻。「那是塑膠的，說實在不能眞的當作木地板，但確實讓人覺得品質比較好，」他說，蹲下來用指節急敲了幾下地板。「這點子挺不賴，現在不必用吸塵器吸地毯，只要把掃地機開過去就可以了。」

誰能抗拒一箱每片只賣一塊錢的DVD？「這些是我見過最便宜的DVD，」我說。

「這就對了，」李曼說，「但是我打賭，如果把價格訂在〇．九九美元而不是一塊錢，業績會多個二〇%。」

一位看似頂多十六歲的女店員，正把貨品補到男襯衫的圓形架子上。李曼從對面衣架的一側拉出一個吊衣架，他要我猜襯衫是哪裡做的，是中國、孟加拉、宏都拉斯，還是瓜地馬拉。

「中國。」

「賓果，」李曼說，「答對了。」

「我在報紙上讀到蠻多新聞，是關於沃爾瑪的工作人員嘗試籌組工會並且運作，」他對店員說，「是眞的嗎？」

店員緊張地咯咯笑，「完全不知耶。」

「這樣啊，」李曼繼續，「就算是眞的，大概也不會在這裡發生。」

「對，不會在阿肯色的羅傑斯，」她語氣略帶尖銳地說，「這是第一家分店，你知道的。」

「妳來這裡多久了？」

「到現在一個月左右。不過我未婚夫到六月就滿半年。他才十八歲，但是他八成會在這裡待一輩子。你知道，就是LP嘛——損失預防（Loss Prevention）。我希望他會，因爲他已經『撩落去』了。」

「要看你認識誰，」李曼平靜地說，「祝好運。」

正當我們往出口走去，我問李曼這是不是典型的超級中心。

「我想是吧。不過，我今天見到很多工作人員，我在想，是不是因爲這是第一家分店，所以他們用比較多人、花比較多錢把事情做好。但是不管怎麼樣，我不想經營一家就在總部旁邊的分店，即使你人在老遠，他們永遠會把你當賊子來防。」

第六章　當沃爾瑪來到鎮上

八〇年代末，全美各地開始串聯起來，抗拒沃爾瑪的無情擴張，尤其以一位不可思議的人物肯尼士．史東（Kenneth E. Stone）爲核心。來自愛荷華州立大學的史東，是位瘦高、溫文可親的經濟學教授，他用他一九八八年提出的研究論文〈愛荷華州沃爾瑪賣場對所在城鎮和鄰近城鎮企業的影響〉（*The effect of Wal-Mart Stores on Businesses in Host Towns and Surrounding Towns in Iowa*），獨力將沃爾瑪對城鎮交通要道所造成的衝擊，從一樁軼聞提升到經濟分析層面。撇開該篇論文標題平平、內文枯燥不談，這份長達四十頁的論文卻在美國各地城鎮激起迴響。沒多久，被封爲「沃爾瑪達人」的史東，就飛到各地地方政府和企業團體演講，偶爾還得閃避從班頓維爾劈出來的閃電。

史東把研究沃爾瑪當成終生志業，他在接下來的十五年間發表了一連串研究報告，確認在愛荷華州城鎮裡的商人們——包括迪柯拉鎮（Decorah）、獨立鎮（Independence）、馬斯卡廷鎮（Muscatine）等——早在阿肯色的入侵者在一九八二年進入後，就逐漸體認到一件事實：沃爾瑪會殺人。照史東的演算法，自一九八三年至一九九三年，愛荷華州有近二千二百家零售店關門大吉，其中包括四三％的男裝和男童裝店、四二％的雜貨店、三七％的食品南北貨行、三三％的五金行，以及三〇％的鞋店。史東認為，在美國國內其他發展遲緩的鄉下地區，情況也沒有比愛荷華州好。「跡象強烈顯示，大型折扣業者為美國鄉下社群帶來的負面衝擊，比其他因素要來得大，有時這被稱為沃爾瑪現象，」史東做出上述結論。

史東催生一個靠自己實力成長的「產業」，因為在當年發表沃爾瑪進入社群會造成何種衝擊，所引起的爭議絕對不比今日大。沃爾頓在世的時候打過多次地點保衛戰，但他挑選他要的點，「如果某個社群基於某種理由，不希望我們到那裡去，我們可沒興趣去淌渾水，」沃爾頓在一九九二年的自傳中寫道，「沃爾瑪想去受歡迎的地方。」如今，沃爾瑪的雄心，不容許史考特有挑選地理位置的餘地。為了向股東兌現成長的承諾，他必須無止境地每年在美國開設二百五十到三百家新分店。現在，沃爾瑪想去它需要去的地方——基本上就是凡是有美國人，而且他們手中有些閒錢的地方。

無論去哪裡，沃爾瑪的號召就是「每日低價商品」。密蘇里大學的艾梅可．巴斯克（Emek Basker）教授，分析從一九八二年到二〇〇二年間，沃爾瑪的十種訂書針價格在一百六十五個城市中造成的影響。他發現，當零售商進入新市場時，往往將阿斯匹靈、牙膏、洗髮精和洗衣粉等產品的價格，壓低至「在經濟學上堪稱大幅，統計學上堪稱顯著」的七%到一三%。「沃爾瑪對於在傳統藥房販售的產品影響最大；至於香菸、可口可樂（在許多賣場販賣，包括便利商店在內）和衣服則影響最小，或根本沒影響，」巴斯克寫道。他發現小城市的物價下跌最大，因為競爭往往比較不激烈。

其他較小區域的價格調查，顯示沃爾瑪在大城市也造成戲劇性的效應。二〇〇二年，投資銀行瑞銀華寶（UBS Warburg）從加州首府沙加緬度（Sacramento，沃爾瑪尚未在此開設分店）的商店樣本中，收集一百種雜貨和非雜貨的價格，再跟三個沃爾瑪的大本營城鎮——拉斯維加斯、休士頓和坦帕（Tampa）——比較。研究發現，在沃爾瑪已進入的城市，平均物價低於沙加緬度一三％，瑞銀華寶也見識了沃爾瑪緊咬競爭對手不放的本領。在拉斯維加斯、休士頓和坦帕等地的競爭對手，平均將商品售價砍了一三％，卻依舊比沃爾瑪的售價高出一七％至三九％。

這些百分比全都變成消費者省下的大錢，也是沃爾瑪在打地點保衛戰的絕佳優勢。當它來到一個鎮上，彷彿每個人都獲得八百美元至九百美元的減稅似的。試問有哪個政治人物，不想用「每天提供最低價商品」的口號來競選？

然而，對沃爾瑪有利的省錢案例，有相當程度是始於價格划算給消費者無可抗拒的好處，但也結束在此。公司始終如一，把設立新分店推崇爲創造就業和營業稅的高動力馬達，但現有的跡象顯示，類似主張多半言過其實。巴斯克在另一份研究報告中，探討沃爾瑪對當地就業的影響，他提出一個問題：「沃爾瑪創造的工作機會，是否多於毀掉的工作機會？」他的回答很簡短：才怪。

巴斯克從篩選自一九七七年至一九九八年、分布在美國一千七百五十個郡的資料中發現，當一間可以雇用一百五十至三百五十人的典型沃爾瑪分店開張時，某個郡內的零售就業人口卻通常只會增加一百人。意思是說，其他零售業者因預期沃爾瑪進入市場的後果，因此在那之前就開始裁員，甚至關門大吉。更有甚者，這多出來的一百個工作機會，有半數在接下來的五年中，就會因爲競爭對手失敗而消失，他們的歇業反而導致當地批發供應商損失二十個工作機會，兩相抵銷之下，只增加三十個工作機會。巴斯克也發現，新的沃爾瑪並沒有爲餐廳、加油站等非直接與之競爭的行業，帶來可以衡量的額外商機。「沃爾瑪對零售業就業的影響之小，因為公眾對這話題的討論之多，而引人注意，」巴斯克做出結論。

至於沃爾瑪創造的就業正向效應，在後續一篇範圍更廣的研究中被證實完全抵銷。研究者是加州公共政策研究院的資深研究員——大衛．紐馬克（David Neumark）；研究主題是全美沃爾瑪對當地就業狀況的影響。紐馬克根據沃爾瑪提供的更精確分店資訊，並調整它在成長快速郡市設置分店的偏好，結果紐馬克發現，雖然在沃爾瑪開設新分店後，整體就業率微幅上升，但該郡的零售業就業率其實掉了二％到四％。

不管是從巴斯克或紐馬克的廣角鏡頭觀之，沃爾瑪的擴張本質上是零和遊戲。新分店從較小、較無效率的競爭對手那裡搶走幾乎所有的生意，這是某種類型的進展，雖然創造的就業率和營業稅收小到微不足道，用經濟學版本的芮式規模儀幾乎測量不出來，但在觀察特定的城市、郡或州時，沃爾瑪的衝擊可能是徹頭徹尾的大地震，一如史東的研究所證實。

史東分析愛荷華州三十五個郡在十年間的營業稅紀錄發現，沃爾瑪的分店確實是零售業中超強的吸鈔機。許多小鎮都可看到這樣的現象：一般商品的銷售量大幅上升，開張首年提高至五四％，三年後逐漸降到四四％，往後兩年保持穩定，增加的部分大多歸於沃爾瑪；但是鎮上的餐廳、酒吧和加油站的生意也比以前好，專門販售沃爾瑪沒賣（總之，是還沒賣）的商品店家也是，最明顯的有家具、消費性電子產品、大家電和高檔服飾。這和巴斯克的發現抵觸嗎？沒有，因為史東也發現，一家沃爾瑪新分店會從鎮上的其他同業搶走大量生意，也會吸走方圓數哩城鎮周邊區域的現金。「沃爾瑪的衝擊讓我感到不可思議，」史東回想。

最後，他利用圖表來闡釋沃爾瑪分店對當地同業造成的零和效果。沃爾瑪令人印象深刻的成長，以及少數幾家來到愛荷華州的大型折扣商店業者，因爲全州各地柑仔店的徹底崩潰而達到平衡。「沃爾瑪已經取代了商店街，」某家位於愛荷華州獨立鎮的報社不勝唏噓。一九八三年時，獨立鎮還是個人口六千一百人的郡，隨著沃爾瑪在鎮上的分店開張，原有的五個主要購物區域沒落，周遭較小的社區大多淪落爲商業鬼鎮。在史東研究的十年期間，愛荷華州人口五千人或更少的城鎮，有一半的零售業績總共二十四．六億美元不見了。

雖然史東的研究使他在班頓維爾成了顧人怨，但他倒不認爲自己在跟沃爾瑪作對。他並非反商思想的煽動者，而是保守的企業經濟學家，也相信沃爾瑪代表的「適者生存」資本主義信條。「這絕不是企圖痛斥沃爾瑪公司，」他在一九八八年的第一份研究前言中寫道，「它享有全美一流的聲譽，這爲它說明一切。」即使史東的研究使許多沃爾瑪的對手「剉著等」，但他小心翼翼避免引起地點保衛戰，認爲這不僅是誤導，而且徒勞無功。

至於生意被沃爾瑪搶走的小鎮商人，史東並沒有爲他們的命運流一滴淚，反而認爲多數店家是咎由自取。「在大型折扣店到來之前，許多小鎮商人已經忘了，顧客才是他們最大的責任，」史東表示，「他們五點打烊，沒有好的退換貨政策，而且價格抬得老高。」身爲愛荷華州立大學推廣教育的經濟學者，他確實曾試圖協助這些商店街的店家適應零售業的新秩序，並在多數的調查研究中，附上詳盡且樂觀到令人訝異的辦法，教大家對付沃爾瑪。「一般說來，對於在附近開設的大型商店，你最好抱持正面的心態，」他建議，「並設法把鎮上增加的交通流量，當作一種資本。」

史東近來自愛荷華州立大學退休，對於沃爾瑪爲美國帶來的整體衝擊，他的結論是「略微正向。對沃爾瑪有利的主要因素，在於它對價格的影響，以及平抑通貨膨脹。」不過他又說，有太多城市和鄉鎮，因爲對興建分店和配銷中心給予補助，導致平衡點偏向負面。「那一直是我最常抱怨的事，」他說。

沃爾頓技巧性地玩弄狡猾伎倆，假裝對某鎮感興趣，其實是想在它的旁邊興建分店。「每當他認爲可以脫身時——這蠻常發生的——就會禮貌但堅定地要求讓步，像是財產稅的減免、使用免稅債券作爲建物的資金、基礎建設的補助、地區重劃，甚至改變鎮界，讓他的分店所在地可以取得當地城鎮的服務，」傳記作家巴伯·歐特加（Bob Ortega）寫道。沃爾頓或許已經決定好開店的地點，但直到七〇年代，沃爾瑪都還靠很少的錢周轉，所以能拗多少錢都有幫助。然而，班頓維爾以死纏爛打的方式，不斷向美國小鎮索求貢獻，而且是多數城鎮都負擔不起的數目，以致到了不當勒索的地步，更何況這是一家動不動就聲稱，把老百姓最大利益放在心上的公司。

二〇〇四年，位於華盛頓的鼓吹團體「好工作優先」（Good Jobs First）發行了一份研究報告，顯示沃爾瑪在美國興建的九十一個配銷中心，有八十四個接受州和地方政府補助，金額高達六·二四億美元。跟沃爾瑪的人在談判桌面對面的公務員，聲稱給予配銷中心補助並不是讓步，而是它應得的。「他們對這筆錢有所期待，」德拉瓦經濟發展辦公室（Delaware Economic Development）的蓋瑞·史密斯（Gary Smith）說。沃爾瑪只在加州的蘋果谷（Apple Valley）才婉拒補助，原因是擔心一旦接受，反而讓法律迫使公司必須支付市場行情的工資給營建工人。配銷中心的興建計畫很少激起地點保衛戰，但是在二〇〇三年，康乃迪克的基林利（Killingly）爲了讓沃爾瑪蓋一座六千萬美元的配銷中心，送上四千五百萬美元的租稅減免，此舉引起非常激烈的公憤，使得班頓維爾不得不縮手。

雖然各城市和各州紛紛補助沃爾瑪的分店，但是這些政府爲資助配銷中心興建而尋找正當理由，就容易得多，因爲它比沃爾瑪分店帶來更多較高薪的工作，又不和當地的業者競爭。「好工作優先」的研究人員揭露，沃爾瑪一百六十家分店總共獲得高達三．八三億美元的補助（平均每筆二百四十萬美元）。他們的結論是，約一千家的沃爾瑪分店取得某種融資上的寬貸，如果把二百四十萬美元的平均值用在所有賣場，粗估班頓維爾獲得的分店補助金將飆到二十四億美元。

沃爾瑪亟欲取得補助，主要是跟公司的財務槓桿相關，愛荷華的獨立鎮就是典型案例。沃爾瑪於一九八三年進入這個鎮時，愛荷華的農業經濟正在風雨飄搖中；獨立鎮隸屬布坎南郡（Buchanan County）的選區，八〇年代期間，此地的二百處農田欠收，加上人口流失一〇%而慘兮兮。儘管如此，獨立鎮發行了一百三十萬美元的免稅債券，來支應沃爾瑪大部分的營建成本，並將供水和排水管線延伸到沃爾瑪的工地現場，也就是剛好在城市邊界外的地方。「沃爾瑪威脅我們，」獨立鎮市長法蘭克．布利瑪（Frank Brimmer）解釋，「他們告訴我，如果不在這裡蓋，就要在鄰近的鎮上蓋，結果對我們一樣不利。打敗沃爾瑪是何其困難，我們只好同他們一夥。」

獨立鎮提供的「基礎建設協助」補助，是沃爾瑪最常獲得的補助形式，它如此普遍，說明了爲何在美國多數地方「沃爾瑪」跟「城市擴張」幾乎成爲同義詞，以及它爲何被影集《辛普森家庭》（*The*

Simpsons）譏諷為「蔓延瑪」（Sprawl*Mart）。（舉例來說，在〈看不到妹妹的晴朗天〉〔*On a Clear Day I can't See My Sister*〕單元中，荷馬代替阿公〔Grampa〕充當招呼員。店經理欣賞荷馬，卻要求他無給加班。當經理懷疑荷馬是非法移民，要脅把他驅逐到墨西哥，荷馬只好同意。該單元的結局是，荷馬取出「蔓延瑪」植入他腦中的順從晶片，試圖集合一群同事把分店關掉，以抗議它對工作人員的不當對待。但荷馬的同事拒絕追隨，因為他們已經學會逆來順受，並偷取任何搬得動的東西。荷馬一聽，認為這是更優的抗議方式，最後他開著一輛偷來的鏟車，上頭還裝著一台大螢幕電漿電視，得意地揚長而去。）

沃爾瑪無疑地比其他零售業者掠奪了更多國土，這不僅是因為它的規模，也因為沃爾頓確立的開發策略。沃爾頓早期開設的分店，很多位在鎮廣場或商店街上，但是隨著沃爾瑪於七〇年代中開始擴展到更大的市場，它通常會在可行範圍內，將分店開在距城市邊界最遠的地方，好讓土地成本最小化。「我們從沒打算真正進入城市，」沃爾頓在九〇年代初表示，「相反地，我們在城市外圍設置分店，這是蠻邊陲的地帶，等待成長到來……我們目前仍多少遵守同樣的策略，只是現在會突然前進某些城市。不過，我認為我們在不動產上的著力應該脫離正面擴張，而讓人口朝向我們逐漸增加。」

當然，沃爾瑪完全不像沃爾頓表現得那樣消極。為了誘使政府官員延伸市界，並且花大錢投資在道路、供／排水系統之類的設施，班頓維爾不光是期待城市成長到足以影響，並刺激成長，以滿足自身的純商業目的。高高在上的沃爾瑪新分店，座落在原本養了牛的牧場，產生一種幾乎是重力般的力量，把整個鎮拉向它，並加速它與鎮之間的發展。想要將沃爾瑪的外擴效應對納稅人產生的成本加以量化，這是不可能的，無論巴斯克或史東都沒有提出這個議題。不過，我們倒可以說，沃爾瑪糾纏政府做出的開發，相當程度抵銷了購物者在結帳時省下的成本。

當沃爾瑪捨棄一個鎮時，它的離去可能就跟進入一樣引起爭議，並造成創傷。公司會讓某家店關門，幾乎都是因爲它在同個市場區域內興建了更大的賣場。用沃爾瑪的語言，這些是「合併」或「轉換」，不是關門。至於沃爾瑪的新分店，與被它取代的舊分店之間經常只有步行之遙，然而在沃爾瑪集中開設分店的鄉下地區，新舊地點動輒相隔十五到二十哩，甚至更遠。在這些例子中，因沃爾瑪投向新超級中心而被捨棄的地方，往往在經濟上遭到懲罰性打擊。

就拿德州的賀恩鎮（Hearne）——一個被沃爾瑪謀殺兩次的鎮——爲例。沃爾瑪於一九八二年在賀恩鎮外圍開設占地四萬六千平方呎的分店之前，這個位於德州中部、人口五千二百人的城市有個小卻生氣盎然的鎮中心，被當地人開的老店占據。在接下來的五年，有十家零售業者因爲史東提出的因應模式失敗，導致鎮中心空洞化。一九八九年，沃爾瑪宣布因爲分店不賺錢，決定從賀恩鎮抽身，在它歇業後，鎮上找不到一個賣襪子或線軸的地方，居民必須開車到相距二十哩之遙的布萊恩鎮（Bryan）去購買大部分的東西。「無論沃爾瑪在行銷上怎麼替自己美言，都不能自稱是眞心關切它進入的社區，特別是對小社區而言，」賀恩鎮土生土長的傳教士史帝夫·畢雪（Steve Bishop）堅定地表示，「它的服務所費不貲。」

幾年後，沃爾瑪突然從奧克拉荷馬州的諾瓦塔（Nowata）和保哈斯加（Pawhuska）兩個小鎮抽身，關掉和賀恩鎮一樣的典型折扣店。諾瓦塔第一國家銀行（First National Bank of Nowata）的總裁抱怨，

「他們來到這裡，把小店家毀滅殆盡，只要稍有不順心，他們就拍拍屁股走人。」當初他曾經熱情支持沃爾瑪進入。由於該鎮沒有對沃爾瑪課以三%的營業稅，損失的稅收讓市政府預算留下一個大窟窿，逼得該鎮出現預算赤字。諾瓦塔被迫將供／排水稅提高三二%，並且對房屋所有人課徵每月五美元的防火捐。最讓當地人感覺受辱的是，沃爾瑪不久前才在諾瓦塔和保哈斯加的分店外，豎立起誓言永遠忠誠的看板，但是沒多久卻離開。立在諾瓦塔的看板宣稱：「別聽信傳言，沃爾瑪會永遠在這裡。」校園學生把對沃爾瑪的憤懣，編成一句嘲弄的順口溜：「沃爾瑪，落跑啦！」（Wal-Mart Fall-Apart）

沃爾瑪並沒有捨棄諾瓦塔和保哈斯加（距海倫家鄉克雷摩爾約一小時車程），以及許多類似規模的社群，因爲它本質上便厭惡小鎮。相反地，在九〇年代中，一家家超級中心如雨後春筍出現，注定了沃爾頓倡導的典型折扣店的失敗命運。超級中心比早期折扣商店大三到四倍，目的是把顧客從更大的市場吸引過來。至於諾瓦塔和保哈斯加的分店，是沃爾瑪爲了預留空間給超級中心，而關閉至少九百家分店當中的前幾家，關閉的數字跟超級中心的開張同步穩定上升，在二〇〇四年達到一百六十家。

肯塔基州的霸子鎮（Bardstown）人口有一萬名，於國家歷史古蹟管理處（National Register of Historic Places）登記在案的建築物不下三百處。在十五年間，沃爾瑪以漸進的方式，分別在三處蓋了較大分店，每次都造成鎮的經濟中心轉移。第一家分店在一九九一年被棄守，取而代之的是規模較大的沃爾瑪，後者於二〇〇四年則因一家巨型超級中心在不遠處開張而「畢業」。「怎麼會發生這種事？像我們這麼一個深受保護主義者影響的鎮，怎麼會有第三間沃爾瑪？」霸子鎮土生土長的茱莉亞．克莉絲汀森（Julia Christensen）說。沃爾瑪的金蟬脫殼給了她靈感，將被捨棄的店面重新利用，專門用來研究藝術與學術。

沃爾瑪不動產（Wal-Mart Realty）設在班頓維爾，有五百名員工，使盡渾身解數想從上百家被棄守的分店榨出最多價值，這些店就像暴露在外的屍骸，散布在美國鄉間和郊外。截至二〇〇五年九月，公司列出橫跨三十五州、三百七十個銷售或招租的物產，其中德州以三十七間店奪冠，其次是喬治亞、伊利諾、北卡羅萊納、田納西和俄亥俄州。很久以前，沃爾瑪用霸王硬上弓的方式，迫使獨立鎮補助一處占地四萬四千七百五十二平方呎的分店，而這家分店於二〇〇六年四月空出來，大約就是鎮對面一哩外新超級中心預計開張的時候。

*

加州的擴張潛力勝過其他各州，反彈的力道也比其他各州強。二〇〇二年，公司宣布到二〇〇八年將在加州開設四十家超級中心，至今只有些許進展。對史考特來說這是個如影隨形的頭痛問題，要是在這個黃金州失利，他的飯碗將可能不保。爲了對抗日積月累的壓力和挫敗，沃爾瑪在洛杉磯南部中心的英格爾伍德發動地點保衛戰，結果卻洩漏了它在面對公眾的笑臉背後，那種不可一世的輕蔑，也因此毀了它在世界各地的形象。在沃爾瑪的發展史中，英格爾伍德事件成了它對地方政府極不尊重的又一「里程碑」——也顯示沃爾瑪亟需改變。

英格爾伍德讓沃爾瑪完全不必離開美國，就能體會它跟外界的文化距離。在這個被美國第二大都會區圍住的區域，在各方面都以有色人種占優勢。但是沃爾瑪認爲，洛杉磯整體最嚇人的地方，在於它是工會的大本營。根據某位經驗豐富的城市觀察家表示，「要是沒有勞工的背書，政治人物幾乎行不得也。」一如沃爾瑪經常做出的最糟行徑，它在英格爾伍德犯下的大錯誤，部分源自對勞工工會的非理性痛恨，導致對頭號敵人UFCW的挑釁行爲做出過度反應。

一九九九年，就在沃爾瑪不聲不響偷溜進加州，開了幾家較小的分店還不到一年，UFCW便在州集會上推動立法，實質禁止全州各地的大型量販店販賣雜貨，後因爲州長蓋瑞．戴維斯（Gray Davis）投反對票才做罷。接著，工會將反沃爾瑪的遊說導向地方層級，將有關大型量販店的法規成功地排入多處市議會的議程，包括洛杉磯——加州龐大零售市場的重大集散地。

沃爾瑪以自己的遊說進行反制，但是並未立即企圖進入洛杉磯。它在門戶城市（Gateway Cities）和東洛杉磯的外圍散布十家分店後，才眞正在二〇〇三年進軍洛杉磯，開設它稱之爲「第一個眞正的都市分店」之一。這家分店位在包德溫丘（Baldwin Hills）的克倫蕭大道（Crenshaw Boulevard），是個中產階級黑人占多數的地區，八〇年代因爲與古柯鹼相關的幫派暴力而惡名遠播。沃爾瑪先進入包德溫丘以打破洛杉磯的市界，在政治上這是個相當機靈的花招，就連UFCW都不敢太大聲抗議。雖然沃爾瑪更想蓋屬於自己的分店，但它在克倫蕭接收了一家閒置五年、具歷史意義的百貨公司。最令當地政治領袖不快的是，各類的超級市場和主要零售業者，對這個二十年來一直是洛杉磯黑人商業樞紐的地點過門而不入。該區議員伯納．帕克斯（Bernard Parks）十分賣力支持沃爾瑪進駐該地，以致他的照片被釘在分店公布欄上，就在董事長羅伯的大頭照旁。

英格爾伍德離克倫蕭大道四哩，可說是跟包德溫丘不同的世界。英格爾伍德比南洛杉磯中心惡名昭彰的地段富庶許多，每戶所得的中數大約三萬五千美元。對那些開上四〇五州際公路到鎮外的人來說，這個鎮看似又一個南洛杉磯的延伸。但是英格爾伍德早就自成一格，直到被向外延伸的都會區吞噬前，許多居民都還保留英格爾伍德人的鮮明性格，甚至火爆脾氣，其次才表現洛杉磯人的特性。事實上，對許多來自德州、路易西安納等深南各州的人來說，洛杉磯說不定在他們的忠誠度排行排到第三名，「英格爾伍德是城市中的鄉間小鎮，」長期擔任市議會成員的丹尼爾・塔伯（Daniel Tabor）表示，塔伯自己就是在十四歲那年（一九六七年），從德州搬到那兒。

全美各地的運動迷都曉得，英格爾伍德是好萊塢賽馬場（Hollywood Park Racetrack）的所在地，它創建於一九三八年，由電影明星和影視要人共同成立，其中包括傑克・華納（Jack Warner）、華特・迪士尼（Walt Disney）、平・克勞斯貝（Bing Crosby）和愛琳・杜恩（Irene Dunne）；英格爾伍德也是論壇體育館（The Forum）的所在地，在一九六七年到一九九九年間，洛杉磯湖人隊在這裡進行比賽，當他們轉往霓虹燈閃耀的斯坦普斯中心（Staples Center）時，英格爾伍德人心都碎了。賽馬場和論壇體育館分別座落在偌大的柏油停車場兩側，距市場街（Market Street）只有十來個街區，是英格爾伍德細心照顧卻乏人問津的市區購物區。市場街在風光的時候，跟美國各地上千個小鎮市區類似，除了兩座豪華影城由好萊塢的電影製片廠擁有，直到進入六〇年代，都還在英格爾伍德風光地舉辦電影首映會。

英格爾伍德就像許多大洛杉磯的社區，有著各色人種齊聚一堂的過去。一九六〇年，根據聯邦政府的人口統計，在六萬三千名居民中只有二十九名「黑仔」，當地學校一概沒有黑人小孩註冊入學。一九六五年的瓦茲大暴動（Watts Riots）引發大批白人出走，於是到了一九八〇年的人口普查時，黑人反成多數。過去二十年來，多虧墨西哥和拉丁美洲人的大舉湧入，英格爾伍德目前約四七%為黑人，四六%

為拉丁美洲裔。不過，拉丁裔往往比完全支配政府的黑人居民窮困，對城市事務也比較冷淡；韓國等亞洲人在各種族中也位居要角，但不是居民的身分，而是英格爾伍德眾多小店家的業主。

過去十年來，英格爾伍德開始吸引來自全美零售連鎖業者的大筆資金。好市多、塔吉特、家庭貨倉（Home Depot）和凱瑪特等，沿著好萊塢賽馬場和鄰近賭場附近的世紀大道（Century Boulevard）開設分店（不過，凱瑪特沒多久就陣亡）。二〇〇二年，擁有好萊塢賽馬場的公司打算把賽馬場和論壇體育場間占地六十英畝的停車場賣掉時，洛杉磯的開發業者史丹利．羅斯巴特（Stanley Rothbart）趕緊撲上前去。羅斯巴特在加州各地幫沃爾瑪蓋了十來家分店，他取得地上物的買賣權，計畫花一億美元在好萊塢賽馬場建造名叫「終點跑道」（The HomeStretch）的購物中心。沃爾瑪愛極這個計畫和絕佳地點，於是敲定超級中心和山姆俱樂部兩大店進駐，如此這塊即將興建、占地六十五萬平方呎的建地，將有六成以上的空間被填滿。

沃爾瑪進軍英格爾伍德的企圖心，在贊同親工會主張的市議會並未獲得迴響。二〇〇二年九月，市議會通過一項「緊急法規」，凡是商店的規模跟沃爾瑪打算興建的一般大，就禁止販賣雜貨，和UFCW在加州許多城市鼓吹的法律一模一樣，「沃爾瑪計畫進軍英格爾伍德零售雜貨業的計畫告吹！」UFCW七七〇地方分會的總裁里加圖．易卡沙（Ricardo Icaza）開心地宣告。

才一會兒的功夫，易卡沙就得吞下自己說過的話。沃爾瑪在當地的「特務」收集了九千個簽了名的請願書，要把這議題送交無記名投票，而簽名的人數是公投門檻的兩倍多。此外，公司也威脅要控告該市違反程序。由於市政府的律師懷疑，限制大型量販店的法規將可通過法庭挑戰，因此在律師建議下，市議會投票撤銷禁令。易卡沙氣炸了，幾個月後他的心情更糟，因爲市議員暨投資銀行家蘿倫·強森（Lorraine Johnson）在任期即將屆滿前倒戈，轉而支持沃爾瑪。「她背叛我們，」易卡沙回憶。UFCW調派業務代理羅夫·法蘭克林（Ralph Franklin）出面和強森對抗，法蘭克林曾經領導童子軍，也是英格爾伍德的長年住民，在反沃爾瑪的舞台上揮灑自如，輕鬆贏得勝利。

現在輪到沃爾瑪生氣了。就算很多英格爾伍德的居民皆屬於某個勞動工會，沃爾瑪卻大可以主張，UFCW對英格爾伍德政府發揮了超出正常限度的影響力。雖然沃爾瑪不盡然明白的是，工會成功地要大家按照它的作法是對城市是不利的，但沃爾瑪顯然爲此而苦。「沃爾瑪和我們的顧客厭倦了工會的鴨霸，」負責洛杉磯社區事務的沃爾瑪經理彼得·卡內洛斯（Peter Kanelos）抱怨，「如果工會及其扶植的地方政治人物想攻擊沃爾瑪，他們大可放心，我們一定會反擊。」

企業抱怨對手的不當政治壓力是一回事，以代表百姓意志之姿出現又是另一回事。就像沃爾瑪在美國各地的地點保衛戰中經常所做的，從史考特以降，沃爾瑪的高階主管似乎把「灑錢」當作向外擴張的間接背書，或者就像卡內洛斯在英格爾伍德所說的：「人們支持，而且想要超級中心。我們會盡一切努力，確保沃爾瑪顧客的心聲被聽見。」

到了這個節骨眼，市議會尚未對「終點跑道」的提案採取任何正式行動。沃爾瑪在市政府並不是完全沒有置喙餘地，市長羅斯福·多恩（Roosevelt Dorn）表面上行政中立，但顯然偏向購物中心，最後索性出面相挺。羅斯巴特的員工和英格爾伍德的都市計畫員一直相安無事，有些人偏愛這項專案，準備開發計畫供市議會正式考慮。不過，沃爾瑪高估了自己的能耐，認爲試圖用慣常的方式跟英格爾伍德周旋，對公司而言根本是浪費時間。照卡內洛斯的講法：「幹嘛花了幾十萬美元，只落得被拒絕的下場？」

二〇〇三年八月，沃爾瑪促成名叫「歡迎沃爾瑪來到英格爾伍德的市民委員會」，沒多久就弄到一堆簽字，要求市政府透過編號第四A的法案，將「終點跑道」交付公投。相較於一、兩頁提綱挈領的敘述，這份文件包含長達七十一頁的深奧設計和營建基本原理，門外漢根本看不懂。投贊成票不僅意味支持在英格爾伍德興建超級中心，也使得沃爾瑪及其開發業者免受當地土地利用法規限制，並核准「終點跑道」的設計不必送交市政府審查或召開公聽會。「在『直接民主』的偽裝下，沃爾瑪自外於政府和公眾的監督，」《洛杉磯時報》在一篇遣責四A的社論〈大票箱惡霸〉（*A Big-Box Ballot Bully*）中提到，「不論是喜歡或討厭沃爾瑪，都不該由票箱來決定這個超大中心該設多少停車格、要裝幾個紅綠燈以避免交通打結，和當地的排水管線能否應付每天增加的五萬加侖廢水。」

對很多在英格爾伍德選出的民代而言，這事就像讓他們的臉上被甩了巴掌似的。「對選民大眾來說，這非常不光明正大，也極端侮辱人；」埃洛依．莫拉勒斯二世（Eloy Morales Jr.）表示（他也是市議會五名成員中唯一的拉丁裔），「更侮辱人的是，發起人宣稱，這是最純正的民主形式。大錯特錯。這些人知道自己在做些什麼，而且絕不會在比佛利山莊幹同一檔事。」

「向四A說不」的活動，引來英格爾伍德的聯邦、州和當地政府官員，以及絕大多數非裔美人牧師幾乎一面倒的支持。雖然沃爾瑪必須將就商會和某些黑人企業領袖，但對於無限資助這項難以估算的政治優勢，卻開心不起來。公司灑重金在電視和收音機做廣告，對手則把相對微薄的經費花在挨家挨戶的遊說上。沃爾瑪採取簡單的作法，強調標準的經濟論證：新的購物中心將增加工作機會（總共一千二百個，包括沃爾瑪的三百個在內），並大幅增加營業稅收（每年多達五百萬美元）。在此同時，對手強調沃爾瑪對代議政治的不尊重，也讓「我們痛恨沃爾瑪」宣言中所有的指控和申訴成爲攻擊武器：它蔑視小企業、用過少的待遇叫員工做過多的事、歧視黑人和女性、用骯髒的手段對抗工會，並且強姦環境。

考克斯男裝店（Cox Menswear）是可以用來了解英格爾伍德脈動，也是充實衣櫃的理想所在。它位於市場街和曼徹斯特街（Manchester Street）的轉角，這一帶曾是繁忙的市區購物中心，而今卻幾乎奄奄一息。考克斯是間一應俱全的小店鋪，所以大家不會錯過達利恩·傑克遜（Darian Jackson），他較爲人知的名字是「DJ」，也是個男裝的內行人。DJ是矮小、聲音沙啞的黑人，三十五、六歲左右，左耳有個小環，頂個大光頭，親切但表現出「我吃過的鹽比你吃的飯還多」的態度。

考克斯男裝店就像市場街上的多數商店，在正前方的窗戶上有張海報，寫著：「把我們的社區從沃爾瑪手裡救出來。反對四A。」這一天距離這次特別投票只剩四天，也就是二〇〇四年四月六日。「我會去投票，但不是每個人都會去，了解我的意思嗎？」DJ說，「他們覺得沃爾瑪無傷啊，反正遲早會來，多一事不如少一事。不過，這可是老子我的住家附近呢。」他繼續說，聲音裡多了一點強硬的成分，「我是這裡的人，等我老了，我知道你們非注意這問題不可。」

我和DJ就坐在這家店的前門處聊天。店裡只有五名客人，全都是黑人，他們是在之後的一小時進來的，DJ跟每位客人熟到互相擊掌。每隔一段時間，他會看看收銀機後的韓國女人，她和丈夫李胤（Yoon Lee）擁有考克斯男裝店已經二十八年了，雇一個DJ可抵四人用。當DJ提到英格爾伍德的黑人顧客和韓國老闆間逐漸形成了緊張氣氛，他便傾身朝向我，輕聲低語了起來。就在訪談到一半時，李太太說，他離開工作崗位夠久了，但他完全不當一回事，還是講個不停。我問DJ是不是店經理，他做出狡猾的表情。「可以這麼說喔，」他說。

DJ似乎沒有察覺在選票計算背後的陰謀詭計，這樣反而倒好。他投票反對四A的主要理由，在於他認爲沃爾瑪會嚴重損害英格爾伍德的小生意，不論是黑人或韓國人擁有的都一樣。「他們讓所有小店家都沒生意可做，」他說，「但不是我們，因爲我們的貨和沃爾瑪不同。我在想，如果沃爾瑪要雇用來自這個社區的人，那我還可以理解，但它們才不會咧。」

英格爾伍德人浮於事，但DJ卻身兼二職。週末時，他在「交換市場」擔任安全巡守員，交換市場是室內的跳蚤市場，場地在昔日彭尼百貨的一樓廢墟。（市場街也曾有席爾斯和一家高雅的波士頓商店〔Boston Store〕分店，如今是四周用木板釘住的折扣珠寶市場。）交換市場和市場街銷售的商品通常比目前的沃爾瑪還要便宜個一、兩級。一家名叫「瘋子五」（Crazy 5）的普通商店掛了一面旗幟，宣告「四．九九美元以上或以下」，進行年終出清拍賣（才四月！）。

萬一某家超級中心打算在半哩外開張，「瘋子五」的命運無疑是凶多吉少，但在市場街的折扣珠寶店、運動用品店和美容沙龍中，有一小撮店早在沃爾瑪來鎮上的時候，就聽從史東等人對當地商家的催促，專門賣些沃爾瑪不賣的。老麥校服店（Michael's School Uniforms）和劍橋制服店（Cambridge Uniforms）除了制服外啥都不賣，第三家林頓制服店（Lynton Uniform）則專門提供護士服。沃爾瑪或許會進制服來賣，但數量和種類都不是這些店家的對手，他們的顧客來自洛杉磯各地，因爲公立學校要求男女學生都要穿制服。韓國人開的「世界鞋帽二號市場」（World Hat & Boot Mart Two），是市場街上最大的商店，經營全國性的郵購事業而忙得不亦樂乎，並爲了迎合當地的人口結構，提供各色各樣的袋鼠牌（Kangol）帽子，和一排排牛仔帽與西部風的靴子。

市場街也有不少老闆是黑人，經營以黑人爲對象的事業，相當倚重英格爾伍德的客戶。沃爾瑪會買進新款大喜吉裝（dashikis，編註：一種模仿西非部族、色彩鮮艷、寬鬆的套頭男裝）、馬塞族（Masai）披肩、非洲鼓、嘻哈運動服和「異國膚色」的高級化妝品，或是把螯蝦拌飯和鯰魚三明治放在速食菜單上嗎？不太可能。不過，市場街上那五、六家賣這類食物的店家，似乎快要經營不下去。「看到現在有多蕭條嗎？」戴瑞克．蕭．布朗（Derek Shawn Brown）是彩妝師，替他的兄弟傑瑞．史密斯（Jerry Smith）經營「四季美妝美髮工作室」。「我們坐在這兒等，但客人都跑哪兒去了？」

一九九一年，「四季」剛開始是交換市場的一個攤位，交換市場有時也被稱做英格爾伍德市場。「四季」不像英格爾伍德的諸多美容沙龍，它擁有數條自己專屬的化妝品線。「我們算是專賣店，」布朗說。他是性情溫和的苗條男子，年約三十歲，穿著低調的灰色T恤和灰色長袖衫。布朗不但將「向四A說不」的海報貼在前窗，也說服他的房東——一位占據隔壁大樓的韓國女人——也在窗戶貼上標語。「很多英格爾伍德的人害怕沃爾瑪，」布朗說，「它是一股力量。」布朗也深受沃爾瑪威脅，但他反對「終點跑道」開發卻完全基於違反直覺的理由：要把過大的交通流量，從市場街帶到正和死神搏鬥的美容沙龍，實在是遠水救不了近火。「有了塔吉特、家庭貨倉等大型量販店後，幹嘛還要把它設在好萊塢賽馬場旁？」布朗說，「擺這不就好了。」

關於市場街的命運，這個問題的重要性遠遠超過它對城市微小的經濟貢獻。對許多黑人居民來說，它象徵英格爾伍德沒能成爲非裔美人自決模式的潛力，也因此立即引起沸騰民怨，且令人尷尬。「實現任何夢想，在這裡似乎是很有可能的……因爲黑人是以眾多的數量居住在這裡，他們不住在以『楚河漢界』分隔的舊城區，或是用紅線區分的小聚落，而是在距太平洋只有幾哩，一個眞正存在的鎭，」作家愛琳．歐布萊．卡普蘭（Erin Aubry Kaplan）說。七〇年代，她在英格爾伍德成長，長時間離開後，二〇〇一年又回來定居。她又說，如今英格爾伍德是「前途看好的放牛班學生，把事情搞得一團糟；但它也最沒本錢這麼做，因爲每個人對它寄予如此厚望。到底是怎麼了？我想從車窗對著令人不快的景觀大吼。英格爾伍德，你何去何從？」

在六〇和七〇年代，當白種居民從英格爾伍德大舉逃亡時，他們把房子賣給黑人家庭，事業則賣給亞洲人。市政府還沒有應變的能力，在一個黑人主導的城市扶植黑人擁有的經濟體。事實上，這個城市幾十年來還沒有一個值得一提的經濟發展計畫。最有野心的舉動要屬市場街的復興運動，這是多恩市長在二〇〇〇年大張旗鼓推出的活動，整個計畫也只不過是花四百萬美元替街道整修門面。鍛鐵的長板凳、植栽，加上高檔購物所需的裝備，但完全無法把人引到市區來。

近年來，隨著家庭貨倉、塔吉特、史泰博（Staples）、貝理（Bally's）等連鎖零售店不斷進駐，英格爾伍德的零售重心明顯東移，朝向好萊塢賽馬場附近、世紀大道兩側的新私人購物中心。這些和其他全國性的連鎖店有辦法在英格爾伍德設置店面，又不像沃爾瑪那樣激起強烈公開抗議，這只能證明絕大多數的英格爾伍德人——無論黑人或拉丁裔——並不是衝著大型量販店或經濟發展而反對。連鎖商店或許無法像地方的企業那樣，把在當地賺來的錢再投入當地，但這些店創造的工作機會，讓原本可能在街頭遊蕩的上百位年輕人不再無事可做。

沃爾瑪對待英格爾伍德的方式，引起黑人族群的對抗。他們將自己的失敗，大部分歸咎於無法決定自己的經濟命運。「多年來，我們被遠在外地的企業主剝削利用，如今美國最大的公司，想要我們二話不說就乖乖把六十英畝地交出來？別做夢。」沃爾瑪別的不會，倒是不智地將長期一事無成而低迷的英格爾伍德變得熱血沸騰，反對沃爾瑪進駐的公民團體「英格爾伍德好還要更好聯會」（Coalition for a Better Inglewood）因此成立。「鼓勵城市裡許久未曾見過的行動主義……」卡普蘭說，「沃爾瑪以爲，正因爲英格爾伍德是黑人和拉丁裔的城市，所以從這裡切入的阻力最低，將使得勝利的果實變得更加甜美。」

多恩市長在選舉大約一個禮拜前不再假裝中立，並對「終點跑道」的開發案給予「百分之一千」的支持，這或許就對沃爾瑪造成了嚴重傷害。多恩從一九九七年起擔任市長至今，他的人望每下愈況，尤其在市場街的商人圈裡。在他們看來，他確實是用復興運動把大家騙得團團轉，現在卻將他們賣給班頓維爾。「我以爲他會是個不錯的市長，因爲他出身自這一帶，」ＤＪ說，「可是他再也沒回來看過，我在少年時期還比較常看到他哩。」（多恩的職業是律師，擔任市長前，他在英格爾伍德少年法庭擔任法官長達十八年。）

*

四月四日禮拜天，是馬丁・路德・金恩（Martin Luther King）被暗殺三十六週年紀念，「用選票向四A說不」的活動趁機借題發揮，到處張貼金恩的海報並發放小冊子，援用他的道德權威來支持這次的主張。其中金恩博士創辦的南方基督教領袖會議（Southern Christian Leadership Conference）跳出來反對「欺騙世人的四A」，此舉給了沃爾瑪當頭重擊。「當然，金恩博士從不曾到沃爾瑪購物，」該組織的洛杉磯會長諾曼．約翰（Norman John）表示，「但他殷殷告誡我們，別支持那些不支持勞工有組工會權利的商店。」

於此同時，在英格爾伍德二十幾個黑人教會裡，多數牧師促請會眾用選票讓沃爾瑪好看。大約一萬名前來做禮拜的群眾，爲了參加由肯尼斯．烏瑪（Kenneth C. Ulmer）主教帶領的禮拜儀式，將論壇體育館擠得水洩不通。烏瑪是中信教堂（Faithful Central Bible Church）的牧師，二〇〇一年以二千三百萬美元的代價買下論壇體育館。烏瑪主教先帶領舞台上在他身後的龐大唱詩班，吟唱幾首如雷貫耳的讚美詩，接著以輕鬆的心情布道。「某一個組織來到這社區，在街對面建構了一個訴諸表決的議題。如果通過的話，」烏瑪向會眾解釋，「各位以後想蓋間狗屋，將必須取得更多許可；爲自己的家添個車棚，得經過市政府層層核准，而且多過這個組織來到這座城市所需經過的程序。而它的興建，就沒有政府或社區來承擔責任或表達意見。他們進入我們的後院，告訴我們該怎麼做，在我看來是對我們的侮辱。」烏瑪頓了一下，突然爆出的掌聲在體育館四周引起回音。「錯就是錯，」他做出結論，「不管是誰做的。」

第二天早晨，傑西．賈克遜牧師（Reverend Jesse Jackson）在「波爾本街魚餐廳」的停車場舉辦一場萬人空巷的記者會，將反對沃爾瑪和四A的運動帶到象徵性的最高潮，而跨過草原大街（Prairie

Avenue）就是沃爾瑪的預定地。賈克遜之前有八位講者上台，包括來自「路易士法拉坎之伊斯蘭公民」（Lewis Farrakhan's National of Islam）的火爆代表，譴責沃爾瑪是「現代殖民地」，是「油滑、奸詐、汙穢、欺騙的企業巨人。」賈克遜採取浮誇的高調，盛讚與沃爾瑪之間的戰爭是民權運動的延伸。「我們千萬別把英格爾伍德的奮鬥，跟全球爲經濟正義而做的奮鬥脫鉤，」賈克遜說。當金恩在曼菲斯某家汽車旅館的陽台被槍殺時，賈克遜剛好站在他旁邊。「當金恩博士前去伯明罕（Birmingham）時，人們問：『金恩博士，你是亞特蘭大人，爲什麼要來伯明罕呢？』因爲我們是一國、一旗、一套規則。『那你爲什麼要去賽爾瑪（Selma）？』因爲除非人們能進入賽爾瑪，否則在洛杉磯和紐約就無法被授予自主權……。」

「如今，英格爾伍德存在著適法性的恐懼，恐懼被南軍經濟的特洛依木馬徹底消滅（編註：阿肯色州於南北戰爭期間忠心南方），」賈克遜繼續說，「外表看似吸引人，但是就像氰化物，第一次嘗是甜的，之後就沒戲唱了。」

記者會後，賈克遜和英格爾伍德的國會代表瑪克辛・渥特斯（Maxine Waters），帶大家去參觀一家養老院，之後和一小群隨行人員漫步在市場街上。渥特斯躍躍欲試，企圖和一家韓國店老闆交談，而他們似乎都不會說英文。當這位女議員用專制小學老師那種誇大、簡單的方式跟他們說話時，他們微笑並興奮點頭。「如果沃爾瑪來這裡，虧錢。你們贊成嗎？」她問交換市場中一對站在櫃台後的夫妻。「贊成，贊成，」他們異口同聲。「那麼，我介紹賈克遜給你們認識，」她說。

賈克遜臉上掛著大大的笑容走上前來，顯然被渥特斯的勇氣逗得挺樂。「渥特斯今天不抓犯人，」

賈克遜說。他跟渥特斯手牽手走過市場街，前往考克斯男裝店，DJ在店門外恭候大駕，他穿著黑白相間的長袖衫配黑色斜紋褲，看起來相當鮮明。渥特斯過度情感洋溢地和DJ打招呼，並將他介紹給賈克遜。

「DJ，你這個好傢伙，」賈克遜說。DJ嚴肅地笑了笑，他喜歡受到注意，但無言以對。「好啦，你是好傢伙之一，這樣總可以吧？」賈克遜說，將手臂搭在DJ肩上，用力將他擠向自己，力氣之大，讓DJ差點摔倒。

渥特斯站在店門口，對著在考克斯前聚集的一小群人發表談話。DJ就是讓這家店能與眾不同之處，」她說，「他帶我到多數人從未到過的境地。」她轉向DJ的老闆李胤——這會兒他正高度自制地站在她身旁——並繼續說道，「李先生也是很特別的人，因爲他讓DJ離開工作崗位來幫助我。請給他熱烈的掌聲。」

「還有，他在窗戶上貼了標誌，」賈克遜說，「向四A說不。」

正當DJ在場內各處握手之際，渥特斯一面對電視攝影機說話，還一面趴趴走，賈克遜則退到旁邊站著，滿意地看著混亂場面。「一級棒的渥特斯，」他兀自碎碎唸，「一級棒！」

第二天的參加人數爲一萬一千六百二十四人，大幅超越預期，結果讓兩方都大吃一驚。沃爾瑪沒有像多數專家預測的，以五到七個百分點之差占上風，開票結果爲六〇・六％對三九・四％，沃爾瑪竟然一敗塗地。負責替沃爾瑪經營州與地方政府關係的副總裁羅伯・麥克亞當（Robert McAdam）發表聲明，將結果歸咎於因「外部的特殊利益」讓英格爾伍德誤入歧途。隔天，麥克亞當再度有機會表現，恢復沃爾瑪在各地猛攻工會的模式。「我們不會被逼得到處跑，也不受工會欺淩。」他誓言。「我們在此要說明我們的論據，而且我們不會悄悄走掉。」

＊

回到班頓維爾，頭腦比較清醒的人終於領悟到，英格爾伍德的慘敗，是個不折不扣的公關災難。過去幾年來，沃爾瑪全國性地極力討好非裔美國人；對黑人主題的電視節目下重金廣告，同時將募來的數百萬元款項轉給全國有色人種促進會（NAACP）等全國性的非裔美人聲援團體。在英格爾伍德的戰役中，「NAACP和城市聯盟（Urban League）等主流黑人組織，以沉默表示收受沃爾瑪餽贈，但這事再清楚不過了，」評論員與作家的厄爾．歐發理．胡欽森（Earl Ofari Hutchinson）說。即使如此，賈克遜、渥特斯、烏瑪主教和許許多多非裔美人的戰友們，仍成功地將四A變成著名的種族案例，讓沃爾瑪置身在所有主要消費品公司都無法承受的處境——辱沒捨己為人的民權運動聖者金恩遺留給後人的精神。

同時間，英格爾伍德地點保衛戰的波及範圍，為沃爾瑪獲得的所有負面報導畫下驚嘆號。作為媒體所稱的「美國最受崇拜的企業」，沃爾瑪早就習慣從這樣的不實評價中獲得好處，讓公司很晚才受到新聞界的嚴密檢視，而這種特殊待遇通常是留給沒啥名氣的總裁和行為不檢的名人。各媒體充滿質疑的頭條標題，對準了沃爾瑪二〇〇三年和二〇〇四年的走向，包括：「沃爾瑪對美國好嗎？」（《紐約時報》，美國公共電視台〔PBS/Frontline〕和國家公共電台〔National Public Radio〕）、「沃爾瑪的力量太大了嗎？」（《商業週刊》）、「我們該不該崇拜沃爾瑪？」（《財星雜誌》），至於《洛杉磯時報》則因為一篇剖析「沃爾瑪效應」的報導而贏得普利茲獎。

沃爾瑪在公關上的慘敗，導致二〇〇四年秋，也就在英格爾伍德投票後約五個月，它捨棄對大媒體的一貫不屑和冷淡，回復原來的立場。對新聞界敬而遠之的史考特突然無所不在，他接受訪問並發表演說，企圖挽救沃爾瑪的形象，公司也以「公開信」的形式，在全國各地一百多家報紙刊登全版廣告辯解。公司已經決定在公共關係上有所作為，就像在事業的其他方面一樣。或者，就像羅伯在二〇〇五年對股東的信中所寫，「該是時候把記錄弄好了。」但在此同時，史考特在各媒體巡迴時，也推銷「更親切、更溫和、更有彈性的沃爾瑪」概念。他擺出懇求的姿態，不直接批判過去的報導，反而言不由衷地說些安撫或調解的話，而這些字彙在過去的沃爾瑪根本找不到。「在適當情況下，」他說，「我們會妥協。」這句話讓一位南衛理公會大學（South Methodist University）的零售業專家宣告沃爾瑪的態度有了「一百八十度轉變」。「現在我們要努力的，是把觸角伸出去，」執行長說，「有錯就改，如此一來，詆毀我們的人就沒有攻擊的立場。」

不過，執行長犯下的真正錯誤，就是讓英格爾伍德之役慘敗的公投。史考特承認：「我認為，我們給人的印象是個不擇手段的惡霸。」這句話從沃爾瑪的高官口裡說出，可說是坦白到嚇人，但是經過仔細推敲，這暗示一種在尼克森當政時為人所知的「訊息經修改後有限地公開」（modified limited hangout）——是啦，我們偶爾會幹些蠢事，但不是出於傲慢（或貪婪、無法容忍或其他道德瑕疵）。我們只是有點拙罷了。不過，哪個巨人不是這樣？

就在跟《華盛頓郵報》見面後兩星期，史考特為了強調加州對沃爾瑪的重要性，於是飛到洛杉磯，在當地的鎮議會發表相當於政治大會上的演說。在演講中，史考特再次拿英格爾伍德作爲沃爾瑪容易犯錯的象徵性範例，「近來犯的錯誤之一，就是試圖在離這裡不遠處的英格爾伍德開設分店時，我們爲此事處理的方式，」他說。「我們從經驗中學到不少，因此我們用更好的方式和社群磨合。」史考特在通篇演說中保持政治家的調性，但會後接受《洛杉磯時報》採訪時，卻露出了猙獰面目。沃爾瑪的對手「必須把便當帶著」，「因爲我們將不會倒下，」他宣誓，「沒什麼好道歉的。」

*

儘管宣傳活動已經定調，沃爾瑪在英格爾伍德慘敗後，仍跟以往一樣激進地推動興建計畫。在英格爾伍德作戰期間，加州等地有十幾個地點保衛戰在上演，包括在亞利桑納州旗桿市的那次，結果造成公關上令人吃驚的失態，以致這次沃爾瑪的管理階層在慚愧之餘，只好二話不說地道歉。

旗桿市位在亞利桑納州北部，是個約五萬人的美景城市，市議會的生態觀念先進，市長曾經管理過當地的省多好超市。二〇〇四年秋，市議會頒布一項法規，禁止興建大於十二萬五千平方呎的商店，並限制大規模零售業者，只可將八%的樓地板面積用來販賣雜貨。旗桿市的大型量販業者法規出自某項地區計畫，該計畫在二〇〇〇年的投票中以高票獲得通過。「目標是擁有各種零售業者，包括全國性的連鎖店，以及在地人擁有的商店，前提是沒有一家店能獨攬一切，」「旗桿市未來之友」（Friends of Flagstaff's Future）的執行董事貝琪·黛吉特（Becky Daggett）表示，它是贊同大型量販業者法規的市民組織。

說得更明確一點，此舉意在防止沃爾瑪將它在旗桿市的折扣商店，轉型成超級中心。沃爾瑪沒有類似計畫，但也不想把話說死。在慣常的操作方式之外，沃爾瑪全額資助一項激進的運動，經由無記名投票的得票數，將新法送交全民投票。史考特在英格爾伍德誓言「絕不再試圖探究當地政治人物的腦袋」，代表了他的想法，儘管沃爾瑪的女性發言人漫不經心地否認。「這跟當地政府無關，」她說，「而是因爲它是一項反競爭、反選擇、反消費者的法規。」

提案一〇〇將旗桿市的全體選民從中切成兩半，只是這條犯規線並非沿著乾淨俐落的斷層線。可以預期的是，城市中收入低、生活成本卻屬最高層級的居民往往反對提案一〇〇；至於北亞利桑納大學則恰好開設「美好與永續社會之願景」（Visions of Good and Sustainable Societies）的碩士課程，可想而知會是支持者的溫床。雖然小型企業主通常贊成，但商會領導者卻跟班頓維爾一個鼻孔出氣。許多有錢的退休人士遠離大城市來到旗桿市，過著田園生活，他們對提案一〇〇的擁護不餘遺力。但也有群不算少的年長富裕居民反對公投，因爲他們將大型量販業者法規視爲故意冒犯自由市場原理。

即使沃爾瑪還沒在《亞利桑納太陽日報》（*Arizona Daily Sun*）買廣告，將提案一〇〇的支持者跟納粹的焚書者畫上等號，但是人民的情緒已經高漲。在那之後，人們在路上對彼此叫囂，領導親沃爾瑪團體「保護旗桿市未來」（Protect Flagstaff's Future）的法蘭克．狄更斯（Frank Dickens），接到死亡威脅的電話，他的卡車擋風玻璃被惡意弄碎，讓他被迫更換。「這是我見過最可恨、最分裂的運動，」在當地經營房仲業的狄更斯說。

沃爾瑪的納粹廣告很快成了全國新聞，而「反誹謗聯盟」（Anti-Defamation League，簡稱ADL）的鳳凰城辦公室被來自全國各地的申訴淹沒。「它把納粹跟他們的行爲變得小模小樣，」ADL的亞利桑納會長比爾．史特勞斯（Bill Strauss）說，「想把那種意象跟市政選舉綁在一塊，豈止是討厭所能形容。」在部落格的網路世界裡，震天價響的憤慨是必經的歷程。「等等，讓我把話說清楚，」DailyKoz.com上的DavidNYC寫道，「某種法規讓大型量販業者的日子不好過，就相當於納粹政權……這些人是瘋了不成？……他們哪來的狗膽？」

這則廣告是由旗桿市一家跟沃爾瑪簽約的代理商製作，它先是獲得該公司亞利桑納和南加州社區事務經理卡內洛斯的首肯，再經過他班頓維爾的老闆認可。擔任資深副總裁與公關總顧問的傑．艾倫（Jay Allen），立即寄了一封正式道歉信給史特勞斯。「雖然我們一直到眞相公諸於世，才曉得照片的歷史情境，但還是不能以此爲藉口，將這張照片跟旗桿市零售法規提案所舉行的投票，把兩者連結在一塊，」艾倫寫道。公司也在《亞利桑納太陽日報》刊登公開信，向旗桿市的人民道歉：「任何企圖將這個問題跟納粹德國發生的事件相提並論，是徹徹底底的不恰當，而且錯得離譜。」

沃爾瑪的懺悔是有限度的，就在否認推翻旗桿市大型量販法之後不久便停止。危急時刻突然登廣告，讓沃爾瑪的總支出超過二十八萬美元，這在該市的政治宣傳活動中破紀錄，也是UFCW支持反方所花金錢的六倍。超過六〇%的旗桿市註冊選民投票，結果比在英格爾伍德好：沃爾瑪以五一%比四九%險勝。

沃爾瑪在旗桿市打勝仗，在英格爾伍德打敗仗。不過，讓卡內洛斯丟了工作的，竟然是旗桿市。投票後幾星期，卡內洛斯離開沃爾瑪，照他的說法是「根據雙方同意的條件」。在六月的股東大會上，來自聽眾席的一個問題使羅伯不得不對納粹照片的糗事說幾句話。「我們只是一群努力經營這家公司的凡人，」羅伯說，「我們會犯錯。」這段簡潔的陳述代表了羅伯的性格，但這只是用另一種說法，說明史考特那大剌剌卻愚笨的辯護，完全不足以解釋如此異乎尋常的錯誤。

即使因爲證據不足而宣稱班頓維爾無過失，並且認爲沃爾瑪的資深管理階層在文化方面沒有這麼笨——明知而故意用納粹的意象來證明自己的論點爲眞。如果照片的確是沃爾瑪及其廣告公司認爲的「一般焚書意象」，這也只是稍微減低這則廣告令人厭惡的程度。班頓維爾把民選代表通過的法律，跟言論自由的暴力鎭壓畫上等號，同時將購買折扣商品的行爲，提升到和人權法案保障自由的對等地位，不僅是不尊重它在當地的反對者，也不尊重全體美國人民。沃爾瑪對自己的命運抱持如此極端的信念，以至於動不動就擺出流亡在外的民粹政府般態度，而非它所控訴的「特殊利益團體」——雖然它可能就是。

第七章　沃爾瑪的中國代價

在西俄亥俄州，距印第安那邊境幾哩處的賽琳娜市（Celina），就位在聖瑪麗大湖（Grand Lake St.Marys）邊；賽琳娜屬於莫賽爾郡（Mercer County）的選區，人口約一萬人，環繞四周的鄉野是特別肥沃的土壤，用來栽種玉米、黃豆和大麥。賽琳娜長久以來一直是工業鎮，一九二〇年代，最大的雇主是莫斯曼兄弟公司（Mersman Brothers Corp.），該公司宣稱美國每十張桌子就有一張是它製造的。近期賽琳娜成爲全世界最大的自行車工廠，擁有八十二萬二千平方呎的裝配空間、辦公室和倉庫，蔓生在五十英畝的基地上，歸屬赫菲公司（Huffy Corp）所有。

赫瑞斯・霍夫曼（Horace Huffman）於一九二五年創辦赫菲公司的前身——霍夫曼製造公司（Huffman Manufacturing Co），生產自行車的車胎鋼圈。霍夫曼的事業基礎是由他父親——也就是縫紉機工業鉅子喬治・霍夫曼（George P. Huffman）——一手打下的。一八九二年，老霍夫曼在此地以南七十哩處的戴頓鎮（Dayton）展開自行車事業。（他將縫紉機工廠改裝成腳踏車製造工廠，大約十年之後，另外兩名戴頓鎮的腳踏車製造商威爾伯・萊特〔Wilbur Wright〕和歐菲爾・萊特〔Orville Wright〕兄弟跨足到航空領域，兩人即後人所稱之「萊特兄弟」。）這些年來，霍夫曼生產令人印象深刻的美國製自行車，包括三〇年代的「霍夫曼戴頓流線型自行車」（Huffman Dayton Streamliner）、五〇年代的「赫菲收音機自行車」（Huffy Radio Bicycle），以及六〇年代有個香蕉形特殊座椅的「赫菲高速自行車」（Huffy Dragster）。七〇年代，公司生產車把手下彎的賽車型自行車並因此大賣；經過一番努力，也使登山自行車在八〇年代大行其道。

然而，到了九〇年代中期，赫菲卻深陷麻煩之中。美國的自行車工業經過整併，導致銷售通路大幅減少。赫菲所謂的「量販零售業者」，聲稱占據了美國四分之三的市場，對自行車製造業者可說是動見觀瞻，其中沃爾瑪對赫菲的施壓尤其嚴重。沃爾瑪曾經一度訂購九十萬台自行車，卻堅持要赫菲大幅降價。爲了在市場站穩一哥的角色，這家俄亥俄州的公司只得被迫同意。「說到大眾市場，沃爾瑪確實是鎮上唯一夠看的，」貿易雜誌《自行車零售業者》（*Bicyle Retailer*）的麥特．威比（Matt Wiebe）表示。

爲了補足賽琳娜的產量，赫菲在密蘇里州的法爾明頓（Farmington）成立第二家工廠，請來一些沒有加入工會的廉價勞工，如此一來赫菲就可以滿足需求。但是公司沒多久就發現，要想用最大顧客沃爾瑪願意支付的價格來銷售自行車，根本無利可圖。一九九五年，在虧損了一千萬美元後，公司要求代表賽琳娜勞工的工會，也就是美國鋼鐵工人聯合會（United Steelworkers of America）第五三六九地方分會，進行全面性減薪二〇%，之後工會答應，將平均每小時工資降到十二美元至十三美元。

赫菲在一九九六年和一九九七年轉虧爲盈，結果再度被沃爾瑪的價格壓力給壓垮。次年，管理當局告知工會，表示公司必須再把成本降個三五%。賽琳娜市亟需保住最大的雇主，於是提供一千四百萬美元的獎勵配套措施，但幾乎不足以改變赫菲注定的厄運。公司管理階層堅持，在降價的三五%中，最大部分必須來自非固定成本中的員工薪資。這一次，工會不願配合。

幾天後，就在一九九八年五月二十八日，當赫菲公司賽琳娜廠的員工上班時，經理把大家叫到工廠倉庫集合，說有要事宣布。幾位赫菲高階主管告知工作者，說公司即將關廠，並將遣散全體九百三十五名工人。這時一陣低沉的驚訝和憤怒之聲橫掃整個倉庫，幾名工人痛哭失聲。「我真的以爲會在這裡做到退休，」瓊安．瓊斯（Joann Jones）說。她在赫菲的工廠工作了二十年。

關閉賽琳娜的工廠後，赫菲將生產轉移到密蘇里州的工廠，同時到密西西比州的薩艾芬（Southaven）開設一間沒有加入工會的工廠。這些地方的工人每小時工資約八美元到十美元，但赫菲依舊負擔不起，於是這家自行車製造業者在一年剛過就無預警地關閉兩家工廠，又開除九百名員工。該公司把所有生產轉包到中國，因爲在那裡的自行車廠，工人每小時僅賺取〇．二五美元至〇．四一美元。

即使將生產單位搬到中國，仍舊不足以拯救赫菲。它確實贏得市占率，但依然不賺錢。二〇〇四年末，這家岌岌可危的製造業者墜入破產法庭，帳面的資產和負債分別爲一．三八七億美元和一．六一二億美元，最大債權人是「深圳保安自行車有限公司」，也是赫菲的自行車製造承包商，因爲它再也負擔不起自行生產的成本。在俄亥俄州戴頓的聯邦破產法庭裡，赫菲的資產被轉給以中國出口信用保險公司爲首的債權人，它是中國政府的機構，提供出口信用保險給諸如保安自行車公司等中國出口商。沃爾瑪以中國的廉價自行車爲目標價，赫菲經過多年折騰後，本質上已經成了一家中國人擁有的企業。

在此同時，回到賽琳娜，某開發業者在赫菲的工廠舊址上興建一家沃爾瑪的超級中心，等於把過去美國工業非凡成就的地標，變成未來低工資、以服務爲基礎的經濟體象徵。賽琳娜市的領導者費盡千辛萬苦，遷就一家扼殺該鎮最大雇主的公司（至少是間接），在區域劃分上讓步，並負擔拓寬馬路和改善店面供水及廢水處理的成本。「我們承受不起失去沃爾瑪的代價，」市長保羅・阿諾（Paul Arnold）表示。二〇〇五年五月，當超級中心照例在套圈圈的遊戲中開張時，北達科他州的參議員布萊恩・多爾根（Byron L. Dorgan）以酸味十足的發言，在這個場合引起注意：「被赫菲工廠資遣的勞工，可以去買一輛中國製的赫菲牌自行車。」

*

就在「中國價」成爲衡量消費品的製造是否具競爭力的關鍵標準前，沃爾瑪成功利用取得廉價外國製商品的方便性，在定價上獲得國內供應商所不具備的權衡空間，包括許多遠比赫菲過去規模還要大的廠商在內。八〇年代中，沃爾瑪貨架上有近半數商品都從國外進口，許多美國的消費品製造商只好接受班頓維爾的每日低價商業模式。爲了迎合沃爾瑪、凱瑪特、塔吉特等發展迅速的大型量販零售商，美國的衣服、玩具、鞋子等諸多產品的製造業者，將愈來愈大比重的生產移轉到第三世界國家的低工資工廠。一九八五年，美國販賣的衣服有四〇%以上都是進口貨。

一九八四年，沃爾頓從中美洲回來，擔心外包的趨勢已經失控。當他接到還是阿肯色州長柯林頓的電話，要求沃爾瑪幫忙援救法利斯時裝（Farris Fashions）時，他還在思索究竟該怎麼辦。法利斯時裝是法蘭絨襯衫的製造商，在最大顧客之一轉而投向中國工廠的懷抱後，這會兒正在苦撐著。柯林頓的求救電話給了沃爾頓靈感，於是想出沃爾瑪有名的「愛買國貨計畫」（Buy America，官方名稱是「回歸美國」〔Bring It Home to the U.S.A.〕），於一九八五年推出，以六十一萬二千美元的合約價，向法利斯時裝訂購二十四萬件阿肯色製造的法蘭絨襯衫。

沃爾頓運用一貫的天分，從率先倡導「愛買國貨」的運動中吸走所有的促銷成效。每家沃爾瑪的分店均以紅、白、藍的旗幟宣告「讓美國成爲充分就業的強國」，看起來煞是壯觀，連同幾十個小告示牌，上頭寫著：「這項商品原本是進口的，現在由沃爾瑪在美國採購，爲美國人創造／保住就業機會！」沃爾瑪將「愛買國貨」作爲主打活動，在全國播送電視廣告，廣告中充滿感激的美國勞工平實地做出證詞，成了年度會議最精采的部分。

愛買國貨是沃爾瑪史上最大的公關勝利（直到二〇〇五年卡崔娜颶風肆虐期間，公司的光芒才黯淡下來），但這不只是宣傳活動。在對國外採購做過更徹底的經濟分析後，沃爾瑪的管理階層做出結論，認爲它過去一直忽略許多隱藏成本，包括下訂單的前置時間漫長許多，以及存貨的融資需求更大。「採購進口貨成了我們的反射動作，而沒有眞正檢視可能的替代方案，」沃爾頓承認，「過去我們只是把銷路最好的美國製商品帶到東方，然後說：『你們看能不能做出類似的東西來。』」

在愛買國貨的計畫下，沃爾瑪向美國國內供應商拍胸脯保證：如果像沃爾頓形容的那樣，經過「眞正一對一的成本比較」後，如果國貨的成本高於進口價不到五％，沃爾瑪就願意降低成本加成，改買美國製品。一九八五年到一九九一年間，沃爾瑪在執行愛買國貨的計畫時，向數十家規模不一的美國廠商下了價值五十億美元的訂單，購買的商品包括：蠟燭、女用長袖衫、男用針織衫、海灘巾、軟片、家具、玩具，以及最不能忽視的一項——自行車，生產者是俄亥俄州賽琳娜的赫菲製造公司。

不過，對美國公司而言，僅僅因爲拿到沃爾瑪的新訂單，不等於交出這批貨就賺得到錢。事實上，絕大多數的美國廠商除非大幅砍掉營運成本，否則不可能只比沃爾瑪的進口價高出不到五％而仍有賺頭。愛買國貨倒不是陰謀詭計，沃爾瑪在重新引導價值五十億美元的業務時，確實減少了美國的貿易赤字。此外，公司經常不光是向經營艱困的美國廠商下訂單，還幫它用更有利的條件取得原料，並參與產品設計和配銷。但是到頭來，愛買國貨本質上是一匹假借愛國之名的特洛依木馬，沃爾瑪用它來引誘美國和海外的供應商在價格上做出進一步讓步。

來看看家具製造商佛瑞哲工程公司（Frazier Engineering）令人遺憾的命運吧。佛瑞哲工程公司位於印第安那州的莫利斯頓（Morristown），被沃爾頓大肆宣傳該公司尤其是愛買國貨計畫的受益者。在佛瑞哲同意用每張三．五美元的低價供應鋼管涼椅後，沃爾瑪就抽出先前跟中國某工廠簽訂、以每張四．九八美元製造涼椅的合約。「遠在東方的那些人聽說此事……知道怎麼了嗎？他們願意降低價格，所以兩邊都可以下單，」沃爾頓得意洋洋地說，還連忙補上一句，「不過，沃爾瑪還是堅持留在佛瑞哲工程。」只可惜時間不長。這家印第安那州的公司爲了削價而大大虧損，以至於在簽下愛買國貨的合約一年內就破產。

沃爾瑪的分店得意地貼出愛買國貨計畫下的合約累計總價值，以及挽救美國多少個工作機會，然而對進口的資料卻沒那麼知無不言。公布的統計數據強烈暗示，在八〇年代期間，進口貨占沃爾瑪的營業額百分比持續上升，對一家沉迷於提供顧客最低價、自己賺取最高利潤的公司來說，找第三世界生產實在是划算到難以抗拒，無論有無「隱藏成本」。

一九九二年末，就在沃爾頓過世後不久，格拉斯在接受《日線ＮＢＣ》（*Dateline NBC*）的訪談時，於鏡頭前遭到羞辱，因爲這個節目將沃爾瑪愛買國貨的光鮮揭穿到無以復加。節目製作單位在喬治亞和佛羅里達的沃爾瑪分店發現，一排排標榜美國製的衣服，其實是從孟加拉、韓國和中國進口的。當格拉斯坐立難安之際，節目播出記者布萊恩・羅斯（Brian Ross）參觀孟加拉一家惡名昭彰的工廠片段，年僅九歲的兒童竟然在被反鎖的狀態下過夜，還像機器般地幫沃爾瑪縫紉衣服。當羅斯把幾張照片交到格拉斯手中，照片上是二十五個死於工廠大火的孩子，而這場火就發生在沃爾瑪下第一張訂單前不久，這時執行長在訪談中途叫停，狂風似地衝出攝影棚。

就在這場災難性訪談後的一、兩天內，班頓維爾向所有店經理發出緊急公報。「我們必須……拿掉所有『愛買美國貨』的告示，拿掉每個『美國製』的牌子，拿掉牆上所有的紅、白、藍顏色。我們甚至有一些永久性的告示牌，是用黏膠黏在水泥牆上和混凝土牆上，還得用撕的才行，」李曼回憶，當時他在印第安那州經營超級中心。這一切都得在短時間內完成，「如果不做，就保不住飯碗，」李曼又說，「當時情況緊急。」

即使如此，沃爾瑪從不曾正式結束愛買國貨活動。直到一九九四年，它還在文宣中吹噓，「這項活動既是承諾，也是夥伴關係。」但是實際上，愛買國貨活動靜悄悄地在九〇年代中收攤，被埋葬在那些從中國等地排山倒海而來的低成本、高利潤進口貨之中。

*

沃爾瑪對供應商的影響力，不僅建立在它對科技使用的精湛，也在於它恣意炫耀它的國外採購組織。從條碼和掃瞄裝置的推出，乃至電子資料交換和無線射頻辨識系統（Radio Frequency Identification）

的標籤黏貼，沃爾瑪率先利用資訊科技的力量，在過去三十年間重新製造整個消費產品的供應鍊。來自沃爾瑪等大型零售連鎖業者的上百億美元資本投資，將「即時存貨」或「精實零售」（lean retailing）提升爲美國消費經濟的原則、標準。

當製造業者統治整個經濟體時，會根據自己對市場需求的評估（通常不精確）來調整生產量，再根據自己決定的條件，在方便的時候把商品倒給零售業者。以沃爾瑪爲首的大型量販連鎖業者，逐漸反轉這股力量，利用最新的電腦科技取得更詳盡、最即時的消費者偏好判讀，就連最有經驗的製造業者都不可能靠自己的力量辦到。於是，目前是零售業者在爲市場定調。換言之，「零售業者以極端注重細節的謹慎態度追蹤消費者行爲，再將消費者的偏好輸出到供應鍊，補貨幾乎是立即的，供應商則被要求以少量多次的方式送貨。」

精實零售的成功，結合了沃爾瑪珍愛的孤立性，將班頓維爾變成「販得維爾」（Vendorville，編註：意指零售之城）。五百家沃爾瑪最大的供應商，幾乎全都選在阿肯色州西北設辦公室，多數辦公室的員工頂多十到十五人，多半聚集在高速公路交流道附近的辦公園區，距沃爾瑪總部僅數哩。雖然沃爾瑪不要求廠商在當地租下空間，但確實要求他們給予高度關注，以至於光是透過電話或電子郵件根本就不夠看。供應商之間達成的妥協方案是，待在同一條街上，要比當個空中飛人更能討最大顧客的歡心。

販得維爾最大的企業「外事」團隊，要屬P&G四百人大陣仗的「沃爾瑪團隊」。總部設在辛辛那提的P&G，是全世界最大的消費品製造商，擁有許多美國最知名、最悠久的品牌，例如汰漬（Tide）、富爵士（Folgers）、金冠（Crest）和魅力（Charmin）等。爲了率先採用精實零售，沃爾瑪不僅必須比P&

G（本身也是個企業惡霸）占上風，也將長久以來的對抗關係轉變成密切的合作，以達到目的。

一九八七年是產生突破性進展的一年，當時沃爾頓被他的網球球友比林斯萊說服加入奧沙克山區的泛舟之旅，同行的還有P&G副總裁魯．普利其特（Lou Pritchett），他跟比林斯萊有多年交情。沃爾頓和普利其特在春河（Spring River）上前嫌盡釋，對兩家公司無法合作的根本問題有了共識，雙方「把重點放在最終使用者——即消費者——身上，但是兄弟登山，各自努力，」普利其特回憶。「不分享資訊、不一起規畫、系統之間不協調。我們只是兩家各走各路的企業巨人，忘掉了這套過時制度製造多少額外成本。」

在那之後不久，P&G的執行長約翰．史莫爾（John Smale）就打電話給沃爾頓，邀他到辛辛那提參加高峰會之類的會議。沃爾頓對於從沒有P&G主管前來拜訪相當不高興，但他呑下自尊，同意飛到辛辛那提，並帶著少數幾位隨行人員，包括格拉斯和索德奎斯在內。就在開會前幾天，沃爾頓打電話給史莫爾，表示他還是來不了，因爲P&G替他跟同事訂的旅館房間，每晚房錢超過一百美元。沃爾頓沒承諾去開會，直到史莫爾回電表示，已經請旅館將價格降到五十九美元。「其實啊，」索德奎斯回想，「是P&G付了另一半的帳款。」

接下來幾個月，沃爾瑪和P&G爲更廣泛、互動更頻繁的關係，簽訂包括人才和技術在內的草約。多年來，沃爾瑪的採購和P&G的業務員一直是兩家公司間唯一的聯繫點，如今組成「跨職能」團隊，將來自一方的後勤支援、技術和理財專家，與另一方的對口單位配對。於是兩家公司的電腦連線設計乾脆以此爲根據，大幅消除從接單到交貨過程中，成本高又容易引起爭議的人爲因素。結果就是「不間斷補貨」（continous replenishment）的高度自動系統，使兩家公司各需囤積的存貨量減低，加上沃爾瑪的採購人員和P&G業務員所需的人數變少，因而替雙方省下大量成本。或者就像普利其特說的：「我們用資訊科技共同管理事業，而不只是稽核它，這樣的舉動可謂破天荒。」

沃爾瑪和P&G的關係成了樣板，沃爾頓跟所有重要供應商的交易方式就照著修改，並電腦化。獲利提高深深吸引沃爾頓，但他依舊不願按照管理人員的願望，對新科技投以重金。虔誠的數位信徒格拉斯於一九八八年繼沃爾頓成爲執行長，但精明者如他，格拉斯一直等疾病迫使沃爾頓在一九九一年退場後，才以總成本四十億美元，推出沃爾瑪史上最大膽、無疑也是造價最高的技術專案：「零售業連結」（Retail Link）。

每一天，每家沃爾瑪分店每筆交易的詳細資料，都被餵進零售業連結的電腦系統，進入格拉斯技術中心的龐大資料庫。沃爾瑪的廠商透過自家電腦進入零售業連結系統，取得產品的相關資訊，例如P&G能密切監控所有一千二百項產品在特定分店、城市、郡、州、地區或全美的銷售狀況，而且可以從今天回溯到過去兩年的任何期間。這項資訊不斷經過電腦處理，以最精確的方式將供給和需求配對，目標是降低任一家沃爾瑪發生缺貨或存貨過剩的機率。

零售業連結系統以最少的人力來運作，讓這場複雜又精細的商品芭蕾能順暢地進行。根據索德奎斯表示，電腦「根據每家分店的銷售紀錄，判斷任意品項的預期需求，每日檢查那家分店那個品項的存貨，然後自動印製訂單，並立即傳送到最近的配銷中心。」電腦也監控每個配銷中心的存貨，在適當時機自動將購貨訂單傳輸給供應商。在格拉斯中心，資訊系統技師監控電腦對電腦的合作情形、他們用的軟體，預期何時會發生小麻煩（即所知的「例外」），並干預以防發生。「我們相當接近即時，我們能告訴人們需要做什麼、在幾小時內採取行動，完全視情況而定，」沃爾瑪的資訊長，也是格拉斯中心的主事者琳達．狄爾曼（Linda Dillman）表示。

二〇〇三年，我在參觀班頓維爾配銷中心時，對商品在輸送帶上的移動速度之快感到不可思議，這些輸送帶像蛇一般，穿過大且深的建築物。配銷中心總經理克雷格．瑞吉威（Craig Ridgeway）表示，飛快通過的商品，其速度相當於一百二十七家分店銷售商品的速度。換言之，沃爾瑪的配銷系統在輸入和產出之間達到完美平衡，或至少是接近平衡。對沃爾瑪整體而言，他們的商品流通率之快，使得有七成的商品在公司尚未交付貨款前，就已經來到收銀機前結帳，替公司省去融資和倉儲的鉅額成本。

比任何其他零售業者，沃爾瑪蒐集到更多銷售和顧客購買習慣的資料。它也對每家分店的地理特性抱持廣泛的興趣，蒐集了約一萬種商品的資訊，從人種和民族的人口統計，到當地對運動隊伍的偏好和天氣形態。資訊系統部職員把這些資料跟零售業連結蒐集到的銷售點資訊結合，預測每家沃爾瑪分店的銷售趨勢，並將產品的混合方式在地化。

以上過程就叫做微型採購（micro-merchandising）。二〇〇四年八月，法蘭西斯颶風爲微型採購的有效性提供別具戲劇性的示範。在那之前一個月，查理颶風才在佛羅里達中部的同一個狹長地帶肆虐，而今又受法蘭西斯威脅。分析師好整以暇地窩在格拉斯中心，「挖掘」查理經過路徑上的沃爾瑪分店在颶風前的銷售資料，接著預測法蘭西斯登陸後會怎樣。沒多久，沃爾瑪的卡車就又載著一批現貨，飛馳在I九四公路上，包括上千罐啤酒跟草莓口味的夾心餅，原因是這些商品在查理來襲前的銷量竄升七倍。

沃爾瑪及其廠商也合作創造新產品來滿足需求，而這些需求資料，也是他們把零售業連結的資料加加減減後努力預測出來的。由於希望把食物賣給經常光顧運動用品部的狩獵者，於是沃爾瑪請史邦肉品罐頭（Spam）的製造者荷梅爾食品（Hormel Foods）發明一種跟狩獵和釣魚速配的零嘴。才幾星期的功夫，新產品「Spamoflage」在七百六十家位於鄉下的沃爾瑪狂銷。

對供應商來說，跟班頓維爾做生意好比是出賣靈魂的協議。與全世界勢力最大的消費品銷售業者合作，使得製造商得以花最低的廣告和促銷費用，把大量商品賣出去。如果一切順利，廠商能相當程度地提高市場占有率，增加的銷量能用來抵銷因沃爾瑪的「每日低價商品」而少賺的利潤，而且還綽綽有餘。不過，班頓維爾要求的回報，等於要對方成爲自己的家臣。沃爾瑪不僅決定品項的售價，也決定所付的價格，而根據「加一」（PLus One）的原則，規定供應商要嘛降價，否則就逐年改善每項產品的品質；凡是無法將產品調整成沃爾瑪要的規格，或是在對的時間準時把指定的商品數量送到配銷中心，製造商將面臨嚴厲懲罰。「從駕駛堆高機的司機乃至執行長我個人，都知道送貨一定要準時。晚個十分鐘都不行。但也不能提早四十五分鐘，」擔任莎拉托加飲料集團（Saratoga Beverage Group）執行長多年的羅賓．普利佛（Robin Prever）說，「訊息很清楚：送貨的空窗期爲三十秒，到不了的就出局。」

沒錯，即使沃爾瑪定位自己跟供應商是夥伴關係，但幾乎沒有平等可言，六萬一千家供貨商對沃爾瑪的重要性，和沃爾瑪對主要供貨商的重要性完全不對等。P&G是沃爾瑪的最大供應商，但它的產品只占沃爾瑪零售營業額的二%。對比之下，P&G的最大顧客沃爾瑪，則占P&G營收的一八%。沃爾瑪不願將汰漬或任何P&G的主要產品從貨架抽走，以免引起購物者反感；但實際情況是，若班頓維爾換掉P&G產品，遠比P&G丟掉沃爾瑪的生意而找別家替代要容易許多。

沃爾瑪一手持鞭子，因此當它在九〇年代中跟樂柏美（Rubbermaid）攤牌後，毫無疑問地會願意揮動它。樂柏美是生產垃圾桶、塑膠桶等容器的老字號，八〇年代轉型爲成長型企業。它以富創造力的產品創新、對品質的嚴格控管，在一九九四年被同儕及《財星雜誌》評定爲美國最受欽佩的公司。樂柏美的總公司設在俄亥俄州極富田園風情的伍斯特鎮，但在偉大的成功故事背後，最後卻有個突兀、不快樂的結局。

關於樂柏美的再生，絕大部分是史坦利·高特（Stanley Gault）的傑作。他是伍斯特人，先是到奇異公司工作，後於一九八〇年回到家鄉，經營樂柏美。高特是個大膽、利己主義的高階主管，他以純粹的意志力逼得樂柏美去賺取蠅頭小利。有位記者曾經告訴他，屬下認爲他是暴君，高特回答：「是啊，我是個有誠意的暴君。」

在高特加入之前的樂柏美，不想委屈自己去跟沃爾瑪打交道，高特加入後旋即改變，在即將到來的大型量販革命中，將樂柏美定位在對的一方。樂柏美供貨給所有大型折扣連鎖店，但是在沃爾瑪身上找到最大的零售同盟，而後很快成爲最大的單一顧客。不過，就算沃爾瑪幫樂柏美連續四十季交出漂亮的獲利成績，高特的助理卻愈來愈擔憂。「從正面的角度來看，一開始大型零售業者創造了高效率，」負責經營樂柏美家用產品事業處的佛瑞德·葛羅內沃德（Fred Grunewald）回想，「但他們壓縮得太凶……在他們大幅砍價的情況下，我們無法回收產品的開發成本。」

高特在一九九四年安全地退休，當時樹脂價格開始狂飆，把樂柏美逼到退無可退。只要每磅漲價一美分，就會花掉該公司一千萬美元的成本，一九九五年總計花掉約二．五億美元。新任執行長沃夫岡．史密特（Wolfgang Schmitt）飛到班頓維爾，說明樂柏美亟需提高多項產品的價格，才能應付不斷膨脹的原料成本。在沃爾瑪總部大廳外的一間小會議室裡，史密特和資深高階主管比爾．菲爾茲（Bill Fields）面對面坐下，菲爾茲在當時被認爲是格拉斯的可能繼任人選。

菲爾茲禮貌地聆聽史密特滔滔不絕的說明，但仍拒絕爲樂柏美的製品多付一美分。頗有氣魄的史密特一向以令人生畏的舉止知名，他立刻充滿挫敗感，乾脆站起來大聲強調。「你要搞懂一件事，」他幾乎是對著菲爾茲大吼，「我們非這麼做不可。」

「錯、錯、錯，」菲爾茲也站了起來，六呎六吋的身高壓過史密特，「要搞懂的人是你，史密特，」菲爾茲說，「只要你們敢爲產品加價，我們就不再賣。」

之後又開了幾次較不對立的會議，但最後結果是，樂柏美眞的漲了價，而沃爾瑪也果眞抽掉該公司許多產品。此外，班頓維爾施加嚴厲的新交貨要求，動輒規定在下單後短短四十八小時內交貨，只要樂柏美沒在期限前趕到（大約二〇%的時間是如此），沃爾瑪就會爲損失的每一塊錢業績對樂柏美罰錢。最困擾高階主管的是，在產品設計這方面，班頓維爾還指揮樂柏美這家備受讚賞的創新者。「你會跟沃爾瑪開會，然後某個二十五歲的採購人員會進來，把一個有天分的設計師花好幾個月開發的東西撕成碎片，」某位行銷高階主管抱怨。

樂柏美是自己垮台的共犯，這點並無疑問。在《從A到A⁺》（*From Good to Great*）一書中，吉姆．柯林斯（Jim Collins）認爲，在高特統治下的公司成了一人獨角戲，以至於從沒發展出管理階層所需的深度，好讓成功得以延續。「高特未留下一家少了他也能很好的公司，」柯林斯下了結論。很明顯，沃爾瑪的欺負行徑嚴重傷害了這家公司。沃爾瑪於一九九六年選出高特進入公司董事會，但樂柏美已經來不及修補和沃爾瑪之間的破碎關係。一九九九年，樂柏美由紐威爾公司（Newell Co.）買下，該公司爲一家逐漸嶄露頭角的消費產品製造商，相當盡力地取悅沃爾瑪。新公司紐威爾樂柏美（Newell Rubbermaid）在班頓維爾的辦公室，其設計遵守「模仿不僅代表最高的奉承，也是顧客服務」的原則，裝設廉價地毯和樸素的隔屏，在在顯出沃爾瑪的風格。一樓包含了公司宣傳爲「分毫不差所複製的沃爾瑪分店」，放置著紐威爾玻璃製品、奇異筆、百葉窗簾、四輪嬰兒座椅、小泰克（Little Tikes）玩具，和其他產品線擴充後的商品。樓上的一面牆上掛了一幅沃爾頓的照片，旁邊是他的「商道法則」。負責經營班頓維爾事業處的史蒂芬・謝耶（Steven Scheyer）說：「我們跟這些人活在一起、一起呼吸。」

*

赫菲自行車並非目前唯一完全在中國生產的美國明星級產品，其他還有：李維牛仔褲（Levi's）、百工家電（Black & Decker）、史坦利工具（Stanley）、菲德斯空調（Fedders）、日光牌攪拌機、無線電飛行員（Radio Flyer）的小手推車，以及「神奇畫板」（Etch-A-Sketch）玩具，就連國會議員身上別的美國國旗領針，很多也是在深圳的工廠裡沖壓、鍍上金屬並塗上琺瑯。深圳是人口一千萬的新興都市，如今與鄰近的香港爭取成爲自由貿易的樞紐。

雷克伍德工程製造公司（Lakewood Engineering and Manufacturing Co）也在深圳設廠，公司總部在芝加哥，專門製造家用風扇、空間加熱器和濕化器。爲了應付愈來愈多的訂單，該公司於二〇〇〇年終於被迫擴大營業，卻想不出法子增加所需產能，也提不出能讓沃爾瑪滿意的價格，除非把部分生產移到中國。過去十年來，雷克伍德某種箱型扇的價格早就被腰斬，公司卻再也想不出辦法，進一步削減在美國的成本。它早就把位於芝加哥西區的工廠自動化，把裝配每件電器所需的人員數，從高達二十二人減到七人。不過，這七名美國人還是必須領十三美元左右的時薪，而深圳的中國勞工則每小時約領〇．二五美元。

中國以「製造業的發電所」之姿爆炸性崛起，受創最深的美國產業則非紡織業莫屬。過去三十年來，超過五十萬個工作機會消失，相當於產業總雇用人口的一半。近來，紡織業的大挫敗發生在二〇〇三年，製造加農（Cannon）與菲爾德奎斯特（Fieldcrest）毛巾的製造商比羅泰克斯公司（Pillowtex Corp），把僅存的六千四百五十名員工解雇；比羅泰克斯在之前一年剛從破產保護中站起來，想方設法生產能賺錢的毛巾，價格又要讓最大客戶沃爾瑪願意支付，最後是——辦不到。一個個家庭陷入失業困境，全鎮愁雲慘霧。「那座工廠堪稱『加農波里斯』（Kannapolis，編註：即毛巾城）,」在「毛巾城交叉路咖啡館和烤肉店」擔任女侍的哈靈頓（Leann Harrington）表示，在這三萬七千人口的北卡羅萊納城市中，這間小吃店是工廠作業員經常光顧的地方，「現在，我們簡直像住在鬼城。」

對沃爾瑪在美國的廠商及其員工來說，真正恐怖的是沃爾瑪才剛開始集中火力，要讓中國成為美國各分店的供貨來源。沃爾瑪早在一九七〇年代起就開始購買中國貨，先是透過美國和日本的進口商，之後索性在香港（一九八一年開設）和台北（一九八三年）設置辦事處，但是直到二〇〇二年才在深圳開設採購辦事處，從此跨足中國大陸。不到一年，沃爾瑪就使深圳辦公室成為全球採購總部，等於大聲宣示中國對該公司無比重要。如今沃爾瑪供應商資料庫中的六千個境外工廠中，約八成都在中國。

至於沃爾瑪在深圳的據點，位於當地某棟平凡的玻璃帷幕辦公大樓中，占據了其中三層；大廳唯一的標示是一面紙張大小的牌子，上頭寫著：「沃爾瑪全球採購辦事處」，箭頭指向電扶梯。沃爾瑪在中國跟在美國一樣，無須主動尋求供應商，因爲供應商會自動送上門。儘管保持低調，但這個採購辦事處每天依舊湧進上百位創業家和經銷商，設法把自家的鍋碗瓢盆擠進美國等地的沃爾瑪貨架。二○○三年，沃爾瑪在中國北方的天津港開設第二間辦事處，也是第一個可能成爲更多地區性採購的前哨站。

中國早就是沃爾瑪在美國以外的單一最大商品來源。二○○五年，沃爾瑪採購價值約二百二十億美元的中國製商品，高於前一年的一百八十億美元和二○○二年的一百二十億美元。現在，沃爾瑪本身就占外國對中國採購的三○%，以及美國自中國進口的一○%，然而中國只占沃爾瑪總採購預算的一一%，對其他許多美國大型零售業者來說，算是低蠻多的。由於沃爾瑪「向中國供應商採購的數量相對少……因此這個數量未來可能相當程度地增加，」華盛頓大學學者米莎．佩特洛維克（Misha Petrovic）和蓋瑞．漢彌爾頓（Gary Hamilton）近來一份針對沃爾瑪及其供應商的共同研究，做出了以上的預測。二○○五年初，沃爾瑪的高階主管在深圳和分析師會面的過程中，表示到二○一○年時，公司在中國的採購有可能加倍。

德勤國際組織（Deloitte Touche Tohmatsu）斷言，中國的低廉工資爲全球製造商建立「成本標準」，而沃爾瑪一心遵守這標準，使其他雇主難以抗拒。美國《商業週刊》稱之爲「中國價」，即使墨西哥等以製造業爲主的國家曾因爲工資低而一片榮景，也都不是中國的對手。較低生產成本所造成的問題，經常跟沃爾瑪在美國遭非議的問題相同，包括微薄的工資和福利、不人道的超時工作，以及惡劣的工作條件等。「在壓低工資和工作條件方面，沃爾瑪確實起了帶頭作用，」UCLA勞工中心黃主任（Kent Wong）表示，「他們不僅出口沃爾瑪的名號、公司和身分，也出口從商之道。」

沃爾瑪一如美國多數主要消費品進口商，也支持「合乎道德的採購原則」（ethical sourcing）。一九九二年以來，沃爾瑪針對外國供應商實施此行爲準則，有意使那些爲各分店生產商品的工廠擁有更好的工作條件。沃爾瑪聲稱擁有全世界最大的海外監控計畫，雇用約二百名全職稽查員，每天到三十家工廠巡視，換算成一年大約是五千家。「我在一九九六年到孟加拉，調查沃爾瑪成衣代工廠惡劣條件的指控，深刻了解到合乎道德的採購原則對公司來說是何等重要，」史考特在二○○五年春季的最新報告前言中這麼寫著，這份報告是公司每年爲了執行供應商的道德標準計畫而撰寫，「道德標準計畫（Ethical Standards Program）是業務不可或缺的部分。」

幾個月後，史考特斬釘截鐵的言詞引來猛烈砲火，起因是一場官司的指控：沃爾瑪不僅未能在中國有效實施這些行爲準則，也包括在孟加拉、印尼、尼加拉瓜和史瓦濟蘭等地。原告是美國國際勞工權利基金會（International Labor Rights Fund，簡稱ILRF），理由是參與該組織的十六名工人在各自母國將面臨報復，甚至是喪命的危險。訴狀中敘述的遭遇，有如狄更斯（Charles Dickens）筆下受盡剝削的奴工，像是時薪只有幾分錢，加上動輒被迫每天工作十到十二小時，而且是一週六到七天，持續好幾個禮拜。爲了維持低工資，也爲了方便使喚工人，公司讓員工在宿舍睡、在工廠食堂吃。爲深圳包商工作的人在法庭表示，管理階層扣下每位新進工人前三個月的薪資，威脅如果走人就不給錢，此種作法的確使他們淪落爲契約僕役（indentured servant，譯註：專指一七〇〇年至一九〇〇年間到美國打工的人）。有位女士說，她因爲做不到配額的產量而遭上司掌摑，力道之大導致流鼻血。

班頓維爾對ILRF的訴訟嗤之以鼻，表示該團體「一向把意見當事實」，提告是因爲聽命於沃爾瑪的死對頭——UFCW——所致。「我們在監督供應商的工廠條件方面，爲全球領導者，」沃爾瑪在公開陳詞中宣稱，「倘若發現任何供應商的工廠不願將問題導正，我們就終止與對方的關係。」

長久以來，「虐待工人」的指控，與沃爾瑪的中國供應商如影隨形。二〇〇〇年，《商業週刊》刊載「中西企業手提袋工廠」（Chun Si Enterprise Handbag Factory，譯名）的類似虐待事件，該廠位於中山縣，是珠江三角洲的另一個工業首府。週刊說，中西的九百名工人被關在高牆圍起的工廠裡，每日用餐時間僅六十分鐘，舉凡頂撞管理者，甚至走路速度過快，警衛就會對工人飽以老拳，至於在浴室待太久之類的，最高會被罰款一美元。

有位名叫鐘賽（Chun Sei，譯名）的工人說，替沃爾瑪生產凱西李姬佛（Kathie Lee Gifford）手提袋的公司每月付他二十二美元，另外還要再扣除十五美元的食宿費。這位鄉下男子因爲看到中西的廣告，該公司承諾會有好工作和公平待遇，所以他來到中山。他說他不敢就這麼不幹了，因爲在他開始工作前，公司要他交出身分證件，取而代之的是發給他一份過期的臨時居留許可。這份一文不值的文件，等於把他變成整座工廠建築體的俘虜。經過三個月每週工作九十小時，他終於鼓起勇氣離開，口袋只揣了六美元。「那裡的工人，面對的是一輩子的懲罰和無情對待，」他說。

長時間工作、低工資和惡劣的工作條件，在沃爾瑪的中國包商根本司空見慣。在東莞，合一電子塑膠製品有限公司（He Yi Electronics & Plastics Products）替沃爾瑪製造小型玩具車，每小時工資區區〇．一六五美元，且根據紐約的反血汗工廠團體「全國勞工委員會」（National Labor Committee，簡稱NLC）表示，他們照慣例被要求每天工作十二小時以上，每週七天。「在這世上，找不到比這座工廠更差的條件了，」NLC的執行董事查理斯．肯納根（Charles Kernaghan）說，「他們違反中國法律，美國人會覺得它們駭人至極。」

二〇〇四年，沃爾瑪擱置向一千二百家包商購買商品，爲期至少九十天，原因是他們在收到警告後未能解決嚴重的違規問題；沃爾瑪同時將一百多家工廠永久除名，主要是因爲違反兒童勞動法。即使如此，ILRF的泰瑞．考林斯沃斯（Terry Collingsworth）依舊駁斥沃爾瑪的監控作爲，表示九成以上的檢查都是預先排好日期，讓管理者有時間隱藏紀錄，同時警告員工不准向檢查員投訴，並把他們認爲會說實話的人開除。

沃爾瑪監督血汗工廠的歷史並不風光。當手提袋製造商中西的問題於一九七七年首度公諸於世，沃爾瑪怒沖沖地反擊虐待工人的指控是「謊言」，並否認和中西有任何關係。但是，當《商業週刊》以工廠員工偷偷洩漏的實情加以質問，這時沃爾瑪才承認它在中西公司方面的事說了謊。沃爾瑪繼續向該公司購買手提袋，直到一九九九年。

深圳等工業中心的勞工逐漸發現，依照沃爾瑪的作風，到頭來可能使他們像當初的美國人、墨西哥人等被消費掉。悅邦製衣廠（Gladpeer Garment Factory）是個頗具規模的內衣、睡衣和童裝製造商，成立於香港，但是爲了應付沃爾瑪的價格壓力，於是往北遷到珠江三角洲的東莞，這裡的女裁縫願意每天工作九小時，每週工作五或六天，每月領取約五十五美元。爲了進一步削減成本，於是公司的總經理賽門・李（Simon Lee）立即著手將悅邦遷往更內陸的廣西省。李說，那裡的水電、住宿、稅金，還有勞工成本，要便宜多了。「競爭激烈，我們最大的單一問題就是成本，」李表示，「很多顧客先看成本，然後才看做工細不細。所以我們才要到廣西去。」

幾家沃爾瑪的廠商對於中國勞工成本日漸高漲表示關切。加拿大的多瑞爾工業公司（Dorel Industries Inc.）設計並銷售安全第一（Safety 1st）和卡斯科（Cosco）嬰兒汽車安全座椅、學步車等嬰兒產品，該公司於二〇〇四年宣布，開始考慮把生產單位從中國中部的城市移出。多瑞爾的執行長馬丁・舒瓦茲（Martin Schwartz）表示，一〇%到一五%的工資調漲是行不通的，即使生產力因此提高。「增加的成本，無法轉嫁給主要顧客，」舒瓦茲說，「中國製造商一定要更有效率。」這番話或許只是嚇唬人罷了，目的是讓多瑞爾的供應商把皮繃緊一點，如果眞是如此，那麼此舉還眞有效。艾咪・顧（Amy Gu）是多瑞爾供應商之一「上海大阿福童車責任有限公司」（Goodbaby Corp）的高階主管，這家公司位在上海附近，專門製造學步車。她表示公司虧本接單，只爲了保住沃爾瑪的生意，希望將來會有賺頭。「多瑞爾會告訴我們，『沃爾瑪就給我們這個價，我們需要只花這麼多成本的工廠，』」她說，「我們必須設法辦到。」

索洪（Sok Hong）是柬普寨的家族事業國雄製衣有限公司（Kong Hong Garment Co.）的總經理，他承認自己跟美國任何一間公司一樣，擔心顧客認爲把訂單轉到別處，單位成本能節省個一、兩美分，而沃爾瑪就眞的會這麼做。「他們只看價錢。如果你的價格比較低，他們就跟你買，」他說。他的公司每月出口高達三萬件牛仔褲到美國，其中近四分之三到沃爾瑪。「我們的工廠不雇用童工……但是買方才不管你多好哩。」

*

那麼這些事會到哪裡結束？沃爾瑪說，它只不過是扮演顧客的中代理人，而顧客總是希望東西好又便宜。沃爾瑪堅稱是「拉窮人一把」，不過這些都是運氣夠好的窮人，才會剛好有間沃爾瑪在附近。它幫助無業的人得以收支平衡，即使這些顧客是爲了配合「每日低價商品」的生產而身無分文又失業。此外，沃爾瑪聲稱，如果它不用三十八．七六美元的價格販賣DVD，或者用六．四四美元販賣海綿巴布（SpongeBob SquarePants，編註：美國當紅卡通人物）的T恤等每日廉價品，總會有別人這麼做。如果提供這些便宜商品的過程，必須終結俄亥俄和北卡羅萊納等地數百萬中產階級的工作，以貧窮水準的工資創造新工作，讓美國陷入中國的困境而無法自拔，那也是沒辦法的事。不少經濟學家同意，而每天在沃爾瑪購物的數百萬人也同意的是，至少這些人肯用點腦筋，思考一個「咖啡先生」（Mr. Coffee）的咖啡壺只賣十九．九四美元，沃爾瑪到底還怎麼賺錢。

然而，其他人開始質疑這場競賽到最後究竟明智與否。「人們會問：『東西被便宜賣到美國，怎麼會是壞事咧？在沃爾瑪撿到便宜，怎麼會是壞事？』當然，這麼做壓抑了通貨膨脹，撿到便宜也蠻棒的。」卡羅萊納製造廠（Carolina Mills）的總裁兼執行長史帝夫．杜賓斯（Steve Dobbins）表示。該公司替沃爾瑪賣的衣服製造線紗，因爲成本較低的中國競爭者加入，讓生意一點一滴被蠶食。「但是，如果你沒了工作，也甭買東西了，我們是買東西買到連工作都沒了。」

反沃爾瑪

折扣零售業是艱苦行業，對勞工成本必須念茲在茲地關注，而勞工成本也是沃爾瑪和同業的最大單一費用，即使沃爾瑪的成本效率已經到了「完人」的境界，但每一塊錢的營業額也只賺三分錢。「去年我們獲利一百億美元，所以評論者就堅稱，我們應該付給同仁更多錢。但是，我要請隨便哪一位來算算，」執行長史考特在二○○五年末表示，「即使最微幅的全面工資調漲，都會抵銷微薄的利潤。」

關於這一點，最具說服力的反駁會是：那好市多呢？

好市多倉儲（Costco Warehouse）究竟如何取代沃爾瑪，成爲大型量販店的首選雇主，這點並不難理解。它的每小時工資平均爲十五．九七美元，比旗鼓相當的對手山姆俱樂部高出三三%，更比沃爾瑪分店高六五%；好市多每年額外花在每位工作者身上的醫療福利爲五千七百三十五美元，山姆俱樂部爲三千五百美元，而且好市多提供八二%勞動力的保障，相較之下山姆俱樂部爲四七%。更驚人的是，好市多也比山姆俱樂部賺錢。二○○四年，好市多每位員工幫公司淨賺一萬三千六百四十七美元，山姆俱樂部每位員工則是一萬一千零三十九美元。這種事究竟怎麼可能發生？

好市多在率先採用獨特的低價位、高工資業務模式時，與其說是擊敗沃爾瑪，倒不如說是改變遊戲規則，至少是它的計算方式。好市多折扣零售新算法的關鍵，在於年度員工流動率僅二三％，是沃爾瑪的一半。「把員工照顧好，而且比同業的存貨周轉更快，就可以把事業做起來，」好市多的創辦人兼總座詹姆斯．西奈格爾（James Sinegal，員工皆直呼他「吉姆」）表示，而這顯然是班頓維爾偉大對手的痛處。

好市多的總部就在西雅圖外的伊沙瓜（Issaquah），它是美國最大的倉儲俱樂部連鎖，也是第五大零售業者。好市多的前身是價格俱樂部，這是家聖地牙哥的連鎖店，沃爾頓就是有樣學樣，成立了山姆俱樂部。價格俱樂部的創辦人普萊斯是思想左傾、特立獨行的折扣店業者，他以看著沃爾頓上鉤爲樂，還訓練一位能幹的徒弟——西奈格爾。一九八三年，西奈格爾離開價格俱樂部，他沿海岸往北走，和當地的夥伴共同成立好市多，差不多就在沃爾瑪推出山姆俱樂部的時候。一九九三年，普萊斯把價格俱樂部賣給好市多。「我們擅長創新，」普萊斯解釋，「但說到擴充和控制，我們就沒那麼在行。」

但西奈格爾全都很行。他是個頗有魅力的大老粗，就像桂格燕麥（Quaker Oats）的老爺爺威爾佛．布林利（Wilford Brimley），西奈格爾是泛藍州（blue-state，譯註：指支持民主黨的州，主要集中在東北部、上中西部和西海岸）的沃爾頓——如果這種事可能的話。「山姆俱樂部和好市多的差別在於，」好市多的董事，也是超級投資者巴菲特的哥倆好查理．孟格（Charlie Munger）表示，「我們有個『活生生的沃爾頓』長相左右，但沃爾瑪沒有。」

西奈格爾和沃爾頓一樣，出於本能地相信低價至上，乃至於堅持所有品項都不得加成超過一四％到一五％。「傳統零售業者會說：『我賣這個十美元。我在想，不知道可不可以賣到

十．五美元或十一美元。』」西奈格爾說，「我們說：『我們賣這個九美元，怎樣才能賣到八美元？』」說到營運成本，西奈格爾也可以從白花花的鈔票榨出油來，但說到和供應商交涉，卻也毫不留情。好市多的老總就像沃爾頓一樣不得閒，每年至少到每家分店巡視兩次，並以每天打壁球以維持異於尋常的體能進入六十歲，大約跟沃爾頓在自家網球場打網球的頻率一樣。

西奈格爾跟沃爾頓一樣，辦公室大門敞開，來者不拒，並且在高要求之下盡量別給人威脅感。「跟西奈格爾從總部大樓一起走到隔壁的好市多，會一直聽到『嗨！吉姆……嗨！吉姆……嗨！吉姆……』像合唱團一樣，」一位訪客回想，「他以對方的名字回應，顯然沒有看著名牌。」西奈格爾對工會的執著並不比沃爾頓嚴重，但也不是空談理論。好市多開分店時，會比照當地有組工會的雜貨店工資和福利配套措施。爲了吸收價格俱樂部，好市多接收組織工會的分店，目前雇用的員工在該公司十一萬三千位中占了一萬四千名。好市多目前和國際貨運卡車駕駛工會簽訂合約，保證員工每週最低工作二十五小時，並要求至少半數分店員工爲全職。

幾年前，好市多的營業額超越山姆俱樂部，目前在美國的一千零四十億美元倉儲俱樂部市場占有率爲四九％，山姆則是四〇％。如果考慮好市多的分店僅四百五十七家，比頭號敵人還少一百家，但它的績效相形之下更令人印象深刻。好市多和山姆俱樂部都把商品放在棧板上，在樸實無華的分店中販賣，可是好市多把任何時間的商品種類縮減到四千項，而且走高階商品的路線，因而比山姆吸引更多較富裕的客群。「我們的顧客不會光爲了一罐較便宜的花生醬，開車十五哩前來，」西奈格爾說，「他們是來挖寶的。」

有些人可以辯稱——西奈格爾當然也會——好市多分店的平均營業額超過山姆俱樂部的另一個原因，在於它雇用比較快樂、較有生產力的勞動力，因此也眞的值得多付些工資來聘請。工資高也是顧客忠誠的理由，使購物者不覺得自己省下的錢是以勞工爲代價。

華爾街的分析師定期會把西奈格爾嘲笑一番，原因是他們認爲他對員工過度善意，然而好市多白紙黑字的成績單卻不容辯解。令人訝異的是，好市多的勞工成本僅占營業額的九・八%，沃爾瑪則是一七%。（班頓維爾沒有把山姆俱樂部的數據區分出來。）如此大的區隔，不僅說明好市多全員的傑出銷售力，也代表它可以長久經營下去，在好市多待過至少一年的員工當中，一年後的離職率爲六%，相較之下山姆俱樂部則是二一%。

過去幾年間，班頓維爾嘗試增添更多時髦的高階商品到山姆俱樂部和沃爾瑪分店，想跟好市多和塔吉特一較高下。不過，沃爾瑪對好市多現象的反應，大多跟它過去對競爭威脅的反應相同：試圖用價格驅敵。持平而論，山姆俱樂部長久以來被它的「準獨立」身分切斷腳筋，因爲它既不具備母公司的優越購買力或配銷系統，也沒有能力完全豁出去，跟沃爾瑪的折扣店搶生意。二〇〇三年，史考特爲了支持山姆俱樂部的經濟基礎，將它收編進入沃爾瑪，倉儲俱樂部的事業處立刻全面降價。好市多比照辦理，價格戰削減好市多的利潤，但它設法保住市占率，二〇〇四年的獲利率甚至高達二二%。至於山姆俱樂部呢，則是進入B計畫的時候了。

好市多削弱山姆俱樂部的銳氣，看在沃爾頓的眼裡，會不會將它視爲是對沃爾瑪及其倉儲俱樂部業務模式的反擊？很難講，但他當然該花很多時間，好好思索它的意義。沃爾頓的天分，是用常識證明眾人的見解是錯的，當然鄉下人和城市穴居者都喜歡撿便宜，但這件事有待沃爾頓來證明。如今零售業的共識（以沃爾瑪爲縮影）是：把每小時工資壓到最低，是成功所不可或缺，甚至是存活所不可或缺。好市多的工作者也是大型高效率機器的齒輪，但他們不僅上了機油，而且被拋光得亮晶晶。好市多故事的最終教訓，或許跟沃爾瑪的老格言一樣平凡無奇：員工也像人生中幾乎每件事一樣，要怎麼收穫，先怎麼栽。

第八章　沃爾瑪與美國最後的獨立雜貨店之役

在美國國土，沃爾瑪一直是停不住的冷酷力量。但是，自二〇〇〇年到二〇〇五年間，沃爾瑪悶聲不響地關了近九百家分店，關店家數遠超過凱瑪特在二〇〇三年陷入破產重整時的情形。事實上，沃爾頓一手創造的沃爾瑪折扣商店正緩緩步向死亡。理由爲何？過去十年來，有個令人畏懼的競爭對手崛起，傳統沃爾瑪對它可說是一籌莫展。至於班頓維爾對這樣的情勢則笑到合不攏嘴，因爲那個競爭對手就是沃爾瑪超級中心。沃爾瑪所收掉的折扣店，幾乎全都以更大、更賺錢的超級中心捲土重來。二〇〇四年，沃爾瑪超級中心的家數首度超越沃爾瑪折扣店，爲一千七百一十三家比一千三百五十三家；預期到二〇〇七年，雙方差距將提高到二比一。

超級中心的勝利，已經爲沃爾瑪冠上美國最大食品零售業者的稱號，不過，班頓維爾才正要開始放手去做。二〇〇五年，它開了二百五十幾家超級中心（其中一百六十家是轉型的）。沃爾瑪原本以爲，超級中心必須沿著中大型城市的外圍，且彼此間至少需相隔十五哩，以避免競爭兩敗俱傷；然而過去幾年間，它說服自己相信，在最大的市場中，即使相隔僅三、四哩，超級中心還是照樣生意興隆。「光是美國一國，我們估計還有空間再容納近四千家超級中心，」史考特最近這麼告訴股東。

超級中心的大舉擴張，預示著史上最大的食物戰爭將更激烈，美國到處充斥倉儲俱樂部、超級市場、便利商店、藥局和街角雜貨店，賣的東西跟沃爾瑪一樣，只不過價格通常高出許多。在多數銷售現場，大眾消耗品的市場每年頂多成長幾個百分點，意思是說，沃爾瑪超級中心進帳的每一塊錢，幾乎都是從對手雜貨店或藥局搶來的。零售向前顧問公司表示：「沃爾瑪逐漸占據消費者的雜貨和藥品開銷，將徹底摧毀競爭對手。」他們同時預測，自二〇〇三年到二〇〇七年間，每新開一家超級中心，就會有兩家超級市場關門，加總起來是二千家超級市場，這還不包括不知名的街角雜貨店和便利商店。

沃爾瑪的必殺商業模式，導致規模最大的連鎖超市在每個業務面都陷入競爭劣勢。首先，沃爾瑪利用自己的規模，以最低批發價提供品牌商品。它有辦法壓低售價，因爲高科技的配銷系統不斷創造新的效率，這套系統每分鐘追蹤各種物品從供應商到配銷中心的過程，從電動工具乃至德國鹹餅都包括在內，而且是以其他零售業者趕不上的步調。結果不僅成本降低了，業績也因此提升，因爲熱賣商品很快就被補貨上架。其次，沃爾瑪將分店設在都市外圍，它向地方政府壓榨補貼，用以支付道路等改善設施的費用，進一步降低土地成本。最重要的是，沃爾瑪擁有的勞工成本優勢在雜貨買賣上尤其顯著，因爲多數大型連鎖業者均受合約束縛，致使報酬最低的勞工也比沃爾瑪的同級工人多賺二〇%到三〇%。

今天，如果距離你家一小段車程的範圍內尚無超級中心的話，八成就快有了，但是可能需要點時間。因爲沃爾瑪正在創造一個由超級中心建構而成的美國，作法就像入侵的軍隊征服敵人領土那樣，一個接著一個城市。它在所支配的市場鄰近成立一個巨無霸配銷中心，之後一步步用分店塡滿配銷中心劃定的責任區。

奧克拉荷馬市是徹底被沃爾瑪「超級中心化」的第一批大型都會區，班頓維爾希望把相同模式套用在每個頗具規模的城市，唯一可能的例外是紐約市。一九九七年，沃爾瑪在奧克拉荷馬市經營三家超級中心，控制僅六%的雜貨市場；如今卻有八家超級中心和十家「沃爾瑪社區市場」（Wal-Mart Neighborhood Markets），涵蓋奧克拉荷馬市，占有率達三五%。（社區市場是沃爾瑪版本的傳統超市，規模等於超級中心的四分之一，爲班頓維爾於一九九八年推出，是旗艦店的替代方案。）沃爾瑪的突襲，幫消費者壓低食品價格達一五%之多，也使得經營雜貨店者愈來愈難以維生。在這個地區約有三十家超級市場倒閉，過去連鎖超市第一名的佛萊明／貝克氏（Fleming/Baker's），其市占率從一六%萎縮到五%，即使大砍售價和工資也於事無補。

沃爾瑪的財力無人能及，野心無可限量，但在某些地方，超級中心的超大破壞力絕非萬夫莫敵。有時公司在侵略路徑上故意略過油水特別多的城市，不過會先將它團團圍住，等到自身非昔日吳下阿蒙，再擇日回過頭來征服，其中最明顯的例子是辛辛那提。二〇〇四年十月，當第一家超級中心在辛辛那提開幕時，沃爾瑪已經準備好用超級中心塞滿皇后市（Queen City）周邊的主要都市中心，包括：路易斯維爾、萊辛頓（Lexington）、印第安那波里斯（Indianapolis）、戴頓、哥倫布（Columbus）、曼菲斯和納許維爾（Nashville）。爲什麼不連辛辛那提也一起呢？

住民兩百萬人的辛辛那提，是美國第二十四大都會區，位在俄亥俄州和肯塔基州交界的俄亥俄河（Ohio River）北岸；在文化上，它是個南方城市，不僅民風出了名的保守，而且幾乎是刻意守舊，就像總部設在奧沙克山區的沃爾瑪。「萬一世界末日來臨，我想待在辛辛那提，因爲這裡永遠比現實落後二十年，」馬克・吐溫（Mark Twain）以想像說出以上妙語。

不過在雜貨這個行當，辛辛那提可不是閉塞之地，因爲美國第一家巨型市場就開在這裡。一九八四年，法國的超市公司「歐洲市場」和某位美國合夥人共同成立比格斯，在辛辛那提開設一間占地二十萬平方呎的巨型市場，成爲全美矚目的焦點。由於對美國人的購物習慣一無所知，比格斯背後的法國投資者沒多久就把股份賣給超值公司——也就是美國的大型食品批發業者與超市經營者。超值公司捨棄比格斯在三十幾個城市設置分店的計畫，以便將所有火力集中在辛辛那提，這些年來又多開了十家分店，但比格斯只能占領辛辛那提，因爲它無法在地盤讓給沃爾瑪（或任何其他商店）的情況下還繼續存活。

辛辛那提也是麥哲的重要樞紐，這家連鎖店總部在密西根州，六〇年代初將超級商店引進中西部。麥哲也在大辛辛那提經營十家分店，在同業間因爲有紀律、專注細節而備受尊重。這家未上市的家族企業，以一百二十億美元的營收，在美國最大雜貨業者的排行榜上屈居第十一名，但足以證明它並不擔心跟沃爾瑪大戰一百回合。一九九三年，麥哲向總部所在的密西根州當局提出申訴，迫使沃爾瑪當庭承諾不再進行有誤導之嫌的比價，加上主管機關的強烈反應，最後說服沃爾瑪把廣告詞從「永遠最低價，永遠。」（Always the low price. Always.），改成較不斬釘截鐵的「永遠低價，永遠。」（Always low prices. Always.）

最重要的是，辛辛那提歸屬於克魯格的王國。克魯格公司於一八八三年由巴尼・克魯格（Barney Kroger）成立於辛辛那提，比它的頭號敵人A&P支撐得還要久。這兩家公司彷彿龜兔賽跑，前者終於在一九九〇年代成爲全美最大的連鎖雜貨業者。如今克魯格擁有二千五百家超市，分別在二十幾個品牌路線下經營，包括克魯格、佛瑞德・麥爾、拉夫斯（Ralph's）、史密斯（Smith's）、狄里安（Dillion's）、國王超市（King Sooper's）和福來（Fry's）。二〇〇四年，克魯格的總營收爲五百六十億美元，在所有美國企業中排名第二十一。

沃爾瑪不畏懼克魯格，因爲它們早就交過手，而沃爾瑪也在全國各地的城市將克魯格打敗過。但是，跟一個像克魯格這般龐大、驕傲、關係網絡綿密的公司，在它地盤上交戰的勝算有多少，則讓沃爾瑪遲疑並裹足不前。二〇〇三年末，克魯格在大辛辛那提經營七十四家超級市場，在雜貨業市場的占有率爲四五%，相較於麥哲爲一四%、比格斯爲一〇%。沃爾瑪的占有率爲二%，主要來自位在都會區最外圍的兩家超級中心，一家在印第安那州的奧羅拉（Aurora），另一家在肯塔基州的乾山脊（Dry Ridge）。

克魯格在辛辛那提稱王百餘年，但是到了二〇〇四年，王位逐漸不保。兩年來，辛辛那提的報紙總是被沃爾瑪在該市郊區外圍操作不動產的報導塞滿。（該公司也曾努力保住市區的某個點，結果後繼無力。）細節往往是粗略的，但字裡行間的訊息卻再清楚不過，「管他準備好了沒，總之，我們來定了！」在未來幾年間，沃爾瑪計畫用至少十二家，甚至可能高達二十家的超級中心，將辛辛那提市區團團包圍，「沃爾瑪打算進來，以閃電式攻擊來破壞辛辛那提，」該市首席零售業顧問史丹・艾契爾包姆（Stan Eichelbaum）預測。由於料到了沃爾瑪遲來的突襲，辛辛那提既有的雜貨業者早就彼此大砍成本並狂開新分店，企圖搶在阿肯色的侵入者沿路搶奪前先提高市場占有率，而這些小型衝突立刻導致慘重傷亡。二〇〇四年五月，省錢道（Thriftway）連鎖店宣布計畫關閉二十一家分店。直到一九九八年，省錢道都還是辛辛那提排名第二的雜貨業者，市占率達一八·四％。

如今，隨著全國兩大食品零售業者在該市對決，辛辛那提之戰令人愈來愈無法忽視。「沃爾瑪反正就不停止成長，」克魯格老總大衛·狄里安（David B. Dillion）說，「從分店家數來看，我看不出任何趨緩的跡象。」對克魯格來說，失去辛辛那提的損失特別慘重。如果克魯格不能抑制沃爾瑪在家鄉超越自己，又如何能希望不被擊倒，更別說是重振往日雄風？

作爲二十一世紀獨立雜貨業者的測試案例，辛辛那提也同樣具有迷人之處，因爲這裡是美國最怪異的奇妙超市——吉姆叢林國際農夫市場（Jungle Jim's International Farmers Market）——發源地。吉姆叢林的獨資業主詹姆斯·伯納米尼歐（James O. Bonaminio），是朋友和員工口中所稱的「叢林」，也是位不折不扣的獨立分子。心血來潮時，伯納米尼歐會穿戴紫色加金色的巫師服（P&G的禮物）和輪鞋溜過走道，表演「價格魔術」，要不就是跳上「叢林樂園」（Jungleland）救護車去收個幾小時「垃圾」，回來時帶著一、兩公噸的廉價回收廢料。他總有辦法把這些東西用在手工製品店裡，一如他處理從商展回收的機器人羅賓漢、從沼澤中拉出來的四十五呎拖網漁船，以及從廢棄的高速公路護欄撿回來的四萬塊木頭。

伯納米尼歐的名片上印著——他穿著白色醫師袍，揮舞著一把大刀對某位叫「菲爾」的人進行手術，而這位躺在手術台上的菲爾老兄，在一位傻笑的護士用針筒戳他時顯然在痛苦大叫。伯納米尼歐是那種會用「成功的穿著」這類議題來中斷會議的人；或是尋求對掛在他牆上、搞笑戰利品的建議，那是一隻鹿的臀部和後腿，再公然搭配一台放屁機。「你覺得如何咧，蠢蛋？」在某位銀行家的訪問代表團提供他七%的貸款後，他問道。「七%的利率好嗎？」回答他的是喇叭中傳出一陣腸胃脹氣的聲音，而這是由藏在伯納米尼歐手上的遙控器所驅動，好把七%吹出窗外去。雖然伯納米尼歐從不因爲談公事而忘了大笑，但數字說明他的瘋狂並非胡鬧。二〇〇四年，他的營收爲六百四十五億美元，而一九九五年的營收則爲二百九十八億美元。

伯納米尼歐於七〇年代在卡車販賣農產品起家，根據《進步雜貨》（*Progressive Grocer*）雜誌的最新統計，即使美國的獨立超級市場（從老爸老媽開的街角雜貨店，到有十一家分店的地方性連鎖業者都包括在內）萎縮至目前的一萬一千六百四十五家，吉姆叢林卻逆勢成長。由於愈來愈多業者被大型連鎖超市擊敗，甚至因爲較大連鎖超商間日益激烈的價格戰而敗陣下來，因此獨立超市的全國市占率從十年前的二七%縮小到一六%，且將持續下降。

顧問們一致認爲，反制沃爾瑪的最佳方法就是反其道而行。哪家食品銷售者要比眞正獨立的雜貨店更不像超級中心？當開著大老遠車去買食物成了人們普遍的生活方式後，老式的街角商店因無法在價格和選擇上與大型連鎖超市一較長短而凋零。消費者蜂擁至連鎖超市，甚至是後來在鎭外圍開設的較大型量販店，這並不表示他們拒絕街角商店的便利和親切。對許多年過三十的人來說，街角商店會不停喚起人們的記憶，想到櫃台後的那個人認識你，萬一你手頭有點緊，他甚至願意讓你賒欠。那種特有的人情味，一如店老闆的指紋，獨一無二。

如果沒有獨立業者能跟班頓維爾的勢力和供應鍊的精細度匹敵，那麼沃爾瑪的一千七百家超級中心也無法跟獨立業者的終極特點相競爭，那就是：人情味。相反地，沃爾瑪費了很大的勁，使超級中心盡可能一模一樣，讓標準化成爲連鎖店管理的要素。

雖然食品市場主要仍受價格支配，而且看樣子未來還是如此，但富裕的消費者開始尋求在大型量販店撿便宜之外的替代方案。只要看看「野燕麥自然超市」（Wild Oats）和「純天然食品超市」（Whole Foods）等高檔連鎖超市的蓬勃發展就能窺知；即使這些店家的有機食品和熟食較貴，但生意依舊是好到不行。同時，對於各個收入等級的美國人而言，他們也逐漸被提供獨特購物經驗的零售業者所吸引。「在我們從事的所有消費者調查中，發現消費者行爲經過徹底質變，」新英格蘭顧問集團（New England Consulting Group，沃爾瑪也在顧客之列）合夥人約翰．洛夫（John J. Ruf）觀察，「現在的消費者搜索最棒的購物體驗，並且對『有創意的』零售商店死忠。」依據洛夫的定義，「有創意的零售業者有著不同的規模，橫跨所有產品類別，包含連鎖和獨立業者在內。根據洛夫觀察，他們的共同點是創造力，這使得他們能夠「在沃爾瑪的世界存活」。

吉姆叢林國際農夫市場是最魯莽的創意零售業者，創業家伯納米尼歐的惡搞或許令人愉快，但他長久以來就在苦思，沃爾瑪在辛辛那提的攻城掠地，對其事業有什麼意義。「人們說，『別擔心沃爾瑪啦，你是獨一無二的。』鬼扯！」伯納米尼歐用低沉的嗓音說，「獨立零售業者是不同的，老兄。你不能鬆懈防備。你也要了解，不光是沃爾瑪而已，而是交叉夾攻。這裡有克魯格、麥哲，有一堆人開火。身爲獨立業者，這等於是坐在靶心區……。」

「我是爲生存而戰！我們全都是爲生存而戰！」伯納米尼歐繼續說，一面拉高分貝，「我是爲我的利基而戰、我爲我這個人而戰、我爲我的員工而戰，讓他們賺更多錢。你看，」他說，這時平靜了一點，「公事就是公事，你必須學會如何競爭。若是沃爾瑪做到這筆生意？願老天保佑他們。若不是沃爾瑪？總之就是某人。我只是給你這個訊息。我不會坐在這裡哭泣。」

*

早在有「艾維士」（Avis）之前，克魯格就是超級市場中的艾維士。這家總部設在辛辛那提的公司，在二十世紀的前二十年於連鎖店大爆炸期間大有斬獲，但是距離頭號對手，也就是那個時代的沃爾瑪——A&P——還差一截。一九二九年，克魯格在全美各地經營五千五百七十五間分店，次於A&P的一萬五千四百家（這個年代的雜貨店很小，平均只有一千二百平方呎）。隨著現代超市逐漸行之有年，克魯格的調整跟不上速度，於是到了一九三六年，在加州一家更靈活的後起之秀——省多好——的崛起下，掉到全美連鎖雜貨店的第三名。

克魯格公司跟A&P一樣大而無當，正當東岸的麥哲和西岸的佛瑞德．麥爾等較小也較靈活的公司，將高銷量的雜貨結合一般折扣商品，並於一九六〇年代創造了超級商店時，克魯格還在渾渾噩噩地鬼混。克魯格開始亂用正在流行的「一次購足」模式，開了三十三家結合食品、一般商品和藥品的折扣店，但這些店實在小到產生不了迴響，而克魯格又因爲囤積過多錯誤的商品，不小心暴露經驗不足的缺陷；好在新一代領導人在一九七〇年接手，也有所了解：除非克魯格徹底改頭換面，否則注定死路一條。「經過多方調查，得到的資料再清楚不過。超級組合商店是未來要走的路，」克魯格董事長兼總裁萊爾．艾維罕（Lyle Everingham）回想，「我們也了解到，你在每個市場只能做老大或老二，否則就要出局。我們該做什麼，眞的沒什麼好問的。於是我們就去做了。」

艾維罕的簡潔回顧，並沒有對過去三十年來轉型最劇烈的企業之一給予太多重視。一九七〇和八〇年代，克魯格「一家店接一家店、一個街區接一個街區、一個城市接一個城市、一個州接一個州」地改造自己，關閉或整修上百家賣場，完全退出芝加哥、密爾瓦基和伯明罕等歷史悠久的樞紐城市，克魯格瞄準陽光地帶（Sunbelt，譯註：美國南部和西南地帶，氣候溫暖的地區）開設分店，這裡的人口成長較快，競爭也較不激烈。新一代的克魯格商店販賣各式商品，只不過還比不上麥哲或麥爾，它們仍是超級市場而非超級商店，也絕非以打折在經營。相反地，克魯格擴大利潤率的方法，是將分店重組成新種百貨專賣店，包括熟食、糕餅、起司店、化妝品專櫃、營養中心和花店等，這些行動大多有很好的結果。舉例來說，克魯格在一九八〇年開設第一家花店後，一九八一年它成爲全國最大的花商；當它的股票報酬要比一九七四年到一九九九年間市場平均值高出十倍時，長久鬱卒的股東總算笑逐顏開。

不過，當克魯格終於在九〇年代中超越陷入泥沼的A&P，成爲美國首屈一指的雜貨連鎖，這位辛辛那提的巨人早就流於傲慢自滿。一九九七年，沃爾瑪在食品零售業遠遠落在第九名，年營業額僅一百七十億美元，克魯格的資深主管洋洋得意，以爲這個奧沙克山區的後輩小子肯定不是對手，卻赫然發現他們差點被沃爾瑪超級中心揚起的灰塵給嗆死。二〇〇〇年，沃爾瑪快速超越克魯格，奪得第一名的寶座；二〇〇三年，沃爾瑪的食品總營業額有一千三百八十億美元（包含山姆俱樂部在內），而克魯格僅五百四十億美元，雖然班頓維爾的斬獲主要以較小業者爲代價，但克魯格已經嚇得直發抖，在凡是與超級中心交手過的城市，幾乎都將市場占有率拱手讓出。沃爾瑪是「自從沒有反托拉斯法來保護克魯格以來，對克魯格而言的最大挑戰，」零售向前顧問公司總裁福力克林格表示。

一九九八年，當克魯格心不甘、情不願地付了近一百三十億美元買下佛瑞德．麥爾後，華爾街預料克魯格將直接迎戰沃爾瑪。身爲西岸超級商店的先驅者並經營著八百家店，而且在沃爾瑪經營的十二州內表現較爲優異，收購麥爾使克魯格更符合成本效益，但執行長約瑟夫．皮克勒（Joseph Pichler）卻選擇不將克魯格擴張到全國，反而決定用其餘二十幾個超市品牌開設超級商店。面臨沃爾瑪三〇％的價格優勢，克魯格卻堅持己見，皮克勒賭上克魯格的未來，主張優越的產品品質和選擇性，加上地點的便利，將使它的超級市場擊退沃爾瑪。

孰料華爾街噓聲四起。克魯格的股價還沒恢復元氣，就又被擯壓倒地。直到二〇〇二年，也就是皮克勒擔任執行長的倒數第二年，克魯格才認眞思考降價與節省營運成本，以作爲對沃爾瑪的反制。這位超市巨人終於「有了對的策略，但也許遲了三到五年，」瑞銀華寶分析師尼爾．庫瑞（Neil Currie）說，「我認爲他們將付出非常、非常昂貴的代價。但那是唯一的策略。」

在新執行長狄里安的帶領下，克魯格在各方面變得進取許多。它在南加州和省多好及亞伯森聯手平抑勞工成本的上揚，爲了證明它的決心，於是在UFCW破天荒的罷工行動中堅持立場，而這也注定沃爾瑪工會運動失敗的命運。二〇〇四年十月，就在加州罷工逐漸平息時，克魯格在辛辛那提區和八千五百名工作者簽訂的UFCW合約即將過期，這下子又演變成對決。克魯格付給家鄉的工作者平均時薪十一．〇五美元，較沃爾瑪的全國平均工資九．六八美元還高，克魯格也負擔每位員工的所有醫療成本，等於又給了每位工作者每小時五．七六美元的薪酬，將每小時報酬提高到十六．八一美元。但在未來三年，克魯格工資調漲幅度將降到最低，並堅持比照多數企業的醫療計畫，由員工開始負擔部分醫療福利費。克魯格的工作者做出憤怒的反應，「如果他們想跟沃爾瑪看齊，乾脆換上沃爾瑪的招牌算了，」一位在農產品部工作十年的老鳥尖銳地表示。

克魯格員工和UFCW向辛辛那提的雜貨業罷工一面倒，以壓倒性的工會會員百分比，投票授權給予七十二小時通知罷工，於是公司開始著手訓練替代的工作者。但是到頭來，UFCW基本上是退縮的，工會領袖連平常的「雙贏」說詞都懶得講。「他們不該拿自己開玩笑，」UFCW一〇九九地方分會的會長藍尼・惠特（Lennie Wyatt）說，「這份合約之所以生效，完全是因為此時找不到可行的替代方案。」

*

和伯納米尼歐步行穿過吉姆叢林，就像跟一位萬人迷的小鎮市長在市政府繞場，他那受到大肆宣傳的搞笑動作跟好笑又低俗的電視廣告，使他成為辛辛那提的偶像；他是個令人難忘的人物，虎背熊腰、身高六呎一，有個漫畫書上動作派英雄的戽斗下巴。幾年前，他的黑髮轉成銀白色，但是以五十五歲的年紀來說，他依然保有結實的身材和強健的體魄。大家都認識他，要不就是以為自己認識。他在店裡走動時，一定會有人請他簽名，哪怕是褪去一身裝扮，就像二〇〇四年七月的這天早上。他帶我參觀新開張的花店和禮品中心，這時有位五、六歲的男孩走到他面前，眼睛閃著光芒，說道：「嗨，吉姆叢林。」

「嗨，你好嗎？怎麼啦？」伯納米尼歐一邊說，一邊彎下腰跟男孩握手。孩子跟在母親旁邊，另一位女士可能是阿姨。「你又在搗蛋了啊？」

「是啊，」他開心地回答。男孩牽著媽媽的手離開，還不時回頭對伯納米尼歐微笑，直到他消失在轉角。

另一方面，伯納米尼歐老早把注意力轉移到花店經理，這是一位神清氣爽的小個子女士，年約六十。名牌上印著吉妮·華萊士（Jeanne Wallace）。

「不錯喲，不錯喲，」他對她說，「好好幹，寶貝！當老大，別留任何活口。」

華萊士心滿意足地開懷大笑。「我已經在建立一個產品類別了，」她說，「對此我感覺很棒。」

「看起來不錯，」伯納米尼歐說，「那個叫什麼來著的請妳到這兒來工作，眞是做了一樁好事。」

伯納米尼歐重視店面的乾淨、整潔，對此他特別要求。在我們走透透的過程中，有十幾次他因爲發現很小的瑕疵而不高興，並立刻打行動電話表達不悅。像是空蕩蕩的糖果架、櫃台有裂痕、樑上有灰塵、該上鎖的門沒上鎖等。但是在其他方面，他給了三十位經理許多揮灑空間，只有當他們捅了婁子，他才出面。「全部由她一人負責，」等我們離開她的聽覺範圍後，他這麼說華萊士，「她決定自己的去留，東西賣不掉要自己想辦法。假如她想到很棒的點子，只要開口我就幫她，這就是我的工作。天塌下來有我頂著。除非有問題，否則我甚至不到這裡呢。」

伯納米尼歐跟史考特一樣，對勞工工會恨之入骨，只是他敢誠實面對，不會用公關的花招來粉飾反感。「如果有個工會的人來這裡，你知道我會做什麼嗎？我會跟這個王八蛋打聽情報，我才不會報復咧，」他說，「然後我會把房地產賣了，對他們做個鬼臉，說：『管他的。』我有一天走進這家店，跟一個人說：『喂，地板髒了，怎麼不去掃？』他說：『那不是我的事。』在我看來那就沒意思了。」

倒不是說UFCW或任何工會認爲有必要在吉姆叢林組織工會。伯納米尼歐給予四百名員工優渥待遇，已經把公司跟克魯格和麥哲（兩家都有組工會）競爭時的成本優勢抵銷。在吉姆叢林待上一陣子的收銀員，可以賺到時薪十四美元到十五美元，不過如果管理職的員工想加薪，經常得在撲克牌桌或撞球台上打敗伯納米尼歐才行（萬一輸了，還保得住工作）。伯納米尼歐抱怨說，他的店有冗員，但又狠不下心來取消職位，開除忠心耿耿的員工。「想帶幾個到紐約嗎？要幾個？」他問。

每一、兩個禮拜，伯納米尼歐的一位樓層經理會打電話到他位於賣場樓上、能俯瞰整個賣場的辦公室，告訴他說沃爾瑪的人又來了。通常會有兩、三位穿西裝、打領帶的人，他們從不表明身分，更別說是請求許可，就這麼大剌剌地在店裡慢吞吞走著，一面記筆記還對著小型錄音機講話，就像沃爾頓以前那樣。不是每個人都欣賞沃爾瑪的侵入式調查法，但伯納米尼歐完全不以爲意。「我認爲這招蠻滑稽的。他們每秒鐘做的生意，比我這輩子做的還多，竟然還要來刺探我的軍情，」他說。不過，伯納米尼歐對這種「讚美」卻沒有以相同方式回報，他想不起來曾踏進過任何一家沃爾瑪的超級中心。「我才不管別家店在做什麼咧，」他說，「我會被搞混。」

沃爾瑪的規模經濟使獨立業者在跟供應商交涉時陷入極大劣勢。伯納米尼歐說，「以前，批發商會保護每個人。大型雜貨供應商會說：『我們不光是把雜貨賣給你們，還提供服務，我們會幫你做店內設計，如果你有會計方面的問題，有人會過來幫忙。』然後你就打電話搬救兵，咻的一聲第二天就跑來五個人。他們希望你的店是健康的，希望你順順當當，因爲他們想做你的生意。這些可不是免費服務，羊毛出在羊身上，可是每個人都非付錢不可，因爲供應商全都得透過批發商來做事。當某個連鎖業者加入，試圖跟卡夫（Kraft）或P＆G之類的業者談一筆特別交易，他們會說：『你必須透過這傢伙來買。』」

然而，「目前的情況是，沃爾瑪變得如此之大，以致可以略過那個環節。他們可以直接去跟供應商說：『條件是這樣，我們想要這麼多卡車的奇妙沙拉醬（Miracle Whip），會計服務就免了，其他那些有的沒的也不用。我們就要這麼多卡車的貨，貨到就算我們的。』」

「於是，沃爾瑪把中間人給省了，而我這個獨立零售業者卻還得靠批發商才能做生意，而且這些業者的利潤動輒就是一〇%到一五%。還不只這樣。誰比較大，誰就可以一開始拿到比較好的價格。我跟雜貨供應商閒聊時，會問：『爲什麼這個東西在沃爾瑪可以只賣一．九九美元，而你賣給我最便宜的價格也要二．〇五美元？』『呃，因爲沃爾瑪現在向另一個事業處採購，』他們會這麼說。就在當下，我懂了。」

伯納米尼歐只有一家店，但是以二十八萬平方呎的面積來說，絕對是辛辛那提最大的超級市場，甚至大過多數的超級中心。「你是靠自己的力量把規模做起來的，」我說，「難道就不能也在價格上讓一讓嗎？」

「是啊，不過採購量要達到半卡車才行，這可不少呢，」他回答，「獨立零售業者不可能拿到供應商給的最好條件，必須仰賴自己的利基，這就是你跟別人不同的地方。而那，就是服務。重點是，沃爾瑪絕對是沃爾瑪，一切以價格掛帥。知道嗎？沃爾瑪的性格鮮明，等於是替我這種利基經營者開了一大片園地。」

伯納米尼歐就像他崇拜的沃爾頓，生來就是位創業家。身爲煉鋼工人之子，他在羅倫（Lorain）長大，也就是克里夫蘭以西約二十哩處。這位天生的推銷員於牛津的邁阿密大學休學後，前往費爾菲爾德（Fairfield）旁邊的漢彌爾頓（Hamilton），在路邊辛苦販賣農產品。伯納米尼歐買不起土地，所以被迫不斷遷移，他的小攤子彷彿是個軟木塞，在郊區的不動產市場載浮載沉，而攪動這一池春水的，就是投機買賣。伯納米尼歐花了四年才存到一萬美元。一九七四年，他用這筆錢在七十一英畝的地點買下最初幾英畝地，亦即吉姆叢林目前的所在地。

關於吉姆叢林國際農夫市場，首先要了解的是，它的發達並非拜地點所賜。儘管如此，它卻藐視零售業和不動產的第一條戒律。顧客要到這家店非常不方便，它離最近的主要高速公路州際二七五也有四哩遠；在它與辛辛那提人口最密集的區段間，是一段長長的交通壅塞區。即使如此，伯納米尼歐從沒認眞思考搬遷，也還沒有爲此打算開第二家吉姆叢林。從他最早期的成功開始，伯納米尼歐對擴大店面的興趣並不亞於經營事業，因爲對他來說這根本是同一件事。羅伯・辛尤納斯（Rob Smyjunas Jr.）是辛辛那提的購物中心開發業者，曾經以提供免費大樓爲條件，誘使伯納米尼歐進行某項計畫。「我都打算要給吉姆叢林了，可是他還是不肯點頭，」辛尤納斯回想，「他的心只擺在那家店面上。那是他的寶貝。」

伯納米尼歐的巨大超市是十幾棟大樓的混合體，這些建築物在三十幾年間一棟接一棟地興建，如今在一個大且複雜的屋簷下共同存在。它是匠心獨具的商店迷宮，多半用回收材料打造，裡面充滿斜度怪異的牆壁和設計新奇的特色。在伯納米尼歐帶我參觀的兩小時內，他等不及要讓我看他最喜歡的支撐物，以致壓根忘了貨架上的東西。辣醬容器上有個骨董消防車、英國商品區的上方展示了羅賓漢假人和雪伍德森林（Sherwood Forest）、有高達八呎並裝扮成貓王的機器獅子、有擺在玻璃櫥窗裡用繩索吊掛的六百磅起司、有眞實大小的艾米許輕便馬車複製品；在熟食區有全新的一九一九年公豬頭卡車，前門入口的外牆則架了一輛正牌NASCAR賽車，諸如此類。

這些東西大多是伯納米尼歐在撿垃圾的探險中找來的。爲了享受撿便宜的樂趣，他分文不花地將它們修復或改造成店內展示的回收寶物。一九九八年，他花一美元向辛辛那提北邊的遊樂場——派拉蒙（Paramount）的國王島（King's Island）——購買八台一百五十呎長的單軌火車，這些火車已經被國王島用在非洲狩獵探險之旅達二十年，要不是遊樂園拋棄火車鐵軌，否則價錢一定不只如此。爲了安置這些火車，伯納米尼歐蓋了一棟看似巨蛇的金屬建築（設計人是他的大兒子），他請通用動力公司（General Dynamics）把火車的內部機械取出，裝上新的引擎、煞車和電力系統。二〇〇三年，工作人員開始架設鋼製電纜塔，來支撐長達兩哩的鐵軌。伯納米尼歐估計，到二〇〇六年會再投注約兩百萬美元至單軌火車，到時就可以開始運送從各入口和大型停車場來的購物者。

伯納米尼歐究竟期望投資單軌火車能帶來什麼報酬？他完全不管，只要吉姆叢林是全美國唯一有單軌火車的超級市場，對他來說就足夠了。「我要駕駛那個東西，即使它會殺了我，」我們仔細看著店門前一截完整的軌道時，他立下這樣的誓言。

「這麼說吧，我打算這麼做，」當我們走過四面玻璃的冷藏室，裡面展示各式各樣的高價位雪茄時，伯納米尼歐說，「這聽起來會有點瘋狂，好嗎？你討厭什麼？買雜貨，對吧？誰都討厭。那麼，美國想做什麼？我們一直想找時間聚在一塊兒，例如丈夫、妻子跟家人。我把原本負面的東西轉了一下，變成正面的，我讓購物變得有趣。在我的店裡，陪著老婆購物的老公，要比你想像的還多。」

吉姆叢林並不全是玩樂和遊戲，伯納米尼歐建立的另一個獨特利基點，是經過精挑細選的眾多特製食品，大多數進口自印度、英國、墨西哥等七十餘國。八〇年代，他因為無聊而開始成立特製商品線。早在異國風料理從美國大城市傳到內陸之前，「亞洲區」在美國大部分地區的超級市場就不再新奇，但是吉姆叢林卻把中國、台灣、香港分成不同專區，更不用說是泰國、越南、菲律賓、韓國和日本了。光是義大利的橄欖油，就占了五十呎左右的貨架空間；辣醬區有一千二百種選擇，價位從三．九九美元到二百二十九．九九美元。吉姆叢林有上萬種商品是沃爾瑪超級中心或克魯格超市所看不到的。

伯納米尼歐的市場每週吸引五萬名購物人次，有的人遠從哥倫布、印第安那波里斯、路易斯維爾和萊辛頓而來，這些地方都在費爾菲爾德方圓一百五十哩加減十幾哩的範圍內。（相反地，典型的都市超級商店則吸引來自方圓十五哩內的人。）在美國，很少有哪些店的客群會像吉姆叢林包含這麼多種族。自封為「食品聯合國」的吉姆叢林，「每到週末，穿著印度紗麗服（saris）、罩著穆斯林面紗和頭戴西非約魯巴（Yoruba）帽的人，把路上塞得滿滿的，形成國際碰碰車大混戰，」一位顧客回想，「有些人開車一整天就為了到吉姆叢林，他們手裡拿著錯綜複雜的購物清單，但俄亥俄州人連怎麼用英文字拼那些東西都不會，更別說是吃下印度奶油（Ghee）、紅毛丹（rambutan）和龍眼（longan），泡菜（kimchi）、仙人掌（napolitos）和榴槤（durian）。」

雖然吉姆叢林有三分之二的獲利來自高利潤的特製食品，然而絕大多數的營收仍仰賴跟沃爾瑪、克魯格等食品零售業者所販賣的主要雜貨。「我們基本上是賠本在賣，」總經理艾德・凱洛（Ed Carroll）說，「沃爾瑪一進來，我們知道我們就得跟很多連鎖店一樣便宜。在過去兩年間，這些店在定價方面變得更加不擇手段。」

撇開對主要品項進行大幅折扣，相較於一九九六年到二〇〇一年間一一・四%的營收成長率，自二〇〇二年以來，吉姆叢林每年的營收成長率趨緩爲三・八%。雜貨的錢愈來愈難賺，競爭只是其一。伯納米尼歐說：「我犯了一堆錯。我把這家店弄得這麼好玩，所以有更多生意是從鎮外來的。但是，現在店已經大到變得很難逛，結果連當地人都不來了。我正一點一滴失去當地人的生意。」這家店愈來愈無法吸引只在意便利性的購物者，也削弱它的地點優勢：費爾菲爾德及其鄰近各鎮是大辛辛那提成長最快速的住宅區。

現在沃爾瑪登場。此時此刻，距離吉姆叢林最近的超級中心位在正西方二十八哩處、印第安那州的奧羅拉，遠到還不足以造成威脅。不過，沃爾瑪於二〇〇五年計畫在吉姆叢林以北僅五哩處開設一家超級中心，並在以西七哩處開設第二家。由於可能淪爲「超級中心三明治」的肉片，使伯納米尼歐決定放手一搏，把這些年攢下的獲利全數賭在一場「加倍或全賠」的賭局上。換言之，他灑下一千二百萬美元進行擴充，目的是讓吉姆叢林成爲「美食樂園」（Foodie Land）。這聽起來像主題公園（單軌火車肯定讓它看起來就像主題公園），不過伯納米尼歐偏好用「園區」，來凸顯一個醞釀在他過熱腦袋達十數年之久的概念。「食品逐漸成爲一種遊戲或消遣，但是沒有人用這種方式看待，」他說，「美國各地都有高爾夫園區，坐飛機到那裡，整個鎮都是高爾夫球場，卻沒有人用這種方式對待食品。所以我就要嘗試讓

『美食樂園』這麼做。」

早在幾年前，伯納米尼歐就開始陸續推動「美食樂園」的計畫，至二〇〇五年時大約實現三分之一。一批負責營建的工作人員正在對依附在店旁邊、高兩層樓且寬敞的「特殊活動中心」進行最後裝修，吉姆叢林將利用這座活動中心來贊助試吃大會、烹飪示範，以及美酒佳餚的節慶等。該中心有六百個座位的觀眾席，廚具組配備了攝影機，打算引誘諸如艾米里·拉格西（Emeril Lagasse）和馬利歐·巴塔利（Mario Batali）等知名大廚，在吉姆叢林進行節目。活動中心內部有個空曠的大空間，伯納米尼歐希望租給頂級餐館經營者，他也嘗試吸引某全國旅館連鎖在他的地產上興建大樓。「我的店一直就像個沒有俱樂部會所的高爾夫球場，」他說，「活動中心會是我的俱樂部會所。」

除了試圖把吉姆叢林變成更具誘惑力的食品採購地，伯納米尼歐也爲了贏回鄉親的心而努力。二〇〇四年初，他將店面向外延伸十萬平方呎，作爲擴大後的啤酒和酒類部門，以及饕客熟食店，此舉也騰出店中心的空間，改裝成——基本上是在不規則伸展的專賣店內部——一個麻雀雖小、五臟俱全的傳統「美國」超市。伯納米尼歐在此蒐羅每天吃到、用到的品項，散置在店後面，彷彿是事後想起才擺上的。爲了用沃爾瑪的方式進一步吸引便利掛帥的購物者，近來他在主要入口處的外側添加花園中心和花店，同時把一進門的地方租給藥局、銀行、郵局跟星巴克咖啡。對於引進咖啡連鎖店，伯納米尼歐似乎有些不安。「有人對我說，『星巴克跟你的形象不符，』」他說，「拜託，我不能什麼事都照『我的形象』做吧！我是在經營事業，又不是經營形象。」

＊

二〇〇四年九月十五日，沃爾瑪在大辛辛那提的超市戰爭中發射第一波連環砲，在肯塔基州的萊特堡（Fort Wright）開設一家超級中心，位在克魯格的辛辛那提市區總部往南僅五哩處。沃爾瑪花了蠻久的時間，才在克魯格國度裡建立這個小小的立足點。一九九九年，該公司跟當地某家小型開發業者簽約，想在原本堆放廢棄物的地方建造一處購物中心。萊特堡市的元老一開始樂觀其成，但是在四百人舉行公聽會，抗議超級中心會使這地區原本壅塞的道路更雪上加霜之後，他們轉而反對這項計畫。負責開發的B&Z開發公司終於跟市政府達成協議，結果卻在當地居民提出的告訴中落敗。在沃爾瑪的促請下，專精於超市的全國性大型開發業者麗晶中心（Regency Centers）買下B&Z的股份，完成這個案子。

就在萊特堡的店開張後幾天，我打電話給伯德索，他是麗晶中心的中西部老總，在城市北邊一棟不起眼的建築裡辦公。三十八歲的伯德索曾經歷多次開發大戰，但不給人高高在上的感覺。如今，他回想在開幕當天到萊特堡分店參觀的情形，又多了一個開心的理由。「簡直瘋了，」他說，「大家竟然在外面打起地鋪，等著店開門。」

麗晶中心靠自己的力量做起事業，該公司總部設在佛羅里達州的傑克森維爾，是從事不動產投資信託（real estate investment trust）的機構，在二十三州擁有二百九十座購物中心。這類機構更大的還大有人在，但麗晶中心控制最多家以雜貨爲主業的購物中心，它是六十三家克魯格、六十一家Publix、五十一家省多好和二十四家亞伯森的房東，麗晶中心在辛辛那提的十二家購物中心當中，九家是以克魯格超級市場爲主體，其中一件不動產海德公園廣場（Hyde Park Plaza）有全美利潤最高的克魯格賣場。

麗晶中心能充分理解，克魯格和省多好把沃爾瑪視爲它們在世上的報應，既然如此，伯德索把沃爾瑪的超級中心擺在克魯格總部附近，又是什麼意思？答案是：他的職責所在。進入二〇〇〇年初期，麗晶中心再也不可能以可接受的速率維持成長，除非跟目前最積極擴展的雜貨零售業者沃爾瑪達成協議。「如果不能到沃爾瑪，」伯德索說，「就沒有別處可去。」

麗晶中心的管理階層確信魚與熊掌可以兼得；換言之，就是抓住沃爾瑪超級商店向外擴張的尾巴，同時繼續經營鄰近地區由主要超市連鎖業者掌舵、日益繁榮的中心。這個觀點是有研究根據的，麗晶中心針對三十三個購物中心的超級市場追蹤績效，而這些購物中心的方圓三哩內，就有一家沃爾瑪分店開張。在這三十三家當中，有二十五家是由市場上前三名雜貨業者組成。平均而言，自當地超級中心開幕以來，超級市場的營業額就掉了二．五%，痛苦但死不了。基本上，麗晶中心把前途賭在一個信念上：隨著沃爾瑪的強大破壞力進入聖地牙哥、坦帕、西雅圖和辛辛那提等城市，相同模式將持續下去。

萊特堡超級中心是伯德索和沃爾瑪在大辛辛那提開設的第二家分店，第一家的是在吉姆叢林以北幾哩處的折扣店，於二〇〇三年完工，已經被改建成超級中心，在二〇〇五年底開幕。「我們把沃爾瑪開在吉姆叢林附近，但我看不到同一個人到兩家店去購物，」伯德索說。他每個月跟太太一起到伯納米尼歐的店光顧好幾回。「老實講，他的農產品比別人要好很多，如果每磅葡萄貴兩毛五分錢，我無所謂。我們也買很多酒、起司，總之就是很多高利潤的東西。我們會專程爲了某些品牌而去那裡，也許我們不是一般的購物者，但我認爲很多人到吉姆叢林不光是爲了很棒的商品，也是爲了體驗。」

在印第安那和密西根州，伯德索也在進行沃爾瑪的興建計畫，並有意在辛辛那提興建更多超級中心。和沃爾瑪合作意謂伯德索比以前更辛苦，原因不外乎班頓維爾既龜毛，要求又多。「你走進去，告訴大家說你是沃爾瑪的開發業者，而且你反基督，」他面帶微笑地說。「如果你說你在從事塔吉特的開發案，他們會連滾帶爬地過來幫你，看來沒有人像沃爾瑪那麼顧人怨。」他認為，衝著沃爾瑪來的激烈反應「顯然不公平」，但表示沃爾瑪也有不對的地方，因爲它「到處留下醜不拉幾的建築物。」

伯德索在辛辛那提的零售業界頗有分量，但是說到重量級的競賽——沃爾瑪vs.克魯格——伯德索卻選擇壁上觀。誰更有辦法對辛辛那提的超級市場爭霸戰設置不利因素？

克魯格的命運，在家鄉的零售業行家間是個辯論的主題，但他們有個共識，就是沃爾瑪在辛辛那提不會踩煞車。伯德索預測，沃爾瑪在幾年內將占據二五%到三〇%的市場。「四年內，每個主要的次市場都會有他們，這點毫無疑問，」伯德索說，「說不定不用四年。」

「沃爾瑪需要開多少家超級中心，才能覆蓋整個市場？」我問。

伯德索站了起來，站在巨大地圖前開始數起數來。「大概二十家，」他終於開口，「這是個蠻不錯的平穩市場，但是俄亥俄州的辛辛那提也就只有那麼多錢流來流去，一定會有某人受傷的。」

那位辛辛那提的超市巨人，或許很慢才察覺到沃爾瑪超級中心展店計畫帶來的威脅，但目前它在家鄉展開的防衛戰卻頗像一回事。克魯格在交涉合約時智取UFCW，它在辛辛那提地區的雜貨市場也大有斬獲。二〇〇四年間，公司向倒閉的省錢道買下八間店面，自己開了九間新店面，又改裝十幾家超級市場，販賣種類更多的食品和一般商品。新的克魯格賣場，包括一間位在安德森鎮（Anderson

Township）、占地十萬四千平方呎的店，它也是美國境內最大的克魯格。（位在安德森的賣場空有超級商店之名——它包含了一家佛瑞德．麥爾珠寶店、一家星巴克、一家得來速的藥局窗口、一間加油站和一家相片沖印店。）二〇〇五年中，克魯格的市占率達到五八．一％，高於二〇〇四年初的四四．六％。「沃爾瑪根本趕不走我們，」克魯格辛辛那提／戴頓事業處的羅伯．賀吉（Robert Hodge）信誓旦旦。

伯德索的看法和賀吉相同，只是他認爲，克魯格的市占率會隨沃爾瑪在〇六年和〇七年的大舉擴張而顯著下滑。「克魯格挺得住，」他說，「他們都是在地人，但蠻會經營的。我將它們視爲住家附近的便利雜貨店，跟過去一樣。」當地的零售業顧問艾契爾包姆，對克魯格的管理能力倒不像伯德索那麼樂觀。講白了，艾契爾包姆認爲克魯格很糟糕，「這是一家正在等死的公司，」他說。

克魯格的進展顯然多半是以麥哲爲代價，後者的市占率從二〇〇四年起就從一二．六％掉到一一．八％。這家超級商店的先驅從延長的削價大戰中崛起，削價是爲了讓它在價格上更能與沃爾瑪競爭。二〇〇五年，它宣布將在五個州開設五家新超級商店，而辛辛那提就占了三家。「麥哲在此地的擴張嚇了我一跳，因爲它已經沉寂好一陣子，」伯德索說，「麥哲是蠻不錯的經營者，但是於事無補。這裡容得下幾家店？我認爲，麥哲會被沃爾瑪擠掉，因爲在不動產上，它們無法像目前的克魯格和未來的沃爾瑪，具支配地位。」

伯德索相信，面對沃爾瑪的入侵，麥哲只會萎縮，但不會死亡。但這個城市土生土長的超級商店連鎖業者比格斯就不被看好，比格斯接手一家空的省錢道商店，除此之外便原地不動，截至二〇〇五年中的市占率爲八．四％。「在所有連鎖店中，我認爲比格斯體質最弱，」伯德索說，「比格斯算正派經營，但是老想在價格上跟人一較長短，遲早會被沃爾瑪幹掉。如果五年內比格斯還在，我會很驚訝。」

伯德索的這些分析，跟省多好針對一九九七年至二〇〇三年間，沃爾瑪對全美七大都會區既有雜貨業者的衝擊是一致的。在這些市場中首屈一指的超市連鎖，平均拿到一．五％的市占率，第二名的雜貨業者則持平，不過其他小型和獨立的雜貨業者整體市占率卻慘跌一七．七％。在省多好的報告上，也記錄著超級中心進入後對所有超級市場在財務上造成的可怕影響。排名第一的雜貨業者繼續獲利，只是營業額從四億美元降到三．五億美元，獲利則從三千萬美元減少到一千二百三十萬美元。不過，在這些城市中排名第四的，營收從二．五億美元減少到二億美元，獲利則從五百萬美元摔落到虧損一千三百五十萬美元。在這七個城市中，排名第四的雜貨業者在一年內沉沒。

在辛辛那提，伯德索預期市場將被克魯格、沃爾瑪和麥哲瓜分，再加上好市多和山姆俱樂部，野燕麥自然超市、純天然食品超市和吉姆叢林等高檔特製品商店則分食剩下的餅。在此同時，諸如瓦爾格林（Walgreens）和CVS之類的連鎖藥店，將繼續增闢食品及飲料產品，並贏得更多貪圖方便而上門的顧客。「這就對啦，」伯德索說，「我就是看不出來，有任何其他雜貨經營者能夠存活。」

在眾多被伯德索丟進歷史垃圾桶的獨立零售業者當中，蘭客市場（Remke Market）是擁有七家連鎖店的小型業者。它來自肯塔基州的柯芬頓（Covington），是一八九七年開設的肉品市場。比爾．蘭客（Bill Remke）是創辦人的孫子，在兒子馬修（Matthew Remke）的協助下經營事業，卻在一九九六年把絕大多數股份轉給他們的七百位員工。新的萊特堡超級中心剛好位在蘭客地盤的心臟地帶，跟沃爾瑪與建於佛羅倫斯（Florence）的第二家分店一樣。蘭客在技術上是先進的，但它是低調的零售業者，體現老式街坊雜貨店的所有美德，店面就當代標準來說稍嫌擁擠（最大的也只有四萬五千平方呎），但是動線順暢。蘭客是那種收銀員叫得出你名字、肉商會按照指示切肉的店，只要隨便說一個商品名，店員就會帶你到它擺放的位置。「這一行的生意不是火箭科學，」比爾說，「如果你把顧客要的給他們，他們就會再來。」

不過，在人們見過超級中心的內部後，會不會有夠多的人再度光臨蘭客，好讓它繼續獲利？伯德索可不這麼想。「到頭來，絕大多數人買東西還是看價錢，」他說，「這沒有轉圜的餘地。」

辛辛那提零售業和不動產圈子裡有個共識，就是儘管沃爾瑪的勢力無可避免地壯大，但不太可能以吉姆叢林為代價，就算伯納米尼歐野心勃勃的美食樂園計畫不如理想。「伯納米尼歐看似瘋癲，但他對消費者瞭若指掌，」辛辛那提開發業者凡德卡爾控股公司（Vandercar Holdings Inc.）總裁辛尤納斯表示，「他是眞的了解他的市場。」

伯納米尼歐繼續把籌碼拋到桌子上。為了讓購物者有更多理由到他規模過大的市場，於是在二〇〇五年初，他為店隔壁的一小處購物中心舉行破土典禮，早在秋季開幕前，他已經把六萬五千平方呎全數租給十幾間商店和餐館。美元商店（Buck $ Dollar Stores）的董事長兼總經理布萊恩・吉蘭（Brian Gillan）迫不及待把第十七家分店設在吉姆叢林隔壁，儘管這個地點不是頂理想。「他是偶像人物，」吉蘭說，「就好像是跟沃爾頓交涉，在沃爾瑪本店裡開一家百貨公司。」只不過，伯納米尼歐並不想用分店覆蓋整個美國。

結果，伯納米尼歐果眞又開了一家店。二〇〇五年三月，他終於為十年來極度憂心的事採取行動，簽下開設第二家分店的意向書。這家規模較小的特製品賣場，名稱暫訂為「叢林寶寶」（Baby Jungle），預定在二〇〇七年開張，位於吉姆叢林南方約十二哩，離辛辛那提的中心不遠。最後讓伯納米尼歐把注意力分散到兩個點的部分原因，是一棟開發業者騰出來的大樓。它是一棟一百二十年的倉庫，前屋主是「辛辛那提機械」（Cincinnati Machine），該公司曾經是全世界最大的機器工具製造商。跟隨倉庫而來的是個二手寶物，將跟單軌列車一較高下。「它是二十五公噸的起重機，專門用來吊起大型物體，」菲爾．亞當斯（Phill Adams）解釋，他是伯納米尼歐在技術和設計方面的得力助手。

至於伯納米尼歐的逞強，不能用來預測一個創業家具有多少勝算。「我做的事沒人在做，我也不知道自己究竟行不行。一年後再問我吧，」他聳肩說道，「這年頭生意難做啦。但你知道嗎？只要堅持，盡最大努力，就會成為你個人的志業。如果辦不到，至少可以輕鬆看著自己，說：『我已經盡全力試過了，可就是行不通。』」

出容基耶爾記

二〇〇五年四月

如果沃爾頓會做噩夢的話，這些惡夢的內容，應該會像沃爾瑪魁北克容基耶爾分店在這個禮拜五晚上的情形。空蕩蕩的貨架多過裝滿商品的貨架，兩者約爲五比一；各區都關閉了，剩餘商品堆放在店中央，嬰兒用品部的所有商品現在被塞進一輛購物推車，隨意放置在走道上。二十幾位身穿藍色罩衫的工作人員，在無人照管的情形下在店裡蹣跚地走來走去，負責接待十幾位想從殘存商品中搶到最後便宜的客人。然而幾個禮拜前，這裡的物資還豐沛到外溢。一罐牡蠣只賣一・一〇美元（原價一・八六美元）、強尼閃電街怪胎（Johnny Lightning Street Freaks）的模型車賣三美元（之前賣三・九二美元），至於加了襯墊的女外套則只賣十美元（從三十八・九八美元一步步降下來的）。在容基耶爾，到處可見的沃爾瑪笑臉先生（Mr. Smiley Face）似乎徹底精神失常。「沃爾瑪不該是這個樣子的，」店經理馬克・聖皮耶（Marc St. Pierre）承認。

聖皮耶短小精悍，額頭上有深色瀏海，鼻子架著一副飛行員眼鏡。他先禮貌地表示自己不該向記者發言，因爲公司的政策規定，所有評論都要來自多倫多總部的總發言人。聖皮耶無法讓心情完全平靜，一來因爲我們遠道而來，再者替一家垂死的商店舉行告別式是個令人沮喪的任務。他想回到魁北克市，七個月前在他被調到容基耶爾前，就是待在那裡。這間店大約在三週內即將關閉，但是聖皮耶的老闆對下個任務卻隻字未提——如果還有下個任務的話。「如果能先讓我知道的話，我會很感激，」聖皮耶有點悔不當初。

很久以前，聖皮耶就請這家店的接待員「回家吃自己」，取而代之的是兩位身著制服的保全人員，而他們對走出店門的顧客視而不見（為了加速零售業的安樂死，「三隻手」在此也很受歡迎），只在意進來的客人。毫無疑問，他們看到槍枝一定沒收，但他們眞正找的其實是相機，因為一群如喪家犬般的員工在混亂的店內徘徊，這可不是班頓維爾想要被報紙或雜誌大篇幅報導的內容。第三位保全人員則開著銀色休旅車在停車場巡邏，留心有沒有業餘攝影迷。店外拍照是被允許的，但試圖把相機帶進店裡的話，這位長髮年輕人就會禮貌但堅定地擋住你去路。

我來這裡，既不是為了拍照，也不是為了購物，而是我這個曲棍球迷，無法抗拒一套才賣一・九八美元的蒙特婁加拿大人隊（Montreal Canadiens）造型的鹽罐與胡椒罐。就在我排隊結帳時，站在前面的老人跟一位跑向收銀機的小姐說：「看到你最愛的店變成這副德行，眞難過啊。」她只是聳了聳肩。

在我去開車的路上，遇到了一位六十開外的男士，正慢慢走向店門口。「你來買東西的嗎？」我的同伴問他。「不是，」他發出嘲弄的鼻音回答，「我是來觀賞屍骸的。」

使用「偏遠」這個形容詞，還不算公平評價容基耶爾。這個人口六萬人的城市，剛好就在有人居住的魁北克邊緣地帶，往北是森林、山脈和海灣，一路延伸到北極圈。魁北克市位在正南方三小時車程處，通過一片尚未開墾的保護區，這裡的赤鹿一不小心就比人還要多，使得行駛在高速公路成爲一種冒險，「媒體之都」的容基耶爾就不是如此。在二〇〇五年春，沃爾瑪捨棄這座北魁北克的前哨站，這從東京到聖保羅都成了新聞，媒體鉅細靡遺地報導扼殺籌組工會的威脅，以作爲前車之鑑。就在此地被魁北克政府證明，是沃爾瑪在北美洲唯一有組工會的地方後，沃爾瑪幾個月內便收掉此地的分店。

加拿大對沃爾瑪是重要的，它在加國設立了二百六十家分店，是加拿大第二大零售業連鎖。沃爾瑪每年開設三十家分店，如果也把超級中心出口到加拿大，這個數字將大幅激增。雖然「每日低價商品」對北緯三十八度以北和以南同樣具誘惑力，不過比起美國的購物者，加拿大的購物者更有可能隸屬某個工會，或是跟某位工會成員有交情。幾近二九%的加拿大工作者攜帶工會卡，而美國工作者只有一三%攜帶工會卡；加拿大的勞工法對組織工會比美國有利，也比較可能迅速又有效率地執行，特別是在魁北克這裡，組工會的比率高達四〇%。

一九九四年，沃爾瑪向伍爾柯的加拿大子公司買下一百二十二家折扣百貨公司，從此進入加拿大。（沃爾瑪把另外二十二家伍爾柯分店轉手他人，包括有組工會的十家賣場在內。）其中一家位在希庫蒂米（Chicoutimi），可以將之比喻成藍領容基耶爾的白領表兄弟。二〇〇一年，兩座比鄰的城市跟四個較小的鎮合併成爲薩格奈（Saguenay），這也是魁北克「薩格奈—拉克—聖約翰」（Saguenay-Lac-St-Jean）區的最大城市。沃爾瑪就在約莫此時進入容基耶爾，當地居民歡天喜地。十年前，希庫蒂米的華優摩購物中心（Place du Royaume）開張，消滅了多家容基耶爾的商店，至於留下的空白，沃爾瑪還得花很長時間才能補滿。這家分店帶來了一百九十個工作機會，在這個失業率長期排名加拿大前幾名的城市裡，同樣大受歡迎。

即使如此，沃爾瑪這一家權力主義和反工會的公司，竟然奢望進入容基耶爾後會走好運。薩格奈—拉克—聖約翰相當於魁北克版本的奧沙克山區，因爲它極度孤立，使同質性極高的人口培養出一種反叛的獨立精神。在這一省，找不到比薩格奈的法國天主教徒更強烈支持魁北克政權，而且跟英語系的加拿大脱鉤。每五名法國天主教徒中，似乎就有一位姓特朗布萊（Tremblay，編註：魁北克常見姓氏）。不過，薩格奈跟奧沙克形成強烈對比之處在於高度工業化，在這岩石遍地的區域，星布的煉鋁廠和紙漿與造紙廠早在十幾年前就全都組了工會。魁北克的勞工運動多少是誕生於薩格奈，而且是在狂亂中誕生。一九四二年，當某座阿爾康（Alcan）工廠的罷工失控時還得動用軍隊維安；如今一座龐大的阿爾康工廠就位於容基耶爾邊緣，也是魁北克數一數二的工會城鎮。

把容基耶爾的沃爾瑪工作人員，推進UFCW懷抱的，是流傳在工作人員間，一句令人辛酸的雙關語。魁北克的官方座右銘是：「Quebec, je me souviens.」（「魁北克，我記得。」）工作人員套用這句話，成爲具諷刺味的座右銘：「Wal-Mart, je me soumets.」（「沃爾瑪，我順從。」）四十歲的單親媽媽席維雅．拉佛伊（Sylvie Lavoie）是兼職收銀員，帶領容基耶爾的工作人員造反：「只有那種醒著想沃爾瑪、睡著夢到沃爾瑪、吃沃爾瑪食物、沃爾瑪至上（甚至高於自己的家庭）的人，才會被沃爾瑪挑選爲升遷對象。」拉佛伊就像許多同事一樣，每天早上在規定歡呼時只是默默站在一旁。「那不是歌，是軍隊呼口號，」她說，「我覺得有夠丟臉的。」

遇見拉佛伊的那個早上，是在我偶遇聖皮耶先生之後。當時才剛過八點，她坐在工會大廳的辦公桌前，此地距她服務四年、而今奄奄一息的分店還不到一哩。那一天是所有被沃爾瑪開除的工作人員登記加入UFCW資助計畫的最後一天。工會主動發放失業勞工救濟金和沃爾瑪薪水間的差距金額，發放期間爲一年，或直到找到工作爲止，然而「找到工作」對容基耶爾人來說可是不小的挑戰。拉佛伊本身就處在失業狀態，一大清早過來這裡，幫忙應付這最後時刻的大批人潮，也算是有始有終。

拉佛伊是活潑亮麗的女子，棕色頭髮挑染成金色，左鼻孔上有個小小的鑽石鼻環。她穿著牛仔褲和一件胸前有皺褶的白色毛衣，露出曬黑的皮膚，這在一個還沒有完全脫離冬天酷寒的地方顯得有些不協調。容基耶爾的沃爾瑪開張時，拉佛伊負責吧台，她先是在嬰兒用品部當兼職店員，沒多久就當上候補收銀員，而且是位驕傲的候補收銀員。「我收到的錢一定跟帳面相符，而且我的掃瞄速度在魁北克名列前茅，每分鐘近七百個品項，」她自鳴得意地說。雖然拉佛伊一開始喜歡沃爾瑪，但她一向就是個勇於表達的人。「我這人不會惹麻煩，」她堅持，「但我在說『啊，系統可能有錯』時，或許比別人有個性吧。」

身爲兼職工作者的拉佛伊，沒有資格加入健康保險，她幾乎每個週末都被工作綁住，讓她動彈不得。這時她的父母就得幫忙照顧幼女，而孩子對媽媽的缺席很不開心。她一再申請全職收銀工作，畢竟這份工作每隔一段時間固定會有空缺。然而她也愈來愈不敢奢望，因爲這些工作都給了同事或新進同仁。有一天，一位副理把拉佛伊找進辦公室，恭喜她被選中擔任一份儲藏室的全職工作，但是她壓根兒沒申請。她拒絕接受。

二〇〇三年，沃爾瑪在大約距離二十五哩的艾爾瑪（Alma）開了一家新分店，把新進收銀員送去容基耶爾受訓。拉佛伊氣憤地發現，她的薪水還比不上艾爾瑪的新進員工。當容基耶爾的收銀員彼此愈來愈了解和信任對方，他們便開始交換筆記，發現即使相同等級也存在嚴重的同工不同酬情形。某一天，拉佛伊領著一群收銀員到經理辦公室申訴。「我們一大群女生一起進去，」她回想，「他當著我們的面大笑，單刀直入地告訴我們，他不會做出任何報告，我們也不該討論彼此的薪水。」

壓倒拉佛伊的最後一根稻草，是當她和最要好的朋友——一位名叫瓊安．黛斯比恩（Joanne Desbiens）的兼職收銀員主管——在二〇〇三年秋的同一天都被公司拒絕升遷。「她到我家，哭得好傷心，」拉佛伊回想，「我比她好些，因爲我沒那麼在意，我只是看著她說：『我沒啥可失去的。』」

分店第一次和UFCW接觸早在二〇〇二年底，那時分店三位少數人種男性工作者的其中一位在憤怒和沮喪中立即辭職不幹。然而，根據魁北克市UFCW第五〇三地方分會工會籌組者賀曼．狄雷爾（Herman Dellaire）表示，直到拉佛伊和黛斯比恩加入，才吸引到更多人參與籌組工會。「差別在於他們是收銀員，這在分店是個蠻大的部門，而且更受同仁愛戴，」狄雷爾說，「他們也是個性相當鮮明的一群，不畏懼店經理。」

第五〇三地方分會也是性格鮮明的單位。一九九九年，總裁茉莉荷西．拉謬（Marie-Josée

Lemieux）成爲首位帶領加拿大UFCW地方分會的女性。拉謬和拉佛伊年齡相仿，是個精力異常旺盛的理想主義者，將容基耶爾的運動變成某種個人的抗爭運動。

跟美國不同的是，在魁北克，一家分店無須經過員工投票即可組織工會。如果絕大多數的計時工作者簽下工會授權卡，這些簽字再經過省政府認證，法律就規定管理階層必須和工會代表面對面坐下，協商出集體談判下的合約。如果無法達成協議，政府指派的仲裁者可以強迫雙方簽訂合約。在魁北克，整個程序是在你情我願之下進行，往往鈍化了沃爾瑪在美國無往不利的反工會戰術，事實上，如果能私下蒐集必要的簽名數，分店早在管理階層還不曉得一切時，就可能已經大功告成了。

拉謬和狄雷爾保持距離，至於拉佛伊、黛斯比恩和少數幾位幫手，則開始在工作之餘，和他們所知的不滿同事聚會。愼重是一定要的，因爲他們知道，有幾位工作人員要嘛就是眞的喜歡自己的工作，不在乎有工會的好處，否則就是害怕丟工作，因而反對組工會。在分店的一百九十名員工當中，有四十五位是領薪水的經理，剩下一百四十五位工作人員則是可能的參與成員。發起人只蒐集到所需七十三個簽名中的二十五個，這時有同事向管理階層通風報信。第二天早晨，拉佛伊被叫進辦公室，主管給她幾張粉紅單，那是當收銀員的現金跟帳上不符時會拿到的。「在那之後，他們每天把我叫進去，爲了一些莫須有的罪名責罵我，」拉佛伊說，在此之前她從沒接到過粉紅單，「他們幾乎是貼身跟著我，絲毫不鬆懈。」

即使如此，拉佛伊依然堅持。隨著管理階層開始如往常般召開規定的反工會會議，對這家分店的未來提出嚴重警告，這家分店便分裂成勢不兩立的陣營，雙方互控威脅和騷擾。工會派說公司派的員工無時無刻地在他們家糾纏。另一方面，「員工簽下卡片，是爲了圖個耳根清淨，」服裝部的店員諾耶拉・藍格羅斯（Noella Langlois）表示，「他們認爲，可以在祕密投票時投反對票。」

UFCW只差一個簽名就達到自動認證的門檻，於是決定碰碰運氣，提出在二〇〇四年四月進行祕密投票的請願。結果事與願違，工會以四七%比五三%的得票率落敗，一群副理和部門經理聚在前門外，在電視攝影機前慶祝，並在工會支持者離開分店的時候趁機嗆聲。許多之前投票反對工會的工作人員，因爲懾於這樣的場面而倒戈，在規定的三個月冷靜期結束後，拉佛伊及其盟友東山再起，很快就蒐集到超過所需的簽名數，因此第二次運動早在管理階層還沒發現時就已經成功了。

二〇〇四年八月，容基耶爾的分店自動被認證爲UFCW的商店，也讓沃爾瑪員工在加拿大二十幾家分店籌組工會的士氣大振。兩個月後，就在UFCW和沃爾瑪代表依法展開合約協商之際，沃爾瑪從多倫多附近的密西索加（Mississauga）總部，發出一份不祥的新聞稿。「容基耶爾分店沒有達到業務目標，」新聞稿宣稱，「公司對該店的存續甚感憂心。」

UFCW和沃爾瑪經過九天的協商，除了唇槍舌戰外一事無成。「當我們談到工時和排班表時，對方就是不准、不准、不准，」安卓・杜瑪斯（André Dumas）回想。目前他在魁北克市的UFCW第五〇三地方分會擔任代理總裁。爲了應付工會的要求，沃爾瑪等於需要多雇用三十名支薪員工。沃爾瑪的加拿大總發言人安德魯．佩樂提耶（Andrew Pelletier）則反駁，「我們認爲，工會想從根改變這家分店的業務模式。」

二〇〇五年一月，當一家位在桑堤亞桑特（Sainte-Hyacinthe）的沃爾瑪分店組成工會，這時UFCW和沃爾瑪彷彿站在競技場的對角瞪視對方。這對沃爾瑪來說比較令人擔憂，因爲這個繁榮的農業中心（在蒙特婁以東一小時車程），並不是薩格奈那一類的工會前哨。UFCW的魁北克總裁路易．波杜克（Louis Bolduc），在宣布勝利的記者會上忍不住嘲笑起沃爾瑪，「我們希望雇主別告訴我們，突然間桑堤亞桑特的財務出狀況，」波杜克說。

二月九日，拉佛伊和黛斯比恩正在玩賓果，有位記者打電話來，請她們對沃爾瑪宣布即將關閉容基耶爾分店發表評論。她們目瞪口呆，以至於擠不出較有條理的回應，只說了：「你在說什麼？」這兩位女士想都沒想過，沃爾瑪竟膽敢關閉一家看似生意川流不息的店。拉佛伊開始發瘋地地打電話給正在當班的朋友，但已經無濟於事。「他們都在哭，」她說。

一個月後，當拉謬在睡夢中心臟病發而過世，他們的眼淚再度落下。拉謬過世時才剛滿四十歲，自從沃爾瑪宣布關掉容基耶爾的分店以來，她就一直在抱怨胸口痛。

沃爾瑪對容基耶爾的工會分子做出如此嚴厲回應，引起全魁北克的憤怒與震驚。在該省的其餘四十六家分店中，有三家因爲炸彈威脅而暫時關閉；傑出的分離主義領袖伯納德．藍德立（Bernard Landry），是魁北克的前任省長，呼籲魁北克人民加入抵制沃爾瑪的行列；專欄作家將沃爾瑪的名稱改成對糞便有特別癖好的雙關語：Wal-Marde；一位電視播報員將沃爾瑪比喻成納粹德國之後道歉，一如沃爾瑪在亞利桑納州的遭遇。愛跟人吵架、平民主義的薩格奈市長尚．特朗布萊（Jean Tremblay）接受十幾家媒體訪問時，痛斥沃爾瑪是藐視法律的掠奪者。「正因爲你很大、很有錢、很強，就可以關掉一家店，讓別家店的工作人員害怕？不！」特朗布萊說，「如果你想在魁北克做生意，或者在俄羅斯或中國做生意，你必須遵守法律，而且一定要尊重當地的文化。」

佩樂提耶在他安大略的辦公室中一再堅稱，沃爾瑪放棄容基耶爾的理由純粹是財務考量，跟鎮壓工會主義無關。這家分店「從一開始就很辛苦，」發言人說，「從組工會以來，情況就持續惡化。」人在班頓維爾的史考特則附議佩樂提耶的評論，「你不能在一家無論如何都很難維持的店，再增加一堆人和工作規則，」史考特宣稱。

關於這點，加拿大人民的回應倒很一致：「騙子。」加拿大最大的民調組織波拉拉公司（Pollara Inc.）進行全國性的調查，發現只有九%的加拿大人，相信沃爾瑪關閉容基耶爾分店是因爲財務困難。十位加拿大人當中，有九位認爲完全是因爲工會的關係；在提出質疑的人當中，約三一%表示要不就少到沃爾瑪買東西，不然乾脆不光顧，而魁北克人的這項比率則跳升到四四%。在沃爾瑪撤離容基耶爾半年後，另一份有關符合人民需求和期待的調查顯示，魁北克人將沃爾瑪排在十二家零售連鎖排名的第十一位，敬陪末座的是星巴克。

沃爾瑪對容基耶爾的嚴厲對待，確實收到殺雞儆猴之效，也因此讓UFCW籌組工會的氣勢受挫，例如在蒙特婁附近的寶樂莎（Brossard）與安大略溫莎（Windsor）的工作者，各以七四%

和七五%的投票率反對組工會。在這些店的早期投票中，沃爾瑪只以五五%的些微差距獲勝。然而UFCW緊追不捨，終於在二〇〇五年末，成功地在魁北克加蒂諾（Gatineau）兩家沃爾瑪輪胎與潤滑商店成立工會，第三家則在卑詩省。於此同時，桑堤亞桑特的合約協商用漸進的方式將沃爾瑪逼向牆角，除非沃爾瑪能打消員工親工會的決心，否則將面臨沒有勝算的選擇，被迫接受省政府提出的集體協商合約，或關閉第二家魁北克分店。

愛成長、憎工會的跨國企業會怎麼做？首先，沃爾瑪一直試著恢復它在該省遭到玷汙的形象，大舉刊登廣告，並軟化跟外界的關係。沃爾瑪終於在蒙特婁成立辦公室，並把魁北克的公關任務外包給會講法語的在地人。容基耶爾的激烈反應，無疑讓沃爾瑪的生意大受影響，只是嚴重程度不如波拉拉的民調結果。畢竟減價和地點便利的誘惑不太容易抵擋，哪怕是口氣強硬的魁北克人。套句幽默大師伊凡．狄尚（Yvon Deschamps）的名言，他們「骨子裡是社會主義者，錢包卻是資本主義者。」

另一方面，如果沃爾瑪果眞關掉桑堤亞桑特的分店，公司在公共關係和政治方面極可能全然崩潰，並可能危及魁北克其他四十五家分店的存活。「他們將關閉魁北克的所有分店，」拉佛伊預言，「名單會蠻長的，因爲如果他們關閉了桑堤亞桑特，抵制也將持續很長一段時間。」

目前在容基耶爾，人們對沃爾瑪的憎恨與對UFCW的憤懣並存。當地報紙的專欄作家凱若．尼龍（Carol Neron）確信，首府華盛頓的工會領導人已注意到，沃爾瑪永遠不允許一家組了工會的商店活下去，但是這些工會領袖只會設法煽動反公司的輿論，激發群眾做出跟在容基耶爾一模一樣的行爲。「包括我在內的很多人，認爲我們的人一直被當作炮灰來利用，」尼龍說。

在此同時，許多當地業主倒挺樂意用容基耶爾剛贏得的國際臭名，來交換沃爾瑪來此之前的沒沒無聞。安卓．普林（André Poulin）專門爲世界各地的製鋁業者提供高科技維修服務，他表示不管去哪裡，客戶都會問到UFCW跟沃爾瑪在容基耶爾的對決。「我知道在製鋁這一行，企業來此投資能獲得四〇%的租稅減免，但現在他們興趣缺缺，」普林說，「我對沃爾瑪組工會沒啥意見，但我們爲什麼要打頭陣，做白老鼠？」

二〇〇五年秋，魁北克勞工關係（Québec Labor Relations）委員會做出有利容基耶爾七十九名勞工的裁決，這些勞工提出申訴，說沃爾瑪因爲他們親工會而非法解雇他們。根據法律規定，魁北克當局可以強迫沃爾瑪重新雇用被解雇的員工，但他們比較傾向對公司罰款。佩樂提耶說，他對這項不利的裁決感到訝異，「凡是跟容基耶爾有點關連的人都知道，我們多麼努力想拯救這家店，」他說。此外，他表示一旦委員會做出最後裁定，沃爾瑪應該會上訴。

對拉佛伊及其盟友來說，勞工關係委員會的裁定是甜中帶苦的平反。即使如此，在容基耶爾的前沃爾瑪員工之間，依然存在著交相指責和馬後砲的批評。不久前，拉佛伊的十歲女兒，在跟一位前沃爾瑪經理的孩子激烈爭辯後，哭著從學校回家。拉佛伊在某些人心目中是英雄，在另一群人心中則是壞蛋。她堅稱沃爾瑪對待勞工是不公不義的，這使她除了挺身戰鬥外別無選擇，但她說，「我無怨無悔。」

第九章　耶穌會上哪兒購物？

沿著皇后大道行駛，穿過紐約市皇后區的心臟，來到麗歌公園（Rego Park）和艾姆赫斯特（Elmhurst）的鄰近一帶，你會看見美國最稠密、也是油水最多的購物區之一。除了亂無章法的商用不動產開發案，兩座偌大的購物商城巍然聳立在長島快速道路下方的斜坡路上，其中的皇后中心（Queens Center）購物商城，名列美國最賺錢的商城之一；綿延在六線道皇后大道兩旁、長度達一哩的，是許多知名的零售業者，例如梅西百貨、彭尼、席爾斯、馬歇爾（Marshall's）、GAP、特選（Limited）、迪士尼、老海軍（Old Navy）、電路城（Circuit City）和臥浴室的世界（Bed, Bath & Beyond）。如果說，麗歌公園對購物者或連鎖店而言是個不存在敵意的地方，應該不為過。

不過，二〇〇四年末有消息走漏，說有個新的複合式商城，計畫設在兩家現有商城間的開放空間，而最大的零售業者沃爾瑪正協商在這裡開設分店。這時人們的反應是迅速、非理性且負面的。為了反對大型量販業者霸氣十足的規畫，某個草根團體因而替自己取了個名字：「沃爾瑪門兒都沒有」（Wal-Mart No Way）。

近年來，雖然沃爾瑪在離紐約市有一段距離的地方，用一家家分店將它包圍，但是麗歌公園的分店，卻是沃爾瑪第一家位在全美最大都會區的分店。對一個誕生在奧沙克山區，因爲在貧窮、鄉下社區開分店而成長茁壯的公司來說，「紐約」在它征服美國的過程中等於是頭彩。但是沃爾瑪有所不知或至少是沒有充分理解的，在於許多當地人對它在紐約的規畫驚愕不已。反對沃爾瑪在麗歌公園開分店的理由，並不是擔心交通壅塞或噪音，而是道德和個人價值觀。「沃爾瑪歧視女性，破壞好的工作，而且一定會把當地企業的生意搶走，」紐約客盧碧塔·剛薩雷斯（Lupita Gonzalez）道出許多人的心聲，「我不要它來這裡。」

幾個禮拜內，許多市議員和國會議員加入反對行列，表示沃爾瑪諸多反改革行徑的證據清楚不過，像是：貧窮等級的工資、負擔不起的健保、下班後做白工、對工會進行突襲、違反童工法、懲罰性解雇以及降職。「我們反對沃爾瑪，不是因爲它很大，」紐約的國會議員安東尼·威納（Anthony D. Weiner）表示，當時他正在競選民主黨內的市長初選，「我們反對沃爾瑪，是因爲它在許多層次上都是個壞鄰居。」

沃爾瑪的皇后區計畫，在消息走漏後三個月告終。購物商城開發業者佛南多信託（Vornado Trust）的結論是，沃爾瑪受到的嚴厲批評，可能危及整個麗歌公園的開發，包括兩棟二十五層樓的公寓大樓和購物商城在內。該公司表示，沃爾瑪不再屬於這筆生意的一部分。

尚未在開發戰中累積許多敗績的沃爾瑪，依舊堅決照自己的方式走。「就算不到紐約，我們依然是間成功的大公司，也有顧客需要被服務啊，」史考特在麗歌公園的挫敗後不久發表意見，「我認爲紐約會善待我們，而我們也會善待紐約。」接下來的話你沒聽錯，史考特又說：「我們一定會去紐約的。」

如果沃爾瑪想達到野心勃勃的成長目標，一定要吸引教育程度更高、社經地位更高，而且不是「月光族」的顧客群。但是，當沃爾瑪追求新顧客、將觸角進一步延伸到北美洲更富裕的地區時，發現總是受「盛名」所累。一旦沃爾瑪想開新分店，就會遇到來自當地居民排山倒海的反對，包括許多潛在顧客。他們不在乎「每日低價商品」這個無處不在的標語，反倒重視沃爾瑪用什麼方式交付這些價格代表的事物。許多消費者最後的結論是，良心不容許自己眼看又一家沃爾瑪在社區開張，而自己卻無作爲。套用威斯康辛州麥迪遜市（Madison）議員彼得．麥基佛（Peter McKeever）的話：「這種事業，跟我們的價值觀不一致。」

安大略的圭爾夫（Guelph）是個人口十萬人的城市，距多倫多約六十哩。這裡的耶穌會士對沃爾瑪堅持在依格那提斯耶穌會士中心（Ignatius Jesuit Center）和兩座墓園間興建一間分店（占地十三萬五千平方呎），展開猛烈的精神戰役。耶穌會士主要反對沃爾瑪帶來的噪音和交通問題，「跟人們期待林草地（Woodlawn）與瑪麗曼（Marymount）墓園的平和安詳完全不搭調；同時與那些吸引靜修者前來中心的安靜孤寂感不合。」耶穌到哪兒買東西？不會是隔壁商店。耶穌會士中心的主任詹姆斯．普拉非特（James W. Profit）牧師在公聽會作證時，大聲譴責沃爾瑪代表的物質主義：「大型量販業者所定義的『擁有』與其價值，與耶穌會精神所追尋的事物神性，前者定義的意義和價值與後者並不相容。」

沃爾瑪拒絕考慮在圭爾夫的另一個地點興建分店，即使市議會已投票否決耶穌會士中心附近的區域重劃。一如預期，沃爾瑪繼續遊說，並逐漸運用策略擊敗耶穌會士中心。二〇〇三年，強烈親沃爾瑪的市長當選，使情勢朝向對沃爾瑪有利的方向發展；次年市議會推翻先前的決定，進行該地點的區域重劃。在求助無門下，耶穌會士中心及其支持群眾試圖用一個新奇的概念來策畫一次上訴：在如此靠近耶穌會士中心的地方興建分店，沃爾瑪侵犯到加拿大的權利與自由憲章（Charter of Rights and Freedom）所保障之宗教自由。以上主張並未在法律上造成牽制，使沃爾瑪得以在二〇〇六年於圭爾夫破土動土。

愈來愈多衝著班頓維爾而來的道德與宗教激烈反應，可說是全體基督教的現象，不僅涵蓋耶穌會士和慈善姊妹會（Sisters of Mercy）等天主教的各層組織——這兩者均以獻身社會正義為榮——也包括主流的自由派新教徒。《今日基督教》（*Christianity Today*）在二〇〇五年一篇標題為「從沃爾瑪送來給我們？」的文章中，提到該公司「在當地道德憤慨的風暴中，已經成為一根避雷針。教會的領袖們……加入草根激進分子的行列，擔心愚蠢的全球市場因素將輾平人類的高尚情操。」

全美各地約一千家教會，於二〇〇五年十一月的首映週放映羅伯．葛林沃爾德（Robert Greenwald）的報導紀錄片：《沃爾瑪：超低價的高代價》（*Wal-Mart: The High Cost of Low Prices*），聯合基督教會（United Church of Christ，簡稱UCC）對這部片支持最力。長久以來，該教會希望能找到一種方式，在不呼籲抵制的情形下，發送反對沃爾瑪不公平對待勞工的信號，一如先前為了支持佛羅里達州的蕃茄採摘工人而反對塔可貝爾（Taco Bell）那樣。「抵制是行不通的，因為沃爾瑪是唯一的購物之地，而現在許多消費者幾乎別無選擇，」UCC的勞工關係與社區經濟發展人員依蒂斯．拉賽爾（Edith Rasell）說。不過她又說：「UCC終於能以高能見度，支持沃爾瑪工作人員的權利，為酬勞和福利訂定更高的標準。」

至於內陸非裔美人教區的牧師，對傳揚反沃爾瑪的福音著力尤深。二〇〇四年，沃爾瑪為了在芝加哥與建兩座超級中心而請求批准，當時九個黑人教會聯合抵制沃爾瑪在芝加哥市外的分店，其中一間教會是南區的「三一聯合基督教會」（Trinity United Church of Christ），有會眾八千五百人，自詡爲「問心無愧地黑，與無須辯解的基督教徒」；汙漬斑斑的玻璃窗上，描繪著金恩等民權激進分子。三一聯合教會的牧師傑若米亞·萊特（Jeremiah Wright）不僅痛責沃爾瑪，連在黑人社區內的沃爾瑪支持者一併罵進去。「當價格對你的意義大於原則時，」萊特聲如洪鐘，「你等於把自己定義爲妓女。」

黑人教會神職人員反對沃爾瑪的論點，基本上是政治性而非神學理由，儘管無可避免地伴隨相當多的經文引述。萊特和志同道合的牧師們辯稱，沃爾瑪整體而言不符合黑人經濟自主的主張，因爲它給員工的待遇差，又欺壓員工，尤其是非白人的那些員工。（截至二〇〇五年中，沃爾瑪雇用二十萬零八千位黑人、十三萬九千位拉丁裔，兩者共占了該公司美國勞工人口的三四%。）賈克遜牧師的彩虹聯盟（Rainbow/PUSH Coalition）設在芝加哥，他喜歡用Kool-Aid（譯註：一種高色素的果汁飲品）和氫化物來比喻。「Kool-Aid代表低廉的價格，」賈克遜說，「氫化物代表低廉的工資。氫化物也是廉價的醫療福利。」

賈克遜在加州英格爾伍德的記者會上，連珠砲地引用《聖經》來回應一個尖銳的神學問題：「沃爾瑪不也是上帝創造的？」「上帝創造法老，但他將權力授與摩西來獲得解放。上帝創造希律王，但他將權力授與耶穌，在希律王的力量殺了他以後，耶穌得以復活，」賈克遜說。「當然，在自由意志下，我們都是上帝的子民，但有些上帝的孩子是不公道的。上帝創造亞當、夏娃和該隱，但是該隱因爲貪婪而將亞伯殺死。沃爾瑪就是該隱，他們貪婪。」

神職人員並不是最早從信仰的基礎上反沃爾瑪的人士，而是那些故作文雅狀、一擲千金的宗教機構投資者。過去二十年來，許多宗教機構就像世俗的投資人，共同努力使投資持股符合自己的價值觀與信仰。在華爾街，新的貨幣經理人和基金的次產業崛起，試圖滿足大眾對兼具「社會責任」與獲利的投資標的之殷切需求。各個宗教機構協力組成泛宗教企業責任中心（Interfaith Center on Corporate Responsibility，簡稱ICCR），希望發揮自身對金融業的影響力。目前這個組織代表了二百七十五個天主教、新教和猶太教團體，投資資產達一千一百一十億美元。

在所有針對沃爾瑪的批判中，最窮追不捨的是來自新澤西州、名叫芭芭拉．愛瑞斯（Barbara Aires）的修女。認眞、坦率的她，主持聖伊莉莎白姊妹會（Sisters of Charity of St. Elizabeth）的企業責任計畫。愛瑞斯也是ICCR的一員，一九九〇年以來就定期和沃爾瑪資深主管開會，從美國的種族和性別歧視，乃至沃爾瑪供應商海外工廠雇用童工和囚犯等議題，對沃爾瑪施壓。「沃爾瑪如何維持低價？它給勞工的待遇如何？有哪些福利？他們的事業對眾多小企業造成怎樣的衝擊？」愛瑞斯在一九九九年提出質疑。「公司一直以三級跳的方式成長，但它需要正視這些議題。」史考特時代層出不窮的公共爭議，使愛瑞斯的運動變得較不孤單。只要看看二〇〇五年，沃爾瑪在飛雅特維爾舉行年會時，處處可見教士的硬白領和十字架，就能窺知一二。

相較於一般世俗的地點保衛人士，沃爾瑪的管理階層更重視宗教機構的投資。二〇〇四年，史考特花一整天的時間，在紐約的ICCR辦公室跟聖經院山本篤姊妹會（Benedictine Sisters of Mount St. Scholastic）、耶穌受難會（Congregation of the Passion）、門諾基金會（Mennonite Foundation）和單一神教派服務委員會（Unitarian Universalist Service Committee）等評論者開會。儘管沃爾瑪說了一堆安撫的話，卻沒有眞正做很多事來安撫激進派的宗教評論者。「談開來是蠻好的，不過現在該是時候了，在眾多和我們有關的議題上，用事實來檢視他們究竟有多少進展，」聯合衛理教會（United Methodist Church）退休基金分支機構的維戴特・卜洛克・米克森（Vidette Bullock Mixon）表示。

至於這些宗教機構投資人，對抗沃爾瑪的主要武器就是股東決議，而這樣的決議往往在每個美國大型企業的年會上被投票否決。然而，修女們每年照舊回到飛雅特維爾，而且都有所進展。二〇〇四年，ICCR羅織一項總括性的新申訴案，提議規定沃爾瑪必須「針對保障人權、保障工作權、保護土地和環境的努力，做出公開的永續性報告。」在二〇〇四年和二〇〇五年，該決議分別贏得一四・二%和一六・二%的選票；另一項提議要求沃爾瑪針對勞動力的多樣性提出詳細報告，則得到一八・八%的同意。

由此觀之，這些百分比比表面看起來更足以說明股東不滿的程度，只要想想沃爾頓家族的四〇%持股——總是投票反對所有股東提議。「慢歸慢，總算還是有進步，」修女埃斯特・香檳（Esther Champagne）表示。在魁北克一處由二十七個宗教團體組成的協會中，她擔任副總幹事，當沃爾瑪關閉容基耶爾的分店後，該協會起而支持與沃爾瑪進行抗戰。

在此同時，愈來愈多的社會責任基金拋售手中的沃爾瑪持股，以抗議該公司的冥頑不靈。二〇〇一年，沃爾瑪被多米尼四百社會責任指數（Domini 400 Social Equity Index，編註：把企業在社會與環境紀錄的表現優異與否，納入評等架構中，作爲以社會績效篩選股票投資組合的比較標竿）除名，該指數是由KLD波士頓研究解析（KLD Research & Analytics of Boston）篩選出四百家大企業，於一九九〇年開始採用多，沃爾瑪一直排名第三。KLD會捨棄沃爾瑪，是因爲它向亞洲的血汗工廠和緬甸供應商採購商品，而緬甸卻是經由軍事政變奪權、統治的國家，以剝削人權惡名滿天下。「其他有類似血汗工廠和緬甸爭議的公司，包括GAP、麗茲．卡萊波恩（Liz Claiborne）、耐吉、天柏嵐（Timberland）和銳跑（Reebok）等，皆已採取行動來改善這方面的紀錄，」KLD解釋它把沃爾瑪抽掉的決定，「對比之下，沃爾瑪的進展就顯得微乎其微。」

宗教機構投資人很少介入地點保衛戰，即使他們之中的一個遭沃爾瑪攻擊。在圭爾夫，耶穌會士擁有很多世俗的盟友，儘管他們既沒有請求，也沒有接受教會兄弟姊妹的外在支援；但是一般而言，許多宗教派別均將班頓維爾對當地社群的欺壓行徑，寫進他們對沃爾瑪申訴的文件裡。二〇〇五年中，一群由多米尼社會投資（Domini Social Investments）和基督兄弟投資服務（Christian Brothers Investment Services）領導的投資人（以四十億美元的投資組合，成爲最大的天主教投資人之一），提出一套指導原則，目的是迫使大型量販零售業者在挑選新分店的地點時，更善盡「環境和社會的責任」。

這份指導原則附在一份長達四十二頁的報告中，裡面充滿班頓維爾爲求擴張不擇手段的例子，像是二〇〇四年在馬里蘭州的鄧喀爾克（Dunkirk）並排興建兩間分店，兩家分店的總面積超過上限達三〇%，以迴避對分店規模的限制；在檀香山，沃爾瑪激怒許多夏威夷人，原因是它還沒有把從興建地點取出的先祖遺骸重新埋葬，就開設分店。諸如此類的強烈抗議，也發生在田納西州納許維爾附近，當時有八百年歷史的印地安墳墓被移走，將空間騰出來興建一家沃爾瑪和一家羅威（Lowe）分店。然而，在華盛頓童年居住的菲利農場（Ferry Farm）上，沃爾瑪真的撤銷了興建計畫，據說美國的第一任總統就是在這裡砍倒櫻桃樹並且據實以告。對沃爾瑪來說，同時要應付華盛頓的在天之靈和活生生、不屈不撓的愛瑞斯修女，實在太沉重了。

*

來自美國宗教界接二連三的批評，對一家自詡有基督教美德的公司主管來說，想必是極端羞辱。「我不是說沃爾瑪是一家基督教公司，但我可以清楚明白地說，沃爾頓創辦的公司是根據《聖經》中猶太教與基督教共有的準則規範，」前副董事長索德奎斯在二〇〇五年出版的《The Wal-Mart Way：全球最大零售企業成功十二法則》中寫道。

沃爾頓是類似福音派的重量級人士，他狡猾地將奧沙克山區強烈的基督教基本教義派，延伸成為一種與眾不同的企業道德觀，將個人救贖和沃爾瑪全然世俗、商業的成功連結在一起。根據加州大學聖塔芭芭拉分校的教授，也是《沃爾瑪：二十一世紀資本主義的真面目》（*Wal-Mart: The Face of Twenty-First Century Capitalism*）一書主編李希頓斯坦的觀察，「沃爾瑪的刊物盡是報導那些拚死命工作的同仁；他們也曾有過不如意，並透過對公司的奉獻，獲得了經濟和精神上的拯救。」員工並預期管理者將提供「僕人領導」，幫同仁實現他們的使命，而這個詞具有一種難以描述的基督教隱義，愈來愈常出現在沃爾瑪的文獻中。其中最為人所知的，是在一九九一年的《山姆的同仁手冊》（*Sam's Associate Handbook*）。史考特升上執行長後，其中一位資深同仁稱許他是「真正的僕人領導者，了解如何建構團隊，並凝聚所有成員的力量。」

在信仰的基礎上，突然出現一波波對沃爾瑪的攻擊，使許多重生的基督徒既困惑又憤怒，不僅在班頓維爾，也包括全國各地。根據《今日基督教》，這些宗教信仰者往往期望「沃爾瑪，是適合家人一起逛的地方，也是一家建立在尊重、服務和犧牲等聖經價值的企業。」對許多傾向保守的神學家而言，整個社會正義的運動，無意間透露對資本主義本身那種未經證實（和承認）的敵意。「對他們很多人而言，賺取利潤在公理上顯然是不道德的，」羅伯・西里科（Robert Sirico）神父認爲。這位天主教的神職人員是「艾克頓宗教與解放研究學會」（Acton Institute for the Study of Religion and Liberty）的總裁，西里科主張，「賺取利潤之際又能善盡責任，這種行爲本身就是種社會投資。在這場運動中，我懷疑許多人是如此相信。」

就沃爾瑪來說，它在行銷或公關方面並不是公開的基督徒。「你從來沒聽過我們從道德的立場探討某事，或是對某件事物採取合乎倫理的觀點，」沃爾瑪的資深發言人艾倫堅持，「我們代表沃爾瑪的顧客。」換言之，沃爾瑪希望用它販賣的東西來界定自己。你買的東西就代表沃爾瑪。生意人希望自己是不帶價值判斷的銷售機器，這麼做是相當合理的，大規模採購根本不是主的工作，那沃爾瑪又爲何該冒著冒犯潛在顧客的危險，把自己界定成根本不是自己的那種樣子？管理階層堅持不承認憎恨勞工工會，表示「我們不是反工會，只是親同仁」，部分用意是讓工會成員照常光顧，哪怕沃爾瑪費了好大的力氣讓工會只能做困獸之鬥。

不過，艾倫對中性立場的嚴正聲明卻缺乏誠意。事實上，企業是由它的言和行所界定。在商品的陳列決策上，沃爾瑪確實比任何競爭對手抱持更強烈的道德立場，儘管很少訴諸文字，但是班頓維爾透過行動在美國的文化戰爭中選邊站，採取保守的預設立場，跟小布希贏得兩任白宮寶座的立場相同：安撫宗教權利，並且從每個人身上盡量牟取私利。

當Gynetics公司於一九九九年推出事後避孕藥Preven，沃爾瑪是十大藥品連鎖店中唯一拒絕進貨的。雖然Preven只對沒有懷孕的婦女有效，但是「終身藥劑師」（Pharmacists for Life）等反墮胎團體卻把Preven視爲墮胎藥，強迫沃爾瑪禁止販賣。根據艾倫表示，沃爾瑪會決定不進這種藥，完全是因爲不看好它的銷路。「如果任何信仰的人，把任何道德決策加進去解釋，那就不對了，」艾倫說。然而Gynetics的創辦人羅德里克．麥肯錫（Roderick L. Mackenzie）說，沃爾瑪的資深主管私下表示，他們不希望自己的藥劑師被迫克服墮胎的兩難。麥肯錫怒不可遏，但還是試著掩飾自己的憤怒，希望沃爾瑪會來個決策大轉彎，買進Preven。「跟班頓維爾的上帝說話時，」他嘲諷地說，「要壓低音調。」

沃爾瑪對其在曝光的媒體內容進行消毒，是眾多不尋常且具爭議性的面相之一，目的是討好社會和宗教的保守主義者。可以確定的是，沃爾瑪商業模式的篩選機制，就是產品種類少於邦諾網路書店（Barnes & Noble）、HMV、百視達（Blockbuster）等媒體和娛樂的連鎖業者。除了排除不符合潛在主打商品標準的東西，沃爾瑪也充分表明避開可能冒犯「家庭價值」的情形。南浸信會（Southern Baptist Convention）的威廉．美瑞爾（A. William Merrill），讚許班頓維爾給好萊塢和出版界一個訊息：「他們說過：『別給我們不入流的東西。』」

沃爾瑪不賣任何貼有「敬告家長」警語的CD，也因此把最饒舌和最嘻哈的樂風排除在貨架之外。不過，它倒是有賣一些限制級的DVD跟成人級的電動玩具，只是都經過篩選，並要求購買者出示年滿十七歲的證明。由於書籍雜誌沒有經過第三者分級，因此這些白紙上的黑字，對沃爾瑪的消費者來說成了最大挑戰。他們就像數不清的陪審員，拚命去定義何謂傷風敗俗，但又期望在看到的時候知道那就是。「這存在許多主觀性，」一般商品類的經理蓋瑞・賽佛森（Gary Severson）承認，他負責監督書籍、玩具、電子產品和運動用品，「在煽情和色情之間有一條線存在，但我不知道那條線的確切位置。」

喜劇演員喬治・葛倫（George Carlin）以《耶穌何時會帶豬肉塊來？》（*When Will Jesus Bring the Pork Chops?*）一書，在二〇〇四年成爲暢銷書作者，並叫三大宗教「滾邊涼快去」。他成功了。沃爾瑪不喜歡書名或是書衣上的文案及設計——將耶穌從達文西的名畫〈最後的晚餐〉（*Last Supper*）除去，於是把葛倫安排在救世主旁邊的空座位上。沃爾瑪退回三千五百本葛倫的書，而這些書可能是無意間被送到店裡，或者只是爲了挑釁。

約翰・史都華（Jon Stewart）的《美國：民主無作爲的公民指南》（*America* 〔*The Book*〕：*A Citizen's Guide to Democracy Inaction*）專爲沃爾瑪量身訂做，以禿鷹和碩大的美國國旗作爲封面背景。「我們認爲，封面上的國旗會對沃爾瑪的胃口，因爲他們喜歡賣那些有國旗在上面的東西，」該書的合著作者，也是史都華的〈每日秀〉（*The Daily Show*）節目製作人班・卡爾林（Ben Karlin）說。不過，有些膽大的購物者逐頁翻閱這本嘲諷意味濃厚的公民教科書時，發現在一張最高法院的圖片中，法官的腦袋被以移花接木的方式貼在裸體上。結果，沃爾瑪禁止販賣此書，也讓自己成爲〈每日秀〉及其衍生節目〈柯爾伯特報告〉（*The Colbert Report*）更合適的揶揄對象。

算史都華好運，他不必靠沃爾瑪替他賣一百萬本書，但是多數作家和音樂家必須在沃爾瑪的貨架上搶占一席之地，才擠得上暢銷榜。沃爾瑪的龐大規模加上選項之多，使它成爲舉世無雙的多媒體暢銷大本營。根據某些估計，在美國銷售前幾名的DVD中，沃爾瑪就占總營業額的六成，至於暢銷CD則占五〇％，暢銷書占四〇％。「他們堆放那些熱賣商品的樣子，就像在堆牙膏，」美國最大書店連鎖邦諾網路書店的總經理史蒂芬·瑞吉歐（Stephen Riggio）譏諷。邦諾銷售六萬種書，而沃爾瑪只賣五百種。

許多唱片公司爲了能在沃爾瑪販售CD，特地製作修正版本的專輯，像是去除髒字眼，或者重新錄製新歌。CD封面也經常爲了迎合沃爾瑪的品味而更改，即使是以唱反調聞名、已逝的超脫樂團（Nirvana）團長寇特·柯本（Kurt Cobain），在沃爾瑪反對《母體》（*In Utero*）專輯封面上有胎兒的畫像時，也不得不讓步。「他還記得在華盛頓州亞伯丁（Aberdeen）成長的情形，了解沃爾瑪是該地少數幾個買得到CD的地方，」超脫的前經理人丹尼·高伯格（Danny Goldberg）回想。超脫也把《母體》中的〈強暴我〉（*Rape Me*）歌名，改成「無家可歸的我」（Waif Me）。

沃爾瑪禁賣雪瑞兒·可洛（Sheryl Crow）於一九九六年一舉打響名號的專輯，唯一的原因是，公司認爲〈愛是好事〉（*Love Is a Good Thing*）歌詞具攻擊性：「注意了姊妹／注意了兄弟／注意了孩子們因爲他們彼此殘殺／用他們在沃爾瑪買來的槍。」

沃爾瑪吹毛求疵的衝動，是從骨子裡發出來的。「首先，那個『山姆先生會不同意，海倫當然也不會同意。』山姆是乖乖牌，他老婆則相當怕惹是生非，幾乎算得上是聖靈降臨教派（Pentecostal）的人了，」前店經理、後來到UFCW工作的李曼說，「我認爲它是從『山姆和海倫會不同意』，演變成『我們的顧客不會同意』。」此外，總部對於主要來自鄉下和女性的勞動力，也將其刻板與嚴謹保護得不遺餘力。「當某個工作人員向總部抱怨時，東西就從貨架上卸下，很多次電話是來自負責把倡毒CD或汙穢雜誌擺上架子的那些人，」李曼說。

即使如此，像沃爾瑪如此熱中成長的零售業者，若不是美國願意倒向右邊，否則不太可能一直如此誇耀它對上帝的虔敬，容許公司將傳統鄉下和南方顧客群的忠誠結合在一起，而又不流失半點生意。以音樂為例，沃爾瑪的市場幫助引發了鄉村音樂的爆紅，因此抵銷了它拒賣嘻哈音樂而損失的利益。當保守分子安．庫特（Ann Coulter）和比爾．歐萊利（Bill O'Reilly）把書籍推上暢銷排行榜時，沃爾瑪還需要什麼史都華或葛倫？沒有哪一家零售業者，比沃爾瑪從基督教主題的書籍、音樂等商品急速升高的吸引力中獲得更多好處，後者每年光是迎合七千兩百萬名美國人，就有超過十億美元的營收入袋，現在這些人形容自己是再生。

不過，近來在沃爾瑪愈來愈往泛藍各州和大城市推進之際，它顯然在媒體產品的陳列方式上比較不那麼出於反射性地右翼。二〇〇四年，沃爾瑪終於在網路上停售丟臉的反閃族小書《博學的猶太長者協定》（*The Protocols of the Learned Elders of Zion*）。這本小書由俄羅斯的專制警察於一八九〇年代所編造，不實記載一群拉比（編註：猶太教祭司）的聚會，以密謀進行猶太人統治世界的計畫。希特勒愛不釋手，乾脆將它列為希特勒青年團（Hitler Youth）的規定讀物。雖然該書早就被當作種族主義的騙局，根本不可信，但是沃爾瑪的網站在該書旁附上一份聲明，假惺惺地表示中立的立場：「如果……《博學的猶太長者協定》為眞實（這方面永遠沒有具決定性的證明），它可能引起我們之中的一些人對世界上的事保持警惕。我們既不支持，也不否認書中訊息，只是讓想擁有它的人買得到。」

沃爾瑪對各方抱怨視而不見，直到威森索中心（Wiesenthal Center）的拉比亞伯拉罕．古柏（Abraham Cooper）寄了抗議信，他表示：「對一家信譽卓著的公司，竟考慮販賣這種可惡到駭人聽聞的書，令人感到相當震驚。」沃爾瑪從不說明為何把《博學的猶太長者協定》下架，只是史考特在收到信後，默默地將這本冊子從網站上抽掉，並解釋此舉為「商業決策」。

令人訝異的是，當自詡為「美國第一個擁抱生命、支持家庭、以《聖經》為基礎的共同基金團體」提摩西計畫（The Timothy Plan），於二〇〇二年反對《柯夢波丹》（*Cosmopolitan*）、《魅力》（*Glamour*）等「軟性色情雜誌」被擺在結帳走道旁邊的架上時，班頓維爾卻擋了回去。「請走進沃爾瑪任何一家分店，公開介紹自己是執行長，然後透過廣播系統向店內顧客大聲朗讀任一期《柯夢波丹》封面上的每個字，」提摩西計畫的主事者亞瑟．阿利（Arthur Ally）在寄給史考特的四封信中之一提出挑戰，「再請你告訴我情況如何，我就可以決定要不要把貴公司列入我們的黑名單。」

就在沃爾瑪和提摩西計畫產生爭議後不久，庫格林在一次訪談中，表示結帳處的展示架對每個適合一家子同逛的店面來說，的確是最大的問題所在。「我們不認為該去檢查或做任何類似的事，但是你知道的，我老婆長期都讓孩子坐在購物推車上，」庫格林說，「我還記得她跟我說，孩子就在結帳櫃台，而有些不合宜的東西就在那裡。剛學會閱讀的女兒就問：『這是什麼意思？』那種事是你不想要的。」即使如此，庫格林或史考特都不想紆尊絳貴地回應阿利，只叫屬下委婉地請他別管閒事。「我們有意繼續以目前的方式擺放雜誌，」沃爾瑪的商品陳列部最高主管唐．哈里斯（Don S. Harris），在寫給阿利的第四封信中表示。

出生於巴勒斯坦、以穆斯林教養方式長大的阿利，名叫阿里·拉斯哈德（Ali Rashad），他在堅定的信仰下成爲勇敢的人。「我們的道德基礎正逐漸走向崩解，」他說，「我們爲美國的靈魂而戰。」阿利賣掉九千二百股沃爾瑪股票，將沃爾瑪列入無道德價值的企業黑名單，並透過提摩西計畫將它分送給一萬名投資人，以及四千名基督教的財務規畫者。他也尋求來自「媒體道德」（Morality in Media）、「美國正派協會」（American Decency Association）、「美國家庭協會」（American Family Association）等夥伴的信件支持，彙整後寄到班頓維爾。

雖然沃爾瑪從沒有承認過這些信，但它立刻開始在結帳櫃台的架子上，插上U型塑膠活動夾，部分用來遮掩《柯夢波丹》、《紅皮書》（*Redbook*）、《魅力》和《美麗佳人》（*Marie Claire*）的封面。活頁夾擋住具冒犯性的標題，但反而凸顯出占據多數封面的乳溝。「這眞是個大笑話，」阿利抱怨。他最後放棄施壓，是因爲沃爾瑪也把三種有點不入流的男性雜誌《Maxim》、《FHM》和《Stuff》從店後面的閱讀區驅逐出境。雖然阿利尚未抱怨過這些給男生看的雜誌，但是他倒挺樂於見到它們被趕走。「那是軟性色情，」他說，「看了很容易上癮，以致做出一些血氣方剛的事情來。」

至於沃爾瑪一把拉下《Maxim》、《FHM》和《Stuff》的決定，可能不是基於原則而是利益，只要快速走過一遍雜誌區就見分曉。你瞧，小甜甜布蘭妮幾近全裸出現在《滾石雜誌》（*Rolling Stone*）封面上耶！咦？還是克莉絲汀呢？顯然，班頓維爾不介意把男生雜誌甩掉，因爲它們在沃爾瑪不是熱門商品，因此可以爲阿利犧牲，又不會少賺多少錢。另一方面，《滾石雜誌》在沃爾瑪是熱賣商品，就跟那些不得不遮遮掩掩的婦女雜誌一樣，即使後者的封面女郎往往比不上小甜甜和克莉絲汀在《滾石雜誌》上的暴露程度。

簡單地說，沃爾瑪顯然逐漸成爲價値中立的銷售機器，關於這一點，發言人艾倫宣稱它早就是了。班頓維爾慢慢能理解到，如果要達到雄心萬丈的營收成長目標，不僅要賺基督徒的鈔票，也要賺世俗大眾的錢。換言之，沃爾瑪必須尋找一種方式，讓上帝和財神爺同時爲自己效勞才行。

貝爾蒙特教會分裂

艾琳．羅素（Erin Russell）跟丈夫和三名年幼的女兒，一起住在北卡羅萊納州的貝爾蒙特（Belmont），這是個景色如畫但時運不濟的紡織鎮，人口八千七百零五人。在未來的十年間，它必將因爲沃爾瑪在夏洛特（Charlotte）城市外圍的蔓生而遭到包圍。四十一歲的艾琳通勤十幾哩，往東來到夏洛特，在一家瑞典公司擔任環保律師。至於她的先生約翰，則是每天反方向來到蓋斯托尼亞（Gastonia），他曾經擔任公設辯護律師，目前爲私人執業。艾琳在一九九六年嫁給約翰時搬來貝爾蒙特，不僅是初來乍到，也可說是一個信仰天主教的北方囝仔，來到一個很南方、很新教徒的社群。不過，她從小長大的佛瑞多尼亞（Fredonia，位在西紐約的城鎮），比起貝爾蒙特卻大不到哪裡去，因此她開始對身處在南北戰爭前、一片綠油油的魅力之地感到相當自在——直到二〇〇二年，當沃爾瑪決定在距離她家大門口一哩處興建超級中心爲止。

一開始，艾琳並不反對沃爾瑪。她定時會開車到蓋斯托尼亞，在當地的超級中心購物。「我喜歡去沃爾瑪，」她回想，「什麼都買得到，好方便。」不過，她深信天主教社會正義的傳統信仰，因此她不是那種隨便就對商業表達忠誠的消費者。她十幾年前就不再買耐吉的產品，因爲該公司的亞洲製鞋工廠遭到被虐待勞工的指控。如今沃爾瑪即將進入貝爾蒙特，她認爲這是研究這家公司做生意方式的時候了。沃爾瑪的工資、對待工作人員的方式、激烈的反工會立場，以及對外部人和供應商的倨傲，在在使艾琳心寒，於是將沃爾瑪列入全家抵制的名單，並且不厭其煩地向孩子解釋她的決定。幾個月後，就在前往佛瑞多尼亞的途中，她突然需要購買一個垃圾桶，而當時唯一還沒打烊的，就是沃爾瑪。艾琳走到停車場，這時六歲的葛瑞絲哭了起來。「葛瑞絲是我的老大，她眼中的世界非黑即白，」艾琳說。於是她把車子掉頭，兩手空空回家。

當時艾琳懷了第三個孩子，她成立「負責任之成長的市民機構」（Citizens for Responsible Growth）試圖阻擋沃爾瑪進入貝爾蒙特。她以無比的精力和律師特有的不屈不撓，追著沃爾瑪死纏爛打，推動所有標準的經濟和審美相關之申訴。身爲環保律師，她以專家般的精準，提出不利沃爾瑪的環境論據，然而艾琳的主要主張，則是超越傳統上對班頓維爾的批評：沃爾瑪不該被容許進入貝爾蒙特，原因是它許多從商之道不合乎道德與基督教規範。「你知道有個問題是：『耶穌會開什麼車？』」自認是自由派天主教徒的艾琳說，「我的問題是：『耶穌會上哪兒購物？』答案會是：『不是沃爾瑪。』」

艾琳認爲，沃爾瑪「公開跟教會傳遞的主流社會價值唱反調」，最爲人所知的，就是它沒有確保員工擁有工作尊嚴和合理工資，以及在工作場合表達意見的權利。從古至今，天主教會一再出面挺勞工組織，先是教宗良十三世（Pope Leo XIII）將此立場明白揭示於一八九一年的教皇通諭〈新通諭〉（*Rerum Novarum*，其中「關於工作者的條件」），艾琳則尤其喜歡引用約翰保祿二世在一九八一年的通諭〈人的工作〉（*Laborem Exercens*，「關於人的工作」）：「工作者的權利，並非注定是以賺取極大獲利爲目標的經濟制度所帶來之純粹結果。整個經濟體一定要對勞工權利給予尊重，不僅在每個國家內部，也包括全世界的經濟體。」

艾琳把宗教作爲貝爾蒙特戰爭的中心議題，因爲沃爾瑪在當地的開發夥伴恰好是南方最受敬仰的天主教機構：貝爾蒙特修道院（Belmont Abbey）。它是聖本篤修會的出家人於一八七六年創辦，也是天主教會在南北戰爭後的南方成立之第一座修道院。一九一〇年，羅馬教廷將貝爾蒙特修道院劃定爲主教管轄的教區，也是唯一一次將這個榮銜贈與美國的宗教機構。二十一位隱世清修的聖本篤修會出家人，住在貝爾蒙特修道院內，他們全都立下清貧的誓言，「凡是可能阻礙出家人，將自身全部奉獻給上帝的物質，他將捨棄。」如果新的超級中心，依計畫於二〇〇六年末在離修道院數百碼之遙開張，那麼將沒有一個地方像這裡一樣，物質不斷散放誘惑力，讓人「買之不竭」。

當艾琳爲了貝爾蒙特修道院與沃爾瑪的夥伴關係而挺身作戰，這時她只有一個想法：她跟先生是不是仍然受修道院歡迎？雖然艾琳隸屬夏洛特一個耶穌會小會區的聖彼得教堂，但是他們經常參加修道院教會的週日彌撒，來轉換一下步調。修道院院長普拉西德．索拉利（Placid Solari）總是彬彬有禮，甚至熱忱親切，遇見艾琳會以點頭致意。即使如此，當艾琳展開反對沃爾瑪的運動時，她一家子每次只要一踏進修院，就會被敵意包圍。「有人用不懷好意的眼光瞪我，」她說，「我習慣了，律師總是跟同事意見相左。但是，整個過程讓我們的家庭相當緊繃。當我跟約翰說，我要到市議會開會時，有時他會恐懼到退縮。」

五十三歲的索拉利主持修道院和貝爾蒙特修道院大學（Belmont Abbey College），後者是一間四年制的文科學校，也是維吉尼亞和佛羅里達之間唯一的天主教大專院校。他在里奇蒙（Richmond）土生土長，一九七四年大學畢業後，追隨哥哥的腳步進入修道院。索拉利在大學教授神學，並前往羅馬深造，拿到教父學的博士學位。一九九五年，他被貝爾蒙特的修士選爲修道院院長。

索拉利是天主教的傳統主義者，而賦予他責任的機構，正面臨激進改變與慢性死亡的選擇。貝爾蒙特修道院及大學都面對一個悲哀的問題，就是新成員的人數愈來愈少。隨著駐在當地的修士人數從最多的八十人掉到二十一人，維護修道院的每人成本便暴增到驚人的地步。更糟的是，許多留下來的修士年事已高，體弱到不堪工作，除了爲了修道院而教書領薪水，他們還增加了修道院的醫療支出，同時，大學拚命想提升註冊學生的人數，來因應令所有高等教育機構頭痛、有增無減的營運成本。

幾十年來，修士住在修院道的七百英畝土地外，照顧葡萄園並且豢養禽畜。六〇年代初，當新的四線道高速公路I八五像把刀子切過修道院心臟，農田荒廢了，修士們便試著將五十英畝的土地租給某開發業者，以彌補損失的收入，再由這位開發業者在公路邊開設一間大型購物商城，但這個商城——修道院廣場——管理不善，只能替貝爾蒙特的聖本篤修道院帶來微薄獲利。當索拉利成爲院長時，原本可以把剩下的占地拍賣掉，將它們變成金母雞，但是他花所有的心力讓修道院保有每一英畝的所有權。「我們把這塊土地，當作是當初託付給我們的，」他說。

最後，索拉利得出一個結論：爲了確保這個託付給他照顧的機構長久存活，最好的方式，也許也是唯一的方式，就是開發修道院剩餘的六百英畝土地。這些土地曾經是農田，目前卻多半被樹林覆蓋。這樣的領悟並沒有使索拉利焦慮，因爲這位天主教的知識分子進入修道院時，已經刻意將自己跟商業世界隔絕開來。「商業世界並不吸引我，但現在這看來蠻諷刺的，」他說。

即使如此，索拉利相當了解，隨著貝爾蒙特被牽引到大夏洛特不斷擴大的軌道，修道院的地價也節節高漲。決定了修道院農田命運的高速公路興建計畫，讓修道院的占地在未來開發上位居有利位置。「事情的發展蠻滑稽的，」他說，「一件痛苦的事，到頭來反而對大學的長期有利。」第二條高速公路I四八五已經動工，這條公路會在距離修道院約兩英哩處和I八五交會，進一步增加商業上的吸引力。

在一群外部顧問的協助下，修道院按部就班地訂了一項計畫：在一百三十英畝的土地上，興建一座三十五萬平方呎的購物中心。許多大型零售業者有意在此建立營業據點，但是堅持要嘛就買下建地，不然就是拿它抵押來申請營建貸款。根據索拉利的說法，沃爾瑪是唯一願意向修道院租賃土地來興建，而不用抵押來綁住這塊土地的潛在開發夥伴，還願意負擔在這地點興建基礎建設的部分成本。

沃爾瑪在大夏洛特區已經頗有基礎，開了七家分店。蓋斯托尼亞是人口六萬六千二百七十人的城市，距夏洛特市區僅二十三哩，有兩家沃爾瑪的自營分店，因此貝爾蒙特在十哩內就至少有四家超級中心。在小小的貝爾蒙特，有沒有餘地再容納一家十八萬平方呎的巨獸？沃爾瑪認爲有，只要通過貝爾蒙特市的核准，公司代表就會極力促成與貝爾蒙特修道院達成初期協定。

索拉利在選擇和沃爾瑪結爲夥伴時，基本上是獨立作業的，無論是修道院或大學的理事會都沒有正式考慮這個想法。當時貝爾蒙特修道院大學的校長是詹姆斯．吉瑞帝（James Gearity），他對兩造間的協議一直無所悉。直到二〇〇二年一月，就在對外宣布的前一天，經索拉利通知，他才知道怎麼回事。「有那麼一陣子，修道院只是在惺惺作態：『我們正在談判，但我不能透露對象是誰。』」吉瑞帝回想，「他當然是想避免不必要的風險，一直到最後的最後。」

修道院倒是跟理查．沛內加（Richard Penegar）吐露心聲，他是退休的蓋斯托尼亞生意人，且長期擔任貝爾蒙特修道院大學的受託人。沛內加在當地的農家成長，謙和但有威嚴，講話相輕聲細語，大半的職業生涯都在推銷辦公室家具，也涉足不動產開發。幾年下來，蓋斯托尼亞開設的沃爾瑪並沒有損及沛內加的生意，但是當他得知該市選擇以相當優厚的減稅措施來補助超級中心，還是同樣驚恐。沛內加一點也不反對在修道院的地產上開發購物中心，但他促請亞伯特跟沃爾瑪以外的人合夥。「我看過蓋斯頓郡（Gaston County）的紡織從業人員被解雇，而沃爾瑪這會兒卻從海外帶回來以前在這裡製造的同樣東西，」沛內加說，「說到利用地位卑微的人，沃爾瑪是惡中之惡。」

在此同時，艾琳在某次會議主動向索拉利自我介紹後，便寄出多封遣詞斟酌的信件和電子郵件，向索拉利宣揚她的宗教理念。「你對於教會的教義，要比我有經驗好幾倍。我對教義的理解，也許不比你那麼清晰，」她寫道，「但是對我來說，我從教會學到的，似乎可以清楚支持一個論點：對尋求遵守信條的天主教團體來說，沃爾瑪是個大有問題的夥伴。」

一天下午，索拉利突然到艾琳家，想跟她就沃爾瑪的計畫來討論，此舉著實令艾琳既驚且喜，可惜沒有任何結果。環保律師想談倫理和宗教，而院長似乎一心只掛念每平方呎的房租跟合約法規。艾琳繼續纏鬥，她的異議也愈來愈有針對性、愈來愈公開。「修道院擁有最好的不動產，可以在沒有沃爾瑪的情況下被開發，」艾琳在寫給貝爾蒙特修道院全社區的公開信中表示。「請不要爲了結成這個褻瀆神明的同盟關係，而在教會的價值觀上讓步。」

姑且不論艾琳的堅決鼓吹，沃爾瑪從不曾在貝爾蒙特的天主教徒之間成爲主要爭議話題。索拉利院長是令人生畏的人物，他不會被捲入。如此一來，艾琳的苦口婆心，只引來眾人的漠然與憤怒的凝視。「很多人對社會公義運動毫無研究，不知道教會對於工會或童工的主張，」艾琳說，「那不是你每個禮拜會在教會聽到的東西。所以我認爲，很多天主教徒不願意用任何方式，將沃爾瑪引起的爭議跟他們的信仰連結在一起。」

當規畫和區域劃分委員會拒絕讓修道院做出相關的必要變動時，沃爾瑪的計畫似乎是被打敗了。貝爾蒙特不會有超級中心，除非五位市議員當中的四位投票不理會區域劃分委員會的決定。市長比爾·喬依（Bill Joye）是土生土長的貝爾蒙特人，也是沃爾瑪的熱情支持者，他採取了政治上大膽、但法律上被允許的步驟，來瓦解區域劃分委員會，並堅稱這麼做不是爲了搶救沃爾瑪的案子，而是幾位成員因爲「行爲不當」而有過失——主要是不尊重親沃爾瑪的連署人。這番說詞說服不了人，但現在喬依想打勝仗，唯一能指望的就是市議會中有三票挺他。

一切都結束，但叫囂依舊，尤其當市議會在二〇〇四年一月開議進行最後投票時，更是叫囂不絕。原本應該只進行幾小時的聽證會，一連三個晚上都拖到午夜，每個人都趁此機會一吐爲快。投票結果一如預期，三比二，沃爾瑪獲勝。

貝爾蒙特之戰一如多數的地點保衛戰，在所到之處留下感情創傷。喬依市長虛應故事地道歉，總算把規劃委員會某位成員告他的誹謗案擺平。但是懸而未決的，依舊是一場指控市長和親沃爾瑪議員「不被容許之偏頗」的官司。喬依根本不把這官司當一回事，表示這是他人惱羞成怒下的最後一口怨氣。「在這鎮上不能隨意表達自己的意見，」他說，「如果他們不能按自己的意思做，他們就會告你。」結果是，喬依嚴重誤判貝爾蒙特的政治意向。二〇〇五年十一月，他在市長選舉中兵敗如山倒。這次的選舉，其實就是人們對市長處理沃爾瑪議題上的遲來公投。喬依的得票率僅四三％，另一位競選人理查·伯伊斯（Richard Boyce）爲五七％，而後者這位長老會的前牧師從沒有參選經驗，住在貝爾蒙特還不滿十年。

雖然艾琳未能將沃爾瑪趕到貝爾蒙特之外，但她想讓一家子遠離沃爾瑪的決心更勝以往。有時候，其中一個女兒還是會溫和抗議家人對耐吉的抵制，但從沒有人問過爲什麼不能去沃爾瑪，即使每日特惠活動的刊物偶爾會讓他們的母親心癢癢。「他們了解這件事，而且對於不在那裡購物沒有任何疑慮。我老是晚上八點才檢查電子郵件，結果發現他們隔天需要帶某樣東西到學校，」艾琳說，「沃爾瑪往往是最方便的選擇，但是對我們家來說，它就是不在選項內。」

第十章　史考特的震撼教育

謠言始於二〇〇五年五月的某個禮拜五，當時有幾個書架和幾箱書被搬離史考特在班頓維爾的辦公室。到了隔週禮拜一，「親近沃爾瑪的兩處消息來源」通知《阿肯色民主公報》（*Arkansas Democrat-Gazette*），說執行長辦公室已經「淨空」。接下來的幾天，電話和網站盛傳史考特即將辭職，每重複一次就多一分可信度。再下一個禮拜五，甚囂塵上的猜測，讓史考特覺得有必要在班頓維爾的管理階層週會上，提到他的去處，「我哪兒都不去，」他向幾百位最資深的同仁表示。

史考特有充分的理由感到難過，但是幾星期後在沃爾瑪的年會上，他又以笑聲帶過他的窘況。史考特脫稿演出，首先承認，直到前一天，他還以爲會無法參加二〇〇五年的股東大會。「哦，不是你們想的那樣，」他邊說邊解釋他在前一晚的社交場合中，不小心把一杯飲料潑在妻子的白洋裝上。「我以爲今天會在醫院的，」史考特說。

無論對他和對沃爾瑪來說，二〇〇五年都是糟到不行的一年，而年會恰好爲沃爾瑪帶來亟需的緩和。聒噪的兩萬名觀眾，以一群小股東和精挑細選的員工爲主，在頭半小時內三度起立鼓掌，一次是對美國國旗，一次是對伊拉克的美軍，還有一次是對嚴陣以待的戰士史考特。當董事長羅伯在群眾前起立，以誇張的口吻給予執行長無條件的支持，這樣的背書的確勝過千言萬語。用馬克．吐溫的話來解釋，史考特離去的傳言確實遭到過度誇大。

但是別搞錯，今天的沃爾瑪是一家陷入危機的公司，它曾惹上大麻煩。九〇年代初的績效之差，使得許多外界人士預期格拉斯將提前退休，成為大聯盟球隊堪薩斯皇家隊（Kansas City Royals）的全職員工，因為這個球隊早在一九九三年就任命他為董事長。然而，史考特如今面臨的窘境，要比格拉斯或沃爾頓過去被迫面對的更嚴峻，也更令人困惑。打從一九六二年沃爾瑪創立以來，你我頭一次可以主張，由沃爾頓一手創造、經格拉斯和史考特大規模應用並吹噓的業務模式已經崩壞，且亟需被取代，而非調整。

「就目前的狀況和過去幾年看來，沃爾瑪的表現根本算不上是一家偉大的公司，」傑夫．梅克（Jeff Macke）在二〇〇五年初如此表示。他是東岸的貨幣經理人，也是華爾街多位沃爾瑪評論員中最嚴厲者之一。「他們是零售業的重量級拳王邁克．泰森（Mike Tyson），」，曾經叱吒風雲，而今卻不復當年勇。雖然梅克不再要求史考特下台，但他質疑史考特究竟有沒有能力整頓沃爾瑪。「從史考特的表現看來，他終究必須給個答案，」梅克說，「我不知道他還能怎麼做，讓華爾街再回過頭來愛他。」

在華爾街，一家公司的過去、現在與未來，其細微差異的複雜度，被代約為醒目的單一數據——股價。根據股東獲得的報酬——也就是如今評估執行長績效的終極標準——來判斷，史考特一直以來充其量也只是個D^+的學生。打從他於二〇〇〇年一月登上執行長寶座以來，直到二〇〇五年年會的那個早上，沃爾瑪的普通股股價下跌二七%，從六十四．五美元掉到四十七．三五美元，也因此跟這段期間績效不彰的美國零售連鎖業淪爲一掛，股票總市值也因此少了九百九十億美元。史考特在位期間的多數時候，沃爾瑪還都挺了下來，只有到最近幾年，才開始嚴重落後它的勁敵。在截至二〇〇五年十月三十一日爲止的兩年間，儘管沃爾瑪的股價掉了二五%，好市多和塔吉特的股價卻分別上揚三五%和四〇%。

華爾街的意見想必讓人不快，但是庫格林挪用公款的醜聞，卻令史考特陷入最低點。這次的醜聞等於把一堆有毒的劣等品扔給一家公司，而這家公司骨子裡還是古板到禁止在所有企業活動中飲酒，甚至不准購物者試喝酒類廠商的樣品。「無論對我個人和對這家公司，庫格林的爭議都是個難堪，」就在沃爾瑪位階第二高的主管庫格林於二〇〇五年三月辭去副董事長，並遭到董事會除名後幾個月，史考特終於承認，「多年來，他一直是我的朋友，但那是過去式了。」

雖然史考特確實和庫格林共事多年，但兩人與其說是朋友，倒不如說是對手還來得恰當些。一九九九年，當沃爾瑪董事會選上史考特繼格拉斯之後擔任執行長，庫格林難過到原本想掛冠求去，後來是沃爾頓的幾位家族成員好說歹說，他才打消念頭。「他們要我穩著點，說我是重要且不可或缺的一分子，」庫格林事後回想。庫格林被指控偷竊，動機極可能源自他沒有獲得想要且應得的大位，導致他惱羞成怒。畢竟，他的收入並沒有減少：二〇〇三和二〇〇四兩年，他總共拿到一千五百萬美元的薪水、紅利等福利。

二〇〇四年十二月，沃爾瑪突然將四位資深主管和三位總部的員工解職，公司沒有解釋理由，只說他們全都沒有「遵守公司內規」。這群人當中階級最高的，是分店事業處的營運總座哈沃斯，而他長期受庫格林提攜。顯然，造成此次大動作開除的，是一次以脫衣舞孃做結尾的狂歡豪飲派對，廠商的高階主管也在受邀之列（這又違反了公司政策），主辦派對的庫格林也丟了工作。不過，為了尊重他身為啦啦隊長，加上是沃爾頓長期拔擢的傑出人才，於是允許庫格林留任到董事會任期結束，之後將他的被罷黜說成是自願離職。沃爾瑪在新聞稿中，附帶宣布庫格林將於一月二十四日退休，又引述羅伯和史考特的美言——羅伯：「我尤其尊敬的，是他和前線同仁建立起的特殊關係。」史考特：「一個人能在零售業領域有多大成就，他就是偉大的典範。」。

就在正式宣布庫格林退休前幾天，他試圖用一張一百美元的沃爾瑪提貨券，在某家分店購買隱形眼鏡，處理這項交易的總部員工認為此事頗有蹊蹺，因為原本應該送給優異員工的提貨券，卻被副董事長拿來使用。根據之後的調查，沃爾瑪指控庫格林在十年間至少侵占二十六萬二千美元，包括花八千五百美元購買適合各種地形的運輸車、六千二百五十美元購買德州的狩獵租約、一千三百六十美元買一雙訂製的鱷魚皮牛仔靴、十三．〇九美元買槍套、三．五四美元買波蘭香腸，以及二．五七美元買一盒感冒藥。庫格林承認用假發票核銷，但堅稱這是他為公司主持的祕密「工會計畫」一部分。他宣稱自掏腰包來賄賂工會幹部，以探聽沃爾瑪親工會員工的動靜（這種行為本身就構成潛在犯罪），又說公司補貼他的一些個人開支。公司堅稱庫格林所言不實，UFCW則表示沒有任何跡象顯示有籌組工會的人員曾收受賄賂。但基於沃爾瑪對工會的敵意之深，誰又說得準呢？

為了調查庫格林及被指控共謀的總部職員，沃爾瑪請來了兩位前聯邦調查局的高階官員、兩位前美國檢察官，以及退休的阿肯色州警局局長。根據他們的調查結果，沃爾瑪把庫格林從董事會除名，開除了總部四名被控幫助庫格林的員工（也使得被副董事長拖下水的屬下總人數達十一人），並且將蒐集到的大批證據轉交給史密斯堡的檢察官。（二〇〇五年十一月，遭沃爾瑪解職的一位副總裁，在阿肯色州的聯邦法庭以三起電信詐欺案遭起訴。）史考特在對沃爾瑪員工的一封信中，試著將這種爲了損害控制而採取的焦土政策，說成是企業性格的勝利：「這件事再度說明沃爾瑪文化的強項，我們對正直的標準適用於每個人，沒有例外。」

但是，就在史考特承認事件屬實後幾個月，不堪的情節嚴重損害士氣。「這件事成了公司的嚴重問題，」他說，「總之就是難題，找不到好的解釋。」至於到了最後，究竟是庫格林所宣稱的爲眞（一手在公司內部策畫祕而不宣的工會突襲運動），還是沃爾瑪聲稱的才對（某位具代表性的高階主管，十年來在不受懲罰的情況下竊占公物），兩者對公司公眾名聲和信用的傷害一樣嚴重。對一家總是以誠實爲傲的公司，庫格林事件也許是沃爾瑪近來「動不動就犯錯」最明顯的例子。

華爾街擔心，沃爾瑪加速擴張的步調致使管理階層無法有效控制成本，這點讓投資人更是煩惱，因爲長久以來成本控制一直是沃爾瑪的強項。就拿二〇〇五年第二季來說，營運費用比前一年增加了二．三億美元，主要來自能源成本的暴增，使公司多支付一億美元的分店水電瓦斯費，也使七千一百輛卡車的燃料費增加三千萬美元。雖然可以把剩餘的一億美元，歸因於不斷竄升的勞工成本，然而班頓維爾卻拒絕揭露正確數字。「有很多關切、注意和挫敗感……，這家公司究竟怎麼了？」德意志銀行（Deutsche Bank）分析師比爾．德瑞爾（Bill Dreher）在二〇〇五年秋表示。

華爾街更擔心另一個趨勢，就是沃爾瑪在美國的銷售人氣正逐漸冷卻，營業收入持續以每年一一％到一二％的速度下滑，竟然是因爲公司每年開設二百五十至三百家新分店所致。除去擴張的影響，沃爾瑪和山姆俱樂部各分店的年成長率只有區區三．二%，比二〇〇〇年史考特上任時大幅下滑八%。在此同時，塔吉特的同店銷售率從三%跳升爲五%。（這些都是小數字，但別忘了每個百分點被換算成數十億美元。）

部分問題在於，現有沃爾瑪的生意逐漸被新開的沃爾瑪搶走，因爲公司在開設分店時，店距比以前更近。在此同時，由於公司把一堆分店設在大眾運輸系統以外的地方，因而開始付出沉重的代價。汽油價格每加侖暴增到二美元以上，清楚說明了沃爾瑪對低價汽油的依賴度，不亞於低工資。根據零售向前顧問公司的一項調查，七一%的沃爾瑪購物者改變駕駛習慣以便省錢；相較之下，塔吉特的顧客則是六五%。不僅購物的次數減少，每次購物的花費也降低。史考特就像多數經濟學家，對眼前所見不敢掉以輕心。「我擔心高油價的效應，」他在二〇〇五年秋季表示。換言之，他擔心「油價將抹煞在雇用方面的進展，以及部分基礎客群的眞實所得，而且影響所及是顧客群中重要的部分。」

沃爾瑪在穩固低收入消費者的基本盤之時，也因爲沒能對比較富裕的購物者發揮相同吸引力，損及了業績成長，而這些經濟較寬裕的購物者並不在少數。根據公司的自行調查，購物者收入愈高，在沃爾瑪購物的範圍就愈狹窄，只買洗衣粉和襪子等低利潤的基本物資。近年來，沃爾瑪企圖跟隨塔吉特和彭尼，增加一些比較時尚、較高檔次的商品，結果通常是經驗不足又發揮不了作用。「整體來看，他們的商品組合缺乏創意和原創性，」「艾德華與子」（A. G. Edward & Sons）的零售業分析師巴伯．布坎南（Bob Buchanan）說，「他們多次跟關鍵產品擦身而過。」

然後，有愈來愈多橫跨各收入族群的顧客，對冷漠的服務、凌亂的貨架和走道、漫長的結帳人龍，以及服務人員不足和商店管理不當，相當不滿。「我們有很多分店，達不到顧客的最低要求，」前沃爾瑪的墨西哥執行長厄瓜多・卡斯楚萊特（Eduardo Castro-Wright）表示，就在二〇〇五年九月被任命負責美國分店事業處一個月後，做出以上結論。根據卡斯楚萊特，美國分店中有二五%屬於「放牛班學生」，也是公司每月顧客滿意度調查中被列入優等分店家數的兩倍。

最後，對沃爾瑪在美國社經層面造成的影響，一般民眾爭辯得愈來愈激烈，這也將營業額削掉一大塊。零售業對形象的重視勝過多數產業，沃爾瑪的形象卻是支離破碎。根據《廣告雜誌》（*Ad Age*）於二〇〇五年進行的一項全國調查，顯示在「美國最不值得信賴」的公司中，沃爾瑪排名第二，僅次於恩隆（Enron Corp）。（在同一份民調中，在回答第二個問題時，沃爾瑪僅次於奇異電子，成爲美國企業最值得信賴的第二名，可見美國人對沃爾瑪的看法兩極，而且跟其他把美國切割成紅州〔編註：red-state，較偏共和黨的州〕和藍州的關鍵爭議點一樣，尖銳程度相仿。）根據沃爾瑪自己的估計，四〇%的美國人要嘛是懷疑這家公司，不然就是打從骨子裡討厭。對愈來愈多的消費者來說，不在沃爾瑪購物已經成爲一種政治和道德的宣言，尤其是可能使公司獲利最大的富裕消費者。尤其，當附近有塔吉特或好市多分店時，更是經常做出這樣的宣示。「消費者愈來愈明辨是非，也逐漸轉向同業競爭者，」零售向前的總裁福力克林格表示。

沃爾瑪的銷售引擎似乎力量不足，但是它成功度過了卡崔娜颶風，說明了至少它的後勤支援和配銷專才依舊完好。卡崔娜似乎是測試史考特性格的危機，一如九一一恐怖攻擊是前紐約市長朱利安尼（Rudy Giuliani）的危機一樣。「卡崔娜是我個人的關鍵時刻，」史考特在卡崔娜橫掃西墨西哥灣幾週後表示。沃爾瑪是這一帶的零售龍頭，光是大紐奧良區就有二十家分店，「世人看到苦難與不幸的圖片。在沃爾瑪，我們不是用眼睛看，而是親身體驗。」

多虧了緊急應變中心（Emergency Operations Center，簡稱EOC），因此沃爾瑪對卡崔娜的到來嚴陣以待，和聯邦政府形成明顯對比。EOC在班頓維爾總部附近，這些年來應付過多次颶風。在卡崔娜重創紐奧良的六天前，沃爾瑪就開始運送瓶裝水、手電筒、啤酒等必需品，送往負責供應颶風路徑上各分店的配銷中心。但是，沃爾瑪的高階主管也跟其他人一樣，被卡崔娜在八月二十九日登陸後造成的損害驚愕不已。就在颶風肆虐最嚴重之際，一百二十六家沃爾瑪分店斷電，公司的反射動作是捐出區區一百萬美元到紅十字會和救世軍（Salvation Army），並專心保護好各自的分店。但是隨著紐奧良陷入混亂，史考特發現一些在城市中爲非作歹的暴徒，身上的配槍竟是從沃爾瑪分店搶來的。這時嚇得直發抖的史考特召開高階主管會議，指示對卡崔娜做出「經過斟酌的反應」根本不夠。

沃爾瑪的卡車司機志工們開始投入救援，把緊急物資從德州拖到密西西比州的避難所，他們經常比紅十字會和美國聯邦急難管理署（Federal Emergency Management Agency）的救難人員還早到幾天。「大體而言，我們並沒有遭到搶劫，因爲沃爾瑪帶著食物和水出現，我們的人才能活命，」路易西安納州坎納市（Kenner，人口七萬）市長表示。公司也捐了一千七百萬美元的現金給其他救難單位。在許多地點，沃爾瑪的基層人員抵禦掠奪者，並且將商品分配給需要的人。密西西比州衛夫蘭（Waveland）的一位經理，用推土機把殘破的店面清出一條路，以便拿取還能被利用的必需品，後來她在停車場暈倒。九月十六日，除了十三家墨西哥灣的分店外沃爾瑪全都重新開張，公司安頓好三萬四千位因颶風而離職的員工，提供急用金給其中三分之一，並且讓每位員工在美國境內的任一家沃爾瑪工作。

在跟史考特參觀過休士頓天文局（Houston Astrodome）後，前總統老布希和柯林頓特地將沃爾瑪嘉許一番。在新聞節目〈與媒體有約〉（*Meet the Press*）中，紐奧良市傑佛遜行政區（Jefferson Parish）首長熱淚盈眶地表示，只要「美國政府的反應能像沃爾瑪那樣，我們就不會陷入這次的危機。」就連許多強硬派的沃爾瑪評論員，也勉爲其難地稱讚起這家公司。一疊疊粉絲的來信，堆在史考特的辦公室外，員工和外部人士提供的颶風感人小故事，塞爆了公司的網站，種種一切成爲沃爾瑪有史以來最大的公關勝利，在內部造成更加振奮人心的效果，因爲公司一直默默承受著有史以來最異常的人禍——庫格林事件。

*

十月間，史考特站在總部擠得水洩不通的群眾前，他讓內心長久遭到壓抑的理想主義，在一場名爲「二十一世紀領導」的演講中盡情奔放時，他的心情想必來到二〇〇五年以來雲霄飛車的最高點。「卡崔娜提出這個關鍵問題，我想問問各位，」他說，「如果我們利用自己的規模和資源，讓這個國家和地球成爲更適合每個人居住的地方，包括顧客、同仁、我們的孩子，以及還未出生的未來世代，情況會是如何？代表什麼意義？我們辦得到嗎？會跟我們的業務模式一致嗎？如果許多人批評我們的，亦即規模和觸角，能成爲每個人可以信賴的朋友和盟友，就像在卡崔娜肆虐期間那樣，情況會是如何？」

就在演講的兩天前，史考特才在大型業務會議上對著一群供應商講話，並根據ＩＣＣＲ或國際社會責任組織（ＳＡＩ）的立場，大聲質問，「你們經營工廠的方式，到底有沒有考量環境的永續性？你們的進貨對象，是不是也包括婦女和少數族群經營的企業，並且給他們機會？」史考特在瞄準中國爲目標之前這麼要求。「到頭來，中國的工廠必須遵守跟美國工廠一樣的標準，有一天零售商必須算總帳。如果某人一覺醒來發現，就在那座讓你每一呎庭園水管節省三美分的工廠對面，兒童正以顯著的速度罹患癌症，爲的只是讓美國百姓每一呎的水管節省三美分，這些事是不會被容忍，也不該被容忍的。」

任何一個人都可能懷疑管理階層究竟多想改革沃爾瑪，以及改革的能力，但是在聽到諸如此類的話竟從一位執行長的嘴裡說出來，依然會大表驚訝。在這兩場不尋常的演說中，史考特是不是爲了獲得公共關係的好處而故做姿態？毫無疑問，答案是肯定的。因爲替某件事情定調，是每位執行長職責的一部分，尤其公司又處在挨打狀態。然而他對沃爾瑪社會角色的觀點，應該已經超越繼承自沃爾頓和格拉斯那種空談理論的自由放任思想。苦難帶來的教誨具無比力量，過去兩年來史考特歷經的苦難確實足以讓一個人脫胎換骨。

說歸說，如果以爲沃爾瑪會做一些事來造福後代子孫，而犧牲眼前的事業，那又是天眞到了極點。公司近來在輿論上敗得如此慘烈，以致首度把外界評論當一回事，且至少試圖平息其中一些人，除了勞工工會以外。不過一如往常，沃爾瑪極盡討好的對象是華爾街，因爲也只有當公司再度獲得股市青睞，史考特及其班頓維爾的那幫人等，才可以把太多認購價格高於市價的認股權證變成個人財富，並且把沃爾頓家族近來損失的二百七十億美元淨值再賺回來。

二〇〇五年底，儘管有點遲了，但史考特仍躍躍欲試，想改變自己的角色——從守本分的沃爾頓繼承人，搖身變成大膽的企業改革者。「我希望各位帶走的是，這家公司。儘管它是成功的……但它正在改變，而且跟過去一樣激烈，」十月，在沃爾瑪專爲華爾街分析師召開的第十二屆大會上，史考特如此宣告。

在某些區域，沃爾瑪確實做了相當程度的改變，但這家零售業者當然不會激進到捨棄低價的銷售策略，也不想縮小營運規模。相反地，公司正追求在二〇〇六年開設高達六百家分店的目標，比前一年大約多開了八十五家店。令人驚訝的是，沃爾瑪在二〇〇五年計畫多開十幾家超級中心——即使在全美各地都遭到抗拒，使許多計畫注定失敗，也使公司在加州這個關鍵地點的進度嚴重落後。公司對這項春秋大業的作法，是把多於眞正需要的營建案趕鴨子上架，原因是預料某些計畫會被政府打回票。

關於加州，史考特承認，班頓維爾從一開始明確表示有意開設四十家超級中心，就鑄下大錯，「這就像舉一面紅旗對著公牛。」然而，沃爾瑪到二〇〇五年底眞正在加州經營的十四家超級中心，全都「不尋常地成功……是我們擁有的分店中最棒的幾家，」他又說。加州每多出一家超級中心，沃爾瑪將必須贏得一場官司，而且要花兩、三年興建，但是執行長誓言，沃爾瑪是蓋定了。「用超級中心來開發加州，會花上比我們希望更久的時間，但我認爲，我們一定會把需要開的分店全開齊。」

沃爾瑪正醞釀的最戲劇性改變是在行銷和產品陳列。本質上，公司如果決定以超越塔吉特的方式，爭取美國都市的中產白領階級，現在就應該全心去做。史考特爲了強調提高沃爾瑪檔次的決心，在總部辦公室的防撞泡泡墊上搥了一個洞，又從如麥當勞和百事可樂等業者那兒，挖來一群經驗豐富的人士。二〇〇五年春，史考特任命約翰．佛萊明（John Fleming）爲行銷長，他之前就在塔吉特待過十九年。

佛萊明委託外人進行一項研究，研究結果將美國人口分成三大類，包括：四五％經常在沃爾瑪購物，而且只在那裡購物的美國人（死忠分子）；三九％較不常在沃爾瑪購物，而且就算購物也往往只買基本商品（選擇性使用者）；以及一六％從不踏進沃爾瑪一步的美國人（懷疑論者）。佛萊明堅持沃爾瑪絕不能捨棄死忠分子，也肯定總部的普遍看法屬實。「我們永遠會是低價商品的所在，」佛萊明表示。他是道地的明尼蘇達人，據史考特的說法，當初他花了好大的勁，才說動他搬到班頓維爾。不過，目前沃爾瑪的智囊團卻滿腦子想著選擇性使用者。佛萊明說：「我們有大好機會把其他東西賣給這群人，使他們在店裡買其他類的東西。」尤其是服裝、家具、電子產品和嬰兒用品。

這一波努力的第一個果實，即時被擺在沃爾瑪的貨架上，來應付年底的購物人潮，包括售價四十九美元的埃及製四百支紗床單、一百二十九美元的可充氣超大雪球、二百五十美元的摩托羅拉RAZR V3手機，以及一千九百九十七美元的東芝Libretto筆記型電腦。沃爾瑪也改變許多分店的外觀和陳設，從仿硬木的地板、用來爲服裝部創造精品店氛圍的光鮮新擺設，乃至大型「數位電視牆」展現電漿電視。超級中心的內部被設計成大地的色調，走道比較寬敞，商品的陳列只比視線高一點點，而不是把存貨堆得老高。如果沃爾頓看見公司把多少資金砸在營造氣氛的基礎建設上，肯定會大吃一驚，說不定還會驚駭不已。

剛好趕在耶誕節前夕，沃爾瑪也推出第一條自有服裝品牌「都會七」（Metro 7），專門給「有時尚意識」的婦女穿著。「那些套裝，用兩個字形容：不賴，」一位評論者表示意見，「這些衣服既不讓人一眼看出是沃爾瑪的，但也不會讓人誤以爲是薇拉王（Vera Wang）。」爲了促銷都會七，沃爾瑪跟少女雜誌《Ellegirl》共同贊助首場服裝秀，在紐約的時代廣場舉行。從各種意義來說，這兒跟班頓維爾的小鎮廣場相距十萬八千里。公司也簽了一紙兩年的合約，在《時尚雜誌》（*Vogue*）刊登一百一十六頁廣告，而《時尚雜誌》正是沃爾瑪近來被迫用資料夾遮住的婦女雜誌之姊妹。「沃爾瑪和《時尚雜誌》？三個月前，誰又想得到呢，」佛萊明語帶諷刺。同樣驚人的是，沃爾瑪簽下合約購買土耳其某家有機棉農場的全部產量，用來生產全新的優質嬰兒服，這條產品線計畫於二〇〇六年春季推出，作爲「響噹噹專案」（Project Rattle）的一部分，企圖像沃爾瑪資深造型專家克萊兒・沃茲（Claire Watts）所言，在目前的沃爾瑪內部，創造「未來的嬰兒用品店」。

五十年來，這家零售業者將自己界定成美國平價基本用品之家，現在把時尚、新奇和折扣奢侈品運進店裡，究竟可不可能說服得了人？沃爾瑪能不能將自己重新塑造成「時尚市場」，而不讓忠實的藍領兵團有失寵、被冷落的感覺？這些問題要花好幾年回答。在此同時也值得注意的是，長久以來沃爾瑪首度跟著零售的遊行隊伍走，而不是走在前頭。如果它想進一步把手伸進每位「選擇性使用者」的錢包，而這些人現在是從走道以短距離衝刺到結帳櫃台，那麼公司必得懂得玩其他零售業者早就擅長的遊戲。

沃爾瑪一方面熱情追逐美國中高收入者花在零售業的錢，同時追求海外不斷加速的業績成長，在九個國家開設新分店，同時透過併購進入新市場。由於美國仍然占總營業額的五分之四，因此相較於家樂福等大型外國競爭對手，沃爾瑪還是挺本土的。家樂福在法國外的三十國開設分店，至於麥德龍（Metro AG）則是除了母國德國外，在二十八國開設分店。此外，沃爾瑪的海外業務相當偏重在墨西哥、加拿大和英國等三國，根據沃爾瑪自行結算，占該公司二〇〇四年國際營業額五百六十億美元的四七%。

雖說沃爾瑪要轉型成眞正的跨國零售商，還有一大段路要走，但是它相當快速地往這個方向前進。在史考特的領導下，海外業績每年勁揚二○%，也是該公司在美國逐漸趨緩的成長率兩倍。即使如此，班頓維爾的進展一直是不可信的，表現也大有可議之處，只有在墨西哥、加拿大和波多黎各，沃爾瑪才能以一個具說服力、獲利能力堅強的營運者自居。目前英國排名第二的超市連鎖店阿斯達（Asda），在沃爾瑪於一九九九年買下它時曾風光一陣子，但最近和依然遙遙領先的德斯高（Tesco）進入短兵相接的價格戰，並且進行主管大搬風，同時資遣員工。在日本和德國這兩個僅次美國的兩大經濟體，由於激烈競爭，沃爾瑪各虧損數億美元，著實令人困惑。

截至目前，沃爾瑪基本上還算成功地強加施行美國模式，並在其他地方以不同的程度掙扎過，包括南韓、巴西、阿根廷、中國、日本以及德國。本土培養、被班頓維爾派遣海外的第一批高階主管，等於是被派去將沃爾瑪作風教給未開化者的傳教士，這當然是透過翻譯，因爲他們之中幾乎沒幾個會說英文以外的語言。沃爾瑪在魁北克展現的傲慢和鄉土味，證實在德國付出慘痛代價。沃爾瑪必須嚴格遵守包括價格在內的許多零售業作法，並容許勞工委員會針對和工作條件相關的企業決策，貢獻意見。「我們會就這麼走進去說：『我們要降價，要多雇幾個人到分店，要整修分店，因爲這麼做本來就是正確的。』結果不是。」史考特於二○○一年承認，這也是沃爾瑪進入德國的第四年。

在過去幾年來，雖然沃爾瑪把許多國家的更多本土管理者拔擢到高階主管，這種「班頓維爾最懂」的反射動作卻無法輕易被壓抑。二○○五年春，沃爾瑪將美國的道德手冊翻譯成德文後發給員工，結果在德國引發眾怒。多數美國員工對手冊中有關主管與員工約會的警告，不會想太多，但是對德國人來說，這簡直就是企業斗膽侵犯員工私生活。或者就如德國的最大報紙《圖片報》（*Bild*）的斗大標題：「沃爾瑪員工的性禁令。」此外，若有同仁違反公司規定的行爲，員工就必須報告，否則將面臨停職處分，此舉也激起公憤。「匿名打同事小報告，讓多數歐洲人想起過去的獨裁政權和壓制行爲，」某個德國勞工聯盟評論。幾個月後，沃爾瑪把帶領德國子公司達四年之久的美國女性換掉，換成一名英國佬。

雖然沃爾瑪已經關掉德國的好幾間店，班頓維爾還是一再堅稱無意退出德國。在日本，公司也繼續試圖把它的公式，套到一個消費者重視新鮮與品質更勝過價格的國家。包括家樂福在內的許多西方零售業者，已經放棄解開日本的「謎」，但沃爾瑪不死心，二〇〇二年買下以東京爲基地的西友百貨（Seiyu），步步爲營地進入日本超市事業。三年後，沃爾瑪又砸下六億美元到西友身上，使它的少數股權到達具控制權的五．〇一％。

在此同時，沃爾瑪買下中美洲零售控股公司（Central American Retail Holding Corp.）三分之一的持股，也順勢進入中美洲。中美洲零售控股公司年營業額二十億美元，有大約三百六十家超級市場，散布在瓜地馬拉、薩爾瓦多、宏都拉斯、尼加拉瓜和哥斯大黎加，當它在二〇〇六年歇業時，沃爾瑪收購持股，將使它在國際上投資的市場家數增加到十四家。至於班頓維爾的下一步，可能是在二〇〇六年末進軍印度、俄羅斯和西班牙。

沃爾瑪早就在中國有了立錐之地，而這也是長期下來證實可能是最終的成長市場。它在中國擁有超過六十家分店，並計畫每年以和緩的速度開設十幾家新分店，但它的進度落後其他西方對手。最明顯的例子是家樂福，而後者展現較佳的政治嫻熟度和冒險犯難的意願。然而，班頓維爾的中國熱絕對只增不減，史考特飛到那裡的頻率愈來愈高，二〇〇四年的董事會更是移師到深圳召開。「如果你對未來做出一些相當激進的假設，就可以在中國建立一家規模驚人的企業，」格拉斯從深圳回來後表示，「那是世界上可以將沃爾瑪的美國成功經驗加以複製之地。」

中國的龐大潛力不僅是因爲幅員廣大與經濟一日千里，也因爲介於世界最大共產國與最大資本主義的企業間，那種怪異的文化親近度。德國的沃爾瑪同仁會躲在廁所以逃避每天規定的晨會，但是在中國，員工則是穿上紅襯衫、別上名牌，做出彷如發自內心的歡呼。「沃爾瑪的管理實務，用在中國幾乎不用修改，」二〇〇五年中，一位參觀過沃爾瑪在中國營運情形的美國記者觀察，「如果要說的話，紅襯衫、集體歡呼、輪番上陣的打氣大會和對已逝創辦人的景仰，這些特徵似乎遠比美國南方更適合中華人民共和國。」

中國這個國家，或許也會跟班頓維爾一樣，工作人員不信任勞工工會。中國工會不代表工人和管理階層協商，而是中央政府的分支機構，負責替黨收取費用，並監督成員的活動。即使如此，沃爾瑪還是抗拒中國全國總工會（All China Federation of Trade Union）加諸的成長壓力，後者也是中國唯一被允許組織工會的實體。二〇〇五年即將結束前，共產黨控制的總工會威脅要告沃爾瑪，除非沃爾瑪允許分店組織工會。這時班頓維爾的結論顯然是，在一個提供執政黨那麼多貨品的國家，跟執政黨爭鬥沒有好處，於是宣布跟北京達成妥協後的協定。這項協定以象徵性居多，但如果當初是在美國訂下，肯定會鬧得很大。「如果同仁要求組工會，」公司宣稱，「沃爾瑪將尊重他們的願望。」

*

沃爾瑪在海內外積極開拓新市場的行爲，改變了它的業務模式，然而只要一提到勞工，公司就是緊緊抱住現況不放。單就定義來說，改變本來就有風險。但是班頓維爾對勞工的那種「別自找麻煩」的態度，相較於所有大膽的新市場擴充大業加總，前者很可能使公司暴露在更大的失敗風險下。

儘管格拉斯技術中心盡了最大努力，零售業依然是一種講求感覺、即興式的事業，每次沃爾瑪在播放那支「我們的人使一切不同」的廣告時，就承認這個事實。基於如此多的沃爾瑪分店並不太妙，這句話聽起來愈來愈像責備，而非讚美。卡斯楚萊特揭露的訊息顯示，在沃爾瑪的美國分店中，有整整二五%連顧客的最低期望都達不到，等於承認公司的勞動力是不堪使用的，因爲顧客滿意度和公司所謂「同仁的用心程度」息息相關。員工士氣的崩潰，在財務上造成驚人的後果。卡斯楚萊特表示，以沃爾瑪八百家績效最佳的分店爲例，其業績成長率爲八百家績效最差的十倍，也就是一〇〇〇%。

沃爾瑪提高商品品質，卻沒有同時提升員工品質，等於是冒了使問題惡化的風險。沃爾瑪一如以往地倚重價格，無視零售業的通則，亦即產品愈貴、技術愈複雜，就愈需要在銷售上著力，好把它銷出去。沃爾瑪必須多出點錢吸引人才——如Best Buy店員那般，對消費電子產品無所不知的人才；或像H&M's的店員，對下一季趨勢如數家珍的人。然而，班頓維爾顯然不願慷慨一點，以免危及長久以來的勞工成本優勢。「即使對工資整體稍事調整，都可能使微薄的利潤消失於無形，」史考特態度堅決。二〇〇五年中，公司向華爾街承諾會加倍努力地壓縮勞工成本。

即使每年有半數員工辭職，但沃爾瑪依然宣揚一個說法，就是工作人員受到管理階層「夥伴們」如此公平的對待，以致無須外部人來代表自己。二〇〇五年秋，當史考特被《商業週刊》記者直截了當問到沃爾瑪爲何反工會時，他的回答是：「哇，我不認爲我們反工會。我認爲我們有個開大門、走大路的政策。在這家公司裡，你可以隨便跟一個人談論現在發生的事，不必跑去對第三者說：『以下是我的問題。』」幾星期後，當《紐約時報》等報紙以大篇幅報導一份機密備忘錄，列出班頓維爾對工資和保健福利不帶情感的算計，史考特這些流於一廂情願的說法就完全被磨滅。

根據這篇備忘錄作者——也是沃爾瑪福利行政副總裁錢伯斯——的描述，史考特的「同仁」確實是一群可憐人。首先，他們比多數美國人更容易生病，尤其是跟肥胖相關的疾病。二〇〇二年到二〇〇五年，沃爾瑪工作人員罹患糖尿病的普遍度提高一〇%，至於冠狀動脈疾病則提高六%，相較之下美國整體人口則是三%和一%。但是，不到半數同仁受公司健康計畫的保障，五分之一的員工則完全沒有健康保險。工作人員的孩子尤其不堪一擊，四六%不是沒有保險，就是只接受政府醫療保險的保障。總的來說，沃爾瑪員工平均花八%的收入於醫療，相當於全國平均值的兩倍。

不過，工作人員的困境並不是錢伯斯的首要考量，她寫備忘錄的目的，是提議改變沃爾瑪的福利政策，而這項政策將能控制住公司的醫療開支，而不會對聲譽造成進一步損害。「愈來愈有組織、資金愈來愈充裕的沃爾瑪評論者，挑選醫療作爲主要的攻擊目標，」錢伯斯表示。她又說：「我們的評論者在某些觀察上是正確的，尤其我們的保障對低收入家庭來說蠻貴的，沃爾瑪有相當比例的同仁和他們的孩子接受公家協助。」

這份備忘錄最令人激憤的一面，在於它暗中汙衊員工長年待在一家宣稱獎勵忠誠的公司。「任職七年的同仁，花費公司的成本幾乎比任職一年的同仁高出五五%，然而兩者間的生產力幾乎沒有差別，」

她寫道。「此外，隨著同仁年資增加，我們支付的薪資和福利也跟著增加，等於是給予同仁的待遇，超過他在勞動市場的行情價，也使他或她更可能繼續待在沃爾瑪。」錢伯斯的評論不僅顯示沃爾瑪的歡呼如今看來不適用，而且根本是陰險狡詐的。一個強迫員工每天確認忠誠的公司，卻計畫著誘使老員工離開，恐怕也只有「歐威爾主義者」得以形容。

*

二〇〇五年秋，沃爾瑪將班頓維爾總部的二樓會議室，改造成政治味濃厚的「戰爭室」，目標是逐步發展公關宣傳活動，以爭取美國消費者的心和靈。這是在沃爾瑪請到華盛頓的頂尖公關公司艾德曼公關（Edelman Public Relations）後，所進行的改變。該公司指派了兩名資深主管到沃爾瑪，包括雷根主政時期的對外溝通主事者邁可．狄華（Michael Deaver），以及柯林頓時代的資深媒體顧問萊斯利．達區（Leslie Dach）。被艾德曼派到班頓維爾的全職職員當中，有六、七位是前特務，包括強納森．阿達賽克（Jonathan Adasek，曾在二〇〇四年凱利〔John Kerry〕競選活動中擔任國家代表策略最高主管），以及泰瑞．尼爾森（Terry Nelson，二〇〇四年布希競選活動的全國政治主管）。

沃爾瑪創造出專屬的「快速回應」公關特種部隊，這是近期可能困惑並惹惱創辦人沃爾頓的又一發展。本質上，沃爾頓相信修飾企業形象只是浪費時間、金錢。史考特想使沃爾瑪繼續成爲美國最孤立的上市公司，但又迫於過去幾年來不斷動搖公司的接連非議，因而走出班頓維爾的城堡。「以前，我們自以爲能從阿肯色州的班頓維爾指揮全公司，只要把企業、員工和顧客照顧好，其他人就會讓我們耳根子得以清淨，」史考特於二〇〇四年秋表示，「現在我們正努力把觸角伸出去。」

在大幅提高形象廣告的支出，並擴大內部公關人員的編制達數倍之後，沃爾瑪又轉而請艾德曼協助處理一次全新的突襲，這次是由決心最堅定的天敵所發動：參與工會的勞工。UFCW在暫停了李奧納德領導的工會運動後（一九九九年至二〇〇四年間），二〇〇五年春再度對沃爾瑪開戰，這次有了全新的策略和一堆新盟友。UFCW與服務業員工國際工會（Service Employee International Union）共同組成反沃爾瑪陣線，包含約五十家環保、學生、社群和女性組織。

於是，反沃爾瑪陣線衍生出兩個位在華盛頓的壓力團體，即「沃爾瑪觀察」（Wal-Mart Watch）與「沃爾瑪覺醒網站」（Wake-Up Wal-Mart.com），將網路時代用於政治宣傳運動的最新技術，融入公關版的對抗游擊戰。這兩個團體高度仰賴政客，但他們不屬於艾德曼的沃爾瑪團隊。「沃爾瑪覺醒網站」運動的主持人保羅．布藍克（Paul Blank），是霍華．狄恩（Howard Dean）競選總統的政治總管，至於沃爾瑪觀察的職員則包括吉姆．喬登（Jim Jordan），他是凱利競選時的總操盤手。這兩個工會資助的團體在全美各地招收到數十萬會員，甚至滲透沃爾瑪總部。有位匿名的班頓維爾職員把錢伯斯的備忘錄偷偷放進黃色信封袋，寄給「沃爾瑪觀察」，後者再轉給《紐約時報》。

在錢伯斯大出糗前，「沃爾瑪觀察」和「沃爾瑪覺醒網站」就已經成功地讓史考特和公司進入防衛狀態。「今天，我們成爲有史以來，最有組織、最精密且最昂貴的工會運動目標之一，」史考特在二〇〇五年的沃爾瑪年會上發出警訊，「勞工工會等組成的陣線，打算花二千五百萬美元毀掉這家公司。這是不小的數額，火力相當猛，波及範圍相當廣。」

沃爾瑪終於讓全員就公關的戰備位置，現在跟任何競選公職的侯選人一樣積極編造故事，而且比任何工會或公共利益團體花更多的錢。沒搞錯，今天的沃爾瑪並不是一個以承認罪過、迎合評論者，來回復名譽的受罰巨人。「我們的目標不是改善形象，」史考特說，「而是讓世人了解我們。」

說歸說，吸引外人一起辯論和討論，使沃爾瑪以看似朝著更好的方向改變，然而這也重新定義了它的自利本位。首先，公司願意雇用外人來塡補資深管理階層的位置，也較不會把跳槽的主管視爲叛徒。沃爾瑪也開始將班頓維爾的總部人員向外分散，將員工搬遷到全國各城市的新辦公室，就分店地點和設計與當地的幹部直接互動，而不是躲在顧問背後。公司在分店設計方面展現更大彈性，與周遭建築物做更好的融合，也消耗較少土地。沃爾瑪甚至主動與那些控告公司的人進行庭外和解，而不是立即進入玉石俱焚的法律大戰。

沃爾瑪也做出可信、令人驚訝的嘗試：二○○五年十一月，它贊助一場於華盛頓舉行、只有受邀者才能參加的學術研討會，想將沃爾瑪引起經濟衝擊的全國性辯論，提升到超越擁護沃爾瑪的程度；會中共有十篇報告提出，只有一篇是由沃爾瑪資助，半數論文是針對沃爾瑪業務模式造成的社經影響，提出溫和或強烈批判，「我們了解，有些結論或許並不有利，」沃爾瑪的企業事務副總裁麥克亞當表示，「但是，如果凡事都只是一面倒，就失去可信度了。」

更勁爆的是，史考特顯然是因爲過去一年來和左傾的環保團體進行廣泛討論，而沾染一抹迷人的綠色。在同一個「二十一世紀領導」的演講中，史考特援用卡崔娜颶風災害爲更高的使命擘畫，等於是規畫出一個新的企業環保議程，而且範圍之廣、思想之進步，若出自於美國前副總統艾爾・高爾（Al Gore）之口也不會不恰當。「環境問題就是我們的問題，」史考特宣告，「關於自然產品（魚、食物、水）的供應，唯有當供養它們的生態系統得以永續並受到保護，這些自然產品才得以永續，並沒有沃爾瑪的世界和另一個世界的存在。」

然而，造成改變的不是沃爾瑪的政治信仰，而是能源經濟學。換言之，不斷往上飆的石油價格及其衍生品，爲這家公司最拿手的事，製造了潛在的大好機會：發明新方法，使每一塊錢發揮最大功用。（偏綠的色彩，應該也可以使那些被拚命推銷iPod Nano和奢華床單組的顧客，因而支持這家公司。）在演講中，史考特承諾公司將在未來幾年間每年投資五億美元，來改善卡車車隊的燃油效率達二五％，降低美國分店製造的固態廢棄物達二五％，並創造新的分店原型，而所消耗的能源將減少二五％至三〇％，也降低三〇％的溫室氣體。此外，沃爾瑪誓言將強制廠商減少包裝的廢棄物，多做些資源回收，並減少殺蟲劑等汙染物的使用。

環保團體的反應頗爲審愼，一方面給予有條件的讚美，同時表示想確定沃爾瑪會以向公眾負責的方式，貫徹這些新的自發性行動，然後才讚許史考特。「如果他們做這些事的話，就不是綠色騙局，」山巒俱樂部（Sierra Club）的行政總監卡爾．波普（Carl Pope）說。該組織是UFCW的反沃爾瑪陣線創始成員，「如果他們果眞說到做到，會是個重大的轉變。」

就在史考特發表環保宣言的同一場演講中，也宣稱沃爾瑪支持提高聯邦最低工資的五．一五美元，想要跟沃爾頓時代的傳統思想劃清界限。對一家痛恨工會的公司，創辦人將職業生涯的前十年致力於玩弄最低工資的伎倆，突然間卻跟勞工組織最關心的提案站在同一邊，看似有點變節。「沃爾瑪動搖了嗎？」《華盛頓郵報》問。沒有，至少它的心腸沒有變軟。但史考特對延宕多時的提高最低工資立法，做出看似無俚頭的背書，對於一家用低價格、低工資重新創造世界經濟版圖，因而將自己逼到牆角的公司而言，這等於是在呼喊著救命。

撇開沃爾瑪吹噓省下的錢，爲公司賺取立即財富的顧客——勞動階級「忠誠分子」——在財務上卻受創嚴重。「在沃爾瑪，我們可以清楚了解有多少顧客正拚命地過日子，」史考特說，「我們的顧客在領到下個月薪水前，就是沒錢買些基本必需品。」爲什麼？他們的生活費增加速度比工資更快，而工資其實是在原地踏步。或者就像史考特低調所言，「有些全球的力量，正在將薪資等級扁平化。」沒錯，而且其中之一，同時也是最強大的企業力量，就是沃爾瑪。

透過提高最低工資和福利來提升美國勞工的生活水準，完全在沃爾瑪的力量範圍內。儘管班頓維爾在某些議題上正構思一些全新的想法，但提高每小時工資卻不可能。「因爲我們很大，所以人們就忘了我們必須跟人競爭，」史考特說。重點是，由於沃爾瑪的規模之大，一心只想利用低價來爭取市占率，因此強迫競爭對手和廠商跟隨它的步調，用價格壓低工資。

即使沃爾瑪將商品提升到較高價、較高檔次，但沃爾瑪繼續以它和競爭對手間的價差，來衡量一家企業的氣魄。沃爾瑪不知道有其他方式來跟同業競爭，而且現在欲改變路線又談何容易。在要求提高最低工資的同時，沃爾瑪其實是要求國會提高顧客的消費力，並以工資比沃爾瑪更低的雇主（有幾家）爲代價。只要沃爾瑪全力相挺的共和黨控制聯邦政府的每個機構，國會幾乎肯定不會照辦。如今，距沃爾頓在阿肯色州羅傑斯開設第一家分店已經近半世紀，更可以確定的是，沃爾瑪會在沃爾瑪的世界中成長、茁壯。

BIG叢書 168

沃爾瑪有錯嗎？——每日低價的高代價

作　者—安東尼・畢昂哥
譯　者—陳正芬
主　編—陳旭華
特約編輯—張愛華
責任編輯—苗之珊
美術編輯—許立人
活動企畫—邱詩紜
董 事 長
發 行 人—孫思照
總 經 理—莫昭平
總 編 輯—林馨琴
出 版 者—時報文化出版企業股份有限公司
108台北市和平西路三段二四〇號三樓
發行專線—（〇二）二三〇六—六八四二
讀者服務專線—〇八〇〇—二三一—七〇五・（〇二）二三〇四—七一〇三
讀者服務傳真—（〇二）二三〇四—六八五八
郵撥—一九三四四七二四　時報文化出版公司
信箱—台北郵政七九～九九信箱
法律顧問—理律法律事務所　陳長文、李念祖律師
時報悅讀網—http://www.readingtimes.com.tw
印　刷—凌晨印刷有限公司
初版一刷—二〇〇六年十二月十八日
定　價—新台幣三二〇元
⊙行政院新聞局局版北市業字第八〇號

國家圖書館出版品預行編目資料

沃爾瑪有錯嗎？／安東尼. 畢昂哥（Anthony Bianco）作；陳正芬譯. -- 初版. -- 臺北市：時報文化，2006〔民95〕
面：　公分. -- (Big叢書；168)
譯自：The bully of Bentonville: how the high cost of Wal-Mart's everyday low prices is hurting America
ISBN 978-957-13-4591-8（平裝）

1. 沃爾瑪百貨公司 (Wal-Mart (Firm)) - 管理 2. 零售商 - 美國 - 管理

498.2　　9502457

ISBN-10 957-13-4591-1
ISBN-13 978-957-13-4591-8
Printed in Taiwan